基金类项目策划与申请书撰写实战

张根保　罗天洪　陈　星　郑讯佳　著

清華大学出版社
北　京

内容简介

本书从科研项目的概念入手，首先比较系统地介绍了科学研究和科研项目的基本概念，着重介绍了国家自然科学基金项目的相关内容及其资助和实施流程，同时还重点介绍了基金类项目的评审流程。然后介绍了科研项目策划的基本概念和相关内容，包括基金类项目的策划方法和策划过程中的创新思维方法。在实战部分中，在分析国家自然科学基金项目申请书撰写要求的基础上，对申请书的模板进行了全面分析，将申请书的主要内容划分为七大板块，并对每项内容的重要程度进行了分析。在此基础上，结合典型案例逐项对申请书各项主要内容的撰写方法和常见问题的规避方法进行了详细介绍。为了帮助申请失败的青年学者，本书对失败的原因进行了分析，并介绍了再申请的策略和方法。

本书的读者对象主要为刚进入科研生涯的青年学者，在编排方式和撰写方式上特别考虑到青年学者的特点，但对申请面上项目、地区基金、联合基金和重点项目的学者也具有较高的参考价值。

图书在版编目（CIP）数据

基金类项目策划与申请书撰写实战/张根保等著. —北京：清华大学出版社，2023.4（2024.1重印）
ISBN 978-7-302-63144-6

Ⅰ. ①基…　Ⅱ. ①张…　Ⅲ. ①中国国家自然科学基金委员会－科研项目－申请－应用文－写作
Ⅳ. ①N12

中国国家版本馆 CIP 数据核字(2023)第 047757 号

责任编辑： 苗庆波　赵从棉
封面设计： 傅瑞学
责任校对： 赵丽敏
责任印制： 刘海龙

出版发行： 清华大学出版社
　　网　　址： https://www.tup.com.cn，https://www.wqxuetang.com
　　地　　址： 北京清华大学学研大厦 A 座　　**邮　　编：** 100084
　　社 总 机： 010-83470000　　**邮　　购：** 010-62786544
　　投稿与读者服务： 010-62776969，c-service@tup.tsinghua.edu.cn
　　质量反馈： 010-62772015，zhiliang@tup.tsinghua.edu.cn
印 装 者： 三河市铭诚印务有限公司
经　　销： 全国新华书店
开　　本： 185mm×260mm　　**印　　张：** 13　　**字　　数：** 314 千字
版　　次： 2023 年 5 月第 1 版　　**印　　次：** 2024 年 1 月第3次印刷
定　　价： 52.00 元

产品编号：095560-01

前言

科研是高校和科研院所青年学者必须具备的基本能力，而要进行科研，就必须申请课题。基金类项目具有“自由探索、鼓励原创”的鲜明特点，对培养青年学者的创新能力、提高科研水平具有非常重要的意义。

科学基金是由各级政府部门或者企事业单位出资，采用基金制方式进行管理的研究资金，通常用于各类重大科学问题的基础研究或应用基础研究。

但由于竞争异常激烈，青年学者成功申请基金类项目的概率并不高。为了帮助青年学者提升申请基金类项目的能力，作者们于繁忙的教学和科研工作中抽出时间撰写了本书，主要目的是帮助青年学者策划一个好的选题，并撰写出一份高质量的申请书。

本书共包括 8 章内容：第 1 章的主要内容是介绍基金类项目及其评审的基本概念，包括科学研究、科研项目、国家自然科学基金项目简介、科研项目的实施流程、基金类项目的评审等内容；第 2 章主要介绍基金类项目的策划，包括基金项目的策划方法、研究方向策划、选题策划、策划过程中的创新思维和方法等内容；第 3 章主要是申请书撰写要求及模板分析，包括基金项目申请书的撰写要求、申请书的模板分析、成功和失败原因分析等；第 4 章是本书的重点内容，以案例的方式对基金申请书中各项内容的概念、意义、作用、撰写方法、各种“BUG”的规避等内容进行了详细的介绍；第 5 章涉及申请失败后怎么办，包括以正确心态对待失败、对评审意见进行反省和分析、重新制订申请书的撰写思路、重新撰写申请书等内容；第 6～8 章分别通过青年科学基金项目、面上项目和重点项目的成功案例，对青年科学基金项目、面上项目和重点项目的策划和申请书撰写思路进行了全面分析，介绍了各自的布局思路、实际申请书的优点和存在的问题。

本书的编写风格新颖、实用性强，主要表现在以下几个方面：

(1) 将“科学研究”—“科研策划”—“创新选题”—“申请书撰写”—“项目评审”—“撰写实战”—“失败后再战”集成为一个逻辑性强且有机的整体，对青年学者了解科研全流程，选定影响终身的研究方向，培育创新思维并产生一个创新选题，按照实战步骤一步步完成一份高质量的申请书很有帮助。

(2) 对国家自然科学基金委员会(以下简称自然科学基金委)提供的申请书模板的结构进行了全面、深入的分析，有助于读者更好地理解申请书各部分的设置目的和相互之间的关系，对青年学者和新手撰写申请书非常有利。

(3) 将申请书的各项内容按照相互关系聚合为七大板块，并论述了各板块内外的相互关系，有利于读者把握各部分内容之间的相互联系，避免各项内容之间的重复或冲突。

(4) 根据专家评审的关注点，将所涉及的内容进行了星级划分，最重要的确定为五星级，最不重要的确定为一星级，这种方式有助于读者在撰写申请书时抓住重点，避免由于重要内容表达不清而被专家否决。

(5) 本书以“实战”的方式进行撰写，以成功的申请书作为典型案例，分析了实例的成功之处和缺陷，并给出避免出现各种“BUG”的措施。

(6) 为了给读者更多的参考，本书给出三个附录：一份管理类自查表，一份技术类自查表，一份用于产生创新选题的40个TRIZ发明创新原理及其实例。这几个附录合在一起，可以对读者撰写高质量的基金类项目申请书提供最大的帮助。

感谢重庆文理学院学术专著出版资助计划对本书出版的支持。

本书的编写团队均来自重庆文理学院智能制造工程学院(张根保教授曾经是重庆大学的教授，现从重庆大学退休加盟重庆文理学院)，张根保教授担任主编并编写了第4章、第6章、第7章和第8章；罗天洪教授担任副主编并编写了第3章，陈星教授编写了第1章和第2章，郑讯佳副教授编写了第5章和附录。全书由张根保教授和罗天洪教授进行统稿。

本书的作者长期主持或参与各类基金项目的研究，且大都是各类项目的评审专家(张根保教授还多次担任国家自然科学基金项目的会评专家)，在撰写和评审基金项目方面都具有非常丰富的经验。尽管如此，作者在撰写此类书籍方面的经验仍然有限，再加上时间紧迫，本书中的缺点错误仍然在所难免，衷心希望读者能够对本书提出宝贵意见，以利于提高本书的质量。

作　者

2023年4月于重庆文理学院

目录

第1章　基金类项目及其评审……1
1.1　科学研究……1
1.1.1　科学研究的概念……1
1.1.2　科学研究的分类……1
1.1.3　科学研究方法……3
1.1.4　科学研究流程……4
1.2　科研项目……5
1.3　青年学者相关项目……6
1.4　国家自然科学基金项目简介……7
1.4.1　项目类别……7
1.4.2　近五年资助总体情况……11
1.4.3　2020年资助情况统计分析……13
1.5　科研项目的实施流程……17
1.5.1　科研项目的选题……17
1.5.2　科研项目申请……18
1.5.3　科研项目实施……19
1.5.4　科研项目结题……19
1.6　基金类项目的评审……19
1.6.1　评审流程……19
1.6.2　评审原则/要点……21
1.6.3　基于科学属性的分类申请和分类评审……22
1.6.4　对科学属性的解读……23

第2章　基金类项目的策划……27
2.1　基金项目的策划方法……27
2.1.1　指导思想……27
2.1.2　认真解读指南……28
2.2　研究方向策划……29
2.3　选题策划……31

2.4 研究内容策划 …… 34
2.5 研究方案策划 …… 35
2.6 策划过程中的创新思维和方法 …… 35
2.6.1 创新类型 …… 35
2.6.2 创新思维和方法 …… 36

第3章 申请书撰写要求及模板分析 …… 41
3.1 基金项目申请书撰写的总体要求 …… 41
3.2 申请成功和失败的原因分析 …… 43
3.2.1 申请成功的必要条件 …… 44
3.2.2 申请失败的主要原因分析 …… 45
3.3 基金申请书的模板分析 …… 50
3.3.1 模板架构分析 …… 50
3.3.2 申请书板块划分 …… 51
3.3.3 板块各项内容的重要度分析 …… 53
3.4 基金模板分析结论 …… 59

第4章 申请书撰写实战 …… 61
4.1 申请书撰写总体思路 …… 61
4.1.1 申请书正文标题的逻辑性 …… 61
4.1.2 以科学问题为主线 …… 62
4.2 基本信息板块 …… 63
4.2.1 如何起个好题目(★★★★★) …… 63
4.2.2 学科代码选择(★★) …… 65
4.2.3 科学问题属性(★★★) …… 66
4.2.4 摘要的写法(★★★★★) …… 66
4.2.5 项目组主要参与者(★★) …… 69
4.2.6 资金预算(★★★) …… 71
4.3 立项依据板块 …… 73
4.3.1 研究意义(★★★★★) …… 73
4.3.2 国内外研究现状分析(★★★) …… 77
4.3.3 存在的问题和发展趋势(★★★★) …… 78
4.3.4 参考文献(★) …… 80
4.4 研究内容和研究目标板块 …… 81
4.4.1 研究目标(★★★) …… 81
4.4.2 研究内容(★★★★★) …… 82
4.4.3 关键科学问题(★★★★★) …… 84

4.5 研究方案板块…………………………………………………………………………… 86
4.5.1 研究方法(★★) …………………………………………………………………… 86
4.5.2 技术路线(★★★) ………………………………………………………………… 87
4.5.3 研究方案(★★★★★) …………………………………………………………… 88
4.5.4 关键技术(★★) …………………………………………………………………… 92
4.6 可行性分析和创新性板块…………………………………………………………… 92
4.6.1 可行性分析(★★★) …………………………………………………………… 92
4.6.2 特色与创新之处(★★★★★) ………………………………………………… 95
4.7 研究计划与成果板块………………………………………………………………… 97
4.7.1 年度研究计划(★★) …………………………………………………………… 97
4.7.2 预期研究成果(★★) …………………………………………………………… 99
4.8 其他内容板块 ……………………………………………………………………… 100
4.8.1 研究基础(★★)…………………………………………………………………… 100
4.8.2 工作条件(★)……………………………………………………………………… 101
4.8.3 在研项目(★)……………………………………………………………………… 101
4.8.4 已完成的基金项目(★)………………………………………………………… 102
4.8.5 善后工作(★★★)………………………………………………………………… 103

第 5 章 基金项目的再申请…………………………………………………………… 104
5.1 提出复审申请 ……………………………………………………………………… 105
5.2 以正确心态对待失败 ……………………………………………………………… 106
5.3 对评审意见进行分析和反省 ……………………………………………………… 107
5.4 重新制订申请书的撰写思路 ……………………………………………………… 108
5.5 重新撰写申请书 …………………………………………………………………… 110

第 6 章 青年科学基金项目申请书范本点评……………………………………… 111
6.1 青年科学基金项目概述 …………………………………………………………… 111
6.2 范本背景 …………………………………………………………………………… 111
6.3 范本点评 …………………………………………………………………………… 111

第 7 章 面上项目申请书范本点评………………………………………………… 133
7.1 面上项目概述 ……………………………………………………………………… 133
7.2 范本背景 …………………………………………………………………………… 133
7.3 范本点评 …………………………………………………………………………… 134

第 8 章 重点项目申请书范本点评………………………………………………… 152
8.1 重点项目概述 ……………………………………………………………………… 152

8.2 范本背景 …… 152
8.3 范本点评 …… 153

参考文献 …… 178

附录 A 国家自然科学基金项目申请书管理类自查表 …… 179

附录 B 国家自然科学基金项目申请书技术类自查表 …… 187

附录 C TRIZ 理论 40 个发明创新原理及其实例 …… 192

基金类项目及其评审

1.1 科学研究

1.1.1 科学研究的概念

科学研究的英文为 research，从字面意思上看是指“反复探索”，其中前缀 re 是“反复”的意思，search 是“探索”的意思。具体来说，科学研究一般是指利用适当的科研手段和装置，探究和认识客观事物的内在本质和运动规律，通过调查研究、实验、试制等一系列的实践活动，为创造发明新产品、新技术和新方法提供理论依据。

1.1.2 科学研究的分类

1. 按研究目的分类

按研究目的，可以将科学研究分为探索性研究、描述性研究和解释性研究三种类型。

(1) 探索性研究。探索性研究是一种对研究对象或问题进行初步了解，以获得初步印象和感性认识，并为日后更为周密、深入的研究提供基础和方向的研究工作类型。例如，向行业专家咨询、查阅文献与实地考察都是探索性研究。实际上，科研项目选题、策划研究方案与撰写申请书往往需要进行大量的文献调研，这个过程就是一种探索性研究。

(2) 描述性研究。描述性研究是指为获得预期的研究结果而正确描述某些总体或某种现象的特征或全貌的研究，研究任务是收集资料、发现情况、提供信息，并从杂乱的现象中提取出主要的规律和特征。例如在流行病学研究方面，当对某病的情况了解不多时，往往就从描述性研究入手，取得该病或健康状况的基本分布特征，从而获得有关病因假说的启示，然后逐步建立病因假说，为进一步的分析研究提供线索。

(3) 解释性研究。解释性研究也称为因果性研究，是指探寻现象背后的原因，揭示现象发生或变化的内在规律，回答“为什么”的科学研究类型。例如，第 6 章中的青年科学基金项目案例，主要研究机电复合传动系统的机电耦合问题，其机电耦合机理的揭示就是典型的解释性研究，对机电耦合机理的研究需要了解哪些变量是起因(独立变量或自变量)，哪些变量是结果(因变量或响应)，需要确定起因变量与要预测的结果变量间的相互关系的性质。

2. 按研究内容分类

按研究的内容可将科学研究分为基础研究、应用基础研究、应用研究和开发研究。应用基础研究与上游的基础研究和下游的应用研究之间的界限比较模糊，有部分学者认为应用基础研究属于应用研究的范畴，也有部分学者认为应用基础研究属于基础研究的范畴。

（1）基础研究。基础研究是指为获得关于现象和可观察事实的基本原理及新知识而进行的实验性和理论性工作，它不以任何专门或特定的应用或使用为目的。基础研究的特点是：①以认识现象、发现和开拓新的知识领域为目的，即通过实验分析或理论性研究对事物的物性、结构和各种关系进行分析，加深对客观事物的认识，解释现象的本质，揭示物质运动的规律，或者提出和验证各种设想、理论或定律。例如，1589 年伽利略通过“比萨斜塔试验”证明同样的物性但轻重不同的物体从同一高度坠落时将同时落地，从而推翻了亚里士多德的错误论断，这就是被伽利略所证明的迄今已为人们所熟知的自由落体定律。②没有任何特定的应用或使用目的，在进行研究时对其成果看不出，说不清有什么用处，或虽肯定会有用途但并不确知达到应用目的的技术途径和方法。例如，居里夫人通过研究原子核的规律和结构发现了放射性，放射性基本上属于基础研究的范畴，当时没有特定的应用，但是现在透视、无损检测等都离不开放射性。③研究结果通常具有一般的或普遍的正确性，成果常表现为一般的原则、理论或规律，并以论文的形式在科学期刊上发表或在学术会议上交流。例如，牛顿经典力学、进化论、相对论、电磁理论、微积分、哥德巴赫猜想、光通信理论，等等。

（2）应用研究。所谓应用研究，就是将理论发展成为实际运用的形式，是指为获得新知识而进行的创造性的研究，它主要是针对某一特定的实际目的或目标而进行的研究。应用研究的特点是：①具有特定的实际目的或应用目标，具体表现为，为了确定基础研究成果可能的用途，或是为达到预定的目标而探索应采取的新方法（原理性）或新途径。例如，医学研究发现镭辐射对于发育迅速的细胞有特别强的抑制作用，而癌瘤是由繁殖异常迅速的细胞组成的，镭射线对它的破坏作用远比对周围健康组织的破坏作用大得多，因此镭辐射这种新的治疗方法很快应用于医学上的癌症治疗。②在围绕特定目的或目标进行研究的过程中获取新的知识，为解决实际问题提供科学依据。例如，超磁致伸缩材料作为三大智能材料之一已被广泛应用于传感器、流体机械、磁电-声换能器、微型马达、超精密加工等领域，近年来通过对超磁致伸缩材料的成分调整和掺杂研究，其响应速度、饱和磁致伸缩系数、可控性、刺激转换效率等得到显著提高，推动超磁致伸缩材料的应用范围拓展到地震工程、生物医学工程、环境工程等新领域中。③主要是将基础理论模型转化为可实际应用的实物，研究结果一般为可以应用于某一特定技术领域的产品。例如，物理学家霍尔于 1879 年在研究金属的导电机制时发现，当电流垂直于外磁场通过半导体时，载流子发生偏转，垂直于电流和磁场的方向会产生一附加电场，从而在半导体的两端产生电势差，这一现象就是霍尔效应，这是典型的基础理论研究。但根据霍尔效应做成的霍尔器件（传感器）将物体的运动参量转变为数字电压的形式输出，使之具备传感和开关的功能，这就是应用研究。

（3）开发研究。开发研究利用应用研究的成果和现在的知识与技术，创造新技术、新方法和新产品，是一种以生产新产品或完成工程技术任务为内容而进行的研究活动。

为了区分基础研究、应用研究与开发研究，我们以一个典型例子进行说明。例如，英国物理学家詹姆斯·克拉克·麦克斯韦在 19 世纪建立了一组描述电场、磁场与电荷密度、电流密度之间关系的偏微分方程，从而导致麦克斯韦电磁理论的诞生。但由于麦克斯韦电磁理论是从数学上解释电场、磁场与电荷密度、电流密度之间的数学本质关系，也没有任何特定的应用或使用目的，其研究结果具有一般的或普遍的正确性，表现为一般的理论与规律，这是典型的基础研究；1887年，德国物理学家赫兹用实验证实了电磁波的存在，并制成电磁波发生装置，使得无线电通信成为可能，这是将电磁波理论发展成为实际运用的应用研究；之后俄国物理学家波波夫和意大利物理学家马可尼应用电磁波理论使得无线电通信获得成功，实现跨越大洋的无线电通信，从而迎来电信时代，这就是利用应用研究的成果开发出了新技术，是典型的开发研究。

3. 按科学研究性质分类

按照科学研究的性质可以将科学研究分为定性研究和定量研究。

（1）定性研究。定性研究是通过观测、实验和分析等，来考察研究对象是否具有这种或那种属性或特征，以及它们之间是否有关系等。由于它只要求对研究对象的性质做出回答，故称定性研究。例如，研究者运用历史回顾、文献分析、访问、观察、参与实验等方法获得资料，并用非量化的手段对其进行分析，获得研究结论的方法就属于定性研究。

（2）定量研究。定量研究是指主要搜集用数量表示的资料或信息，并对数据进行量化处理、检验和分析，从而获得有意义的结论的研究过程，它通过对研究对象的特征按某种标准进行量的比较来测定对象特征数值，或求出某些因素间的量的变化规律。

定性研究与定量研究的主要区别在于结论表述形式不同。定性研究通常采用非量化的手段对研究对象进行分析，并且研究结论多以文字描述为主；而定量研究主要通过数据、模型、图形等形式来表达研究结论。例如，在分析化学中，定性分析是鉴定物质中含有什么元素、离子或晶体等，并不确定其含量；而定量分析则是准确测定物质中各种构成成分的具体含量。

1.1.3 科学研究方法

科学研究方法是指在研究中为发现新现象、新事物，或提出新理论、新观点，揭示事物内在规律所采用的工具和手段，包括在基础研究、应用研究和开发研究等科学活动中采用的思路、程序、规则、技巧和模式等。根据科学研究方法的适用范围和概括程度，可将其划分为3个层次：适用于一切科学领域的最具普遍性的研究方法——哲学方法；适用于各门自然科学的一般性的研究方法；适用于某一门或某几门自然科学的特殊性的研究方法。本章主要介绍自然科学领域的一般性研究方法。

（1）实验方法。实验方法是根据一定的研究任务和目的，利用一定的仪器设备及其他物资手段，在典型的环境中或特定的条件下，主动控制或干涉研究对象，舍弃或排除次要因素和无关因素，选取或突出主要因素，探索事物或现象的性质和规律的一种特殊的研究方法(通常称为物理实验)。实验方法具有可重复性、可控性、灵活性、可验证的特点。按照实验的直接目的和在整个研究中的作用，可将其分为探索性实验和验证性实验；按照实验中质和量的关系，可将其分为定性实验和定量实验；按照在具体认识中的作用，可将其分为结构及成分分析实验、对照比较实验、析因实验、判决性实验等。实验方法里还包括仿真实验，即利用模型复现实际系统中发生的本质过程，并通过对系统模型的仿真来研究存在的或设计中的系统，又称模拟。这里所指的模型包括物理的和数学的，静态的和动态的，连续的和离散的各种模型。所指的系统也很广泛，包括电气、机械、化工、水力、热力等系统，也包括社会、经济、生态、管理等系统。当所研究的系统造价昂贵、物理实验的危险性大或需要很长的时间才能了解系统参数变化所引起的后果时，仿真实验是一种特别有效的研究手段。仿真的重要工具是计算机，仿真的过程包括建立仿真模型和进行仿真实验两个主要步骤。

(2) 数学建模方法。数学作为一门研究事物的空间形式和数量关系之普遍规律的科学，是其他一切科学研究工作不可或缺的方法和工具，数学方法为多门科学研究提供了简明精确的定量分析和理论计算手段。数学方法具有逻辑性和可靠性、抽象性和形式化、严密性和精确化、普适性和广泛性等特点。在科学研究中成功运用数学方法的关键在于，针对所要提出的问题提炼一个合适的数学模型，模型是对实际系统、思想或客体的抽象与描述。建立数学模型就是在客观世界的现实系统和数学符号系统之间建立一种对应关系，也就是在具体的科学技术和纯数学之间搭建起桥梁。

1.1.4 科学研究流程

对于许多年轻学者来说，虽然博士期间或多或少地参与过科学研究工作，但真正独立地开展科学研究则经验尚浅，往往雄心勃勃但又感觉无从下手。具体来说，科学研究是科技人员探求未知、寻求规律的一系列实践活动的总和。一项科学研究的完成，大致要经过资料收集、科研选题、项目申报、项目实施、结题鉴定和成果开发推广等过程，其流程如图 1-1 所示。把握好每个环节，才能使一项科学研究顺利开展并最终取得相应的研究成果。

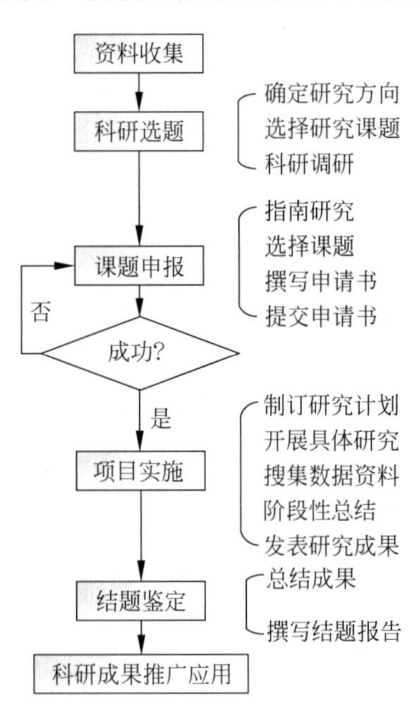

图 1-1 科学研究流程图

1. 科研选题

科研选题一般包括确定研究方向和选择研究课题两个方面的内容。选题是科学研究中最具有战略意义的重要环节。选题恰当，其研究课题申请可能会得到同行专家高度评价及有关科技计划管理部门或民间科技组织认可，从而获得经费支持，配上其他相关条件，研究工作就会进展快、成效大乃至取得可喜成绩或实现重大突破。相反，选题不当，难以获得资助，即便获得资助，也不能顺利完成科研工作，无法取得预期的成果，这会造成人力、物力、财力和时间上的浪费。此外，在科研选题中还需要做的工作是科研调研。科研调研方法一般有实地调研法、问卷调研法、抽样调研法、会议调研法、专家咨询法、文献调研法等方法。科研选题的具体内容在第 2 章中进行详细论述。

2. 课题申报

科技项目的申报是科研工作的重要内容，科技项目申报的一般程序大致可以概括为文件(指南)研究—选择课题—撰写申请书—提交申请书四个阶段。申报项目能否获得批准和资助在很大程度上取决于申报工作完成的质量高低。申报项目获得资助的关键因素不仅与申请者个人及其研究团队的学术水平、业务素质及研究能力有关，而且与选题、创新性、研究思路、研究意义等有密切的关系。然而，即使申请者具备了以上条件，选题很好、研究思路也很正确，项目也可能会失利。究其原因，所申报的课题可能与申报的科技计划的宗旨和性质不符，或者申报中的一些技术工作处理不当，这一点需要特别注意。例如，基金类项目的一个特点是申请人与评委没有面对面交流的机会，评委靠读申请书来判断项目的水平，因此申请书的质量非常重要，要靠申请书去打动评委。基金项目申请书的撰写技巧在第 4 章中详细阐述。

3. 项目实施

如果项目得到批准，下一步就是完成科学研究任务、付出研究过程的"劳动"、获得研究结果的"劳动成果"。为使科学研究不走弯路，避免重复前人的工作，甚至在已经被前人证实是不可行的研究问题上做文章，在项目研究过程中，必须进行实时细致的文献收集工作，从而对所研究领域的国内外现状与发展趋势有全面的认识，一个充满希望的研究项目必须建立在良好的文献调研的基础之上。项目实施包括制定详细研究计划、掌握最新研究现状、收集研究对象数据资料、开展理论分析和实验研究、进行阶段性总结、撰写和发表学术成果等环节。

4. 结题鉴定

科学研究工作就其本身的意义来讲是无限发展的过程。但是作为一个时段内的某项研究内容，它又是有时间和计划限定的具体工作，特别是纳入各级政府部门科研计划的研究工作，都有明确的时间周期和计划限制。按照我国现行科研管理体制，一项科研项目完结后，通常有结题、验收、成果评价甚至报奖等几个环节，这几个环节又是一项课题的最终环节，做好这几个工作环节的工作实质上是对整个研究工作最好的检验和总结。

5. 科研成果推广应用

科技成果的推广应用是科技工作的重要环节和内容，每个科技工作者都应当自觉地把科研工作和科技成果的推广应用工作有机地结合起来，从选题开始就要考虑到与生产和经济建设的紧密结合，考虑成果的推广和应用问题。

1.2 科研项目

我国在国家层面(科技部、国家自然科学基金委、国防科工局、教育部、工信部、经信委、发改委、国家社会科学基金等)、省区市地方政府层面，甚至企事业单位都有支持科学研究活动的各类科学研究计划，并设立了各类科研项目。概括起来，包括基础研究与应用基础研究项目、应用开发研究项目、预研项目、软科学项目、引进项目、人才培养基金项目、国家实验室基地专项、国家工程中心基地专项、国家重点实验室基地专项等。从科技部网站可以查阅到我国"十三五"科技计划体系说明，具体如下：

1. 国家自然科学基金

资助基础研究和科学前沿探索，支持人才和团队建设，增强源头创新能力。进一步完善管理机制，加大资助力度，向国家重点研究领域输送创新知识和人才团队，并加强自然科学基金与其他科技计划的有效对接。

2. 国家科技重大专项

聚焦国家重大战略产品和产业化目标，解决“卡脖子”问题。进一步改革创新组织推进机制和管理模式，突出重大战略产品和产业化目标，控制专项数量，与其他科技计划（专项、基金等）加强分工与衔接，避免重复投入。

3. 国家重点研发计划

针对事关国计民生的重大社会公益性研究，以及事关产业核心竞争力、整体自主创新能力和国家安全的重大科学技术问题研究，突破国民经济和社会发展主要领域的技术瓶颈。将科技部管理的国家重点基础研究发展计划、国家高技术研究发展计划、国家科技支撑计划、国际科技合作与交流专项，发改委、工信部共同管理的产业技术研究与开发资金，农业部、卫计委等13个部门管理的公益性行业科研专项等，整合形成一个国家重点研发计划。

4. 技术创新引导专项（基金）

按照企业技术创新活动不同阶段的需求，对发改委与财政部管理的新兴产业创投基金，科技部管理的政策引导类计划与科技成果转化引导基金，财政部、科技部等四部委共同管理的中小企业发展专项资金中支持科技创新的部分，设立支持企业技术创新的专项资金（基金）。

5. 基地和人才专项

将科技部管理的国家（重点）实验室、国家工程技术研究中心、科技基础条件平台、创新人才推进计划，发改委管理的国家工程实验室、国家工程研究中心、国家认定企业技术中心等合理归并，进一步优化布局，按功能定位分类整合。加强相关人才计划的顶层设计和相互衔接。在此基础上调整相关财政专项资金。基地和人才是科研活动的重要保障，相关专项要支持科研基地建设和创新人才、优秀团队的科研活动，促进科技资源开放共享。

上述五类科技计划（专项、基金等）既有各自的支持重点和各具特色的管理方式，又彼此互为补充，通过统一的国家科技管理平台，建立跨计划协调机制和评估监管机制，确保五类科技计划（专项、基金等）形成整体，既聚焦重点，又避免交叉重复。

1.3 青年学者相关项目

此处重点介绍几类青年学者关心的科研项目。

1. 国家自然科学基金项目

国家自然科学基金项目是符合国家发展科学技术的方针、政策和规划，并与社会主义经济体制相适应的自然科学基金运作方式。该基金项目运用国家财政投入的自然科学基金，主要资助自然科学领域基础研究，发现和培养科技人才，发挥国家自然科学基金的导向和协调作用，促进科学技术的进步和经济、社会协调发展。资助范围、申请或承担基金项目的依托单位应具备的条件、申请者条件、申报程序等见国家自然科学基金委员会官网每年发布的申报指南。

2. 国家社科基金项目

国家社科基金项目要体现鲜明的时代特征、问题导向和创新意识，着力推出体现国家水准的研究成果。基础研究要密切跟踪国内外学术发展和学科建设的前沿和动态，着力推进学科体系、学术体系、话语体系建设和创新。项目力求具有原创性、开拓性和较高的学术思想价值，要立足党和国家整体发展的需要，聚焦经济社会发展中的全局性、战略性和前瞻性的重大理论与实践问题，并具有现实性、针对性和较强的决策参考价值。

3. 中国博士后科学基金

《国务院批转国家科委、教育部、中国科学院关于试办博士后科研流动站报告的通知》（国发[1985]88 号）中明确规定："设立博士后科学基金，主要用以鼓励和支持博士后研究人员中有科研潜力和杰出才能的年轻优秀人才，使他们在某些方面得到优厚的条件，以便顺利开展科研工作，迅速成长为高水平的研究人才。"

中国博士后科学基金主要用于资助具有创新能力和发展潜力的优秀博士后研究人员，促使他们在科研工作中完成创新研究，并迅速成长为适应社会主义现代化建设需要的各类复合型、战略型和创新型人才。基金资助经费主要来源于中央财政拨款，列入中央财政年度预算；同时接受国内外各种机构、团体、单位或个人的捐赠。鼓励各地区、各部门、各设站单位予以配套资金资助。与其他基金相比，中国博士后科学基金具有以下三个鲜明的特点：

（1）坚持对"人"的资助，通过项目考察"人"的创新能力和创新潜力，体现"人才优先"的资助理念。

（2）与其他基金主要用于资助研究项目不同，博士后科学基金是专门针对博士后人员的"种子"基金。博士后科学基金是博士后得到的第一笔可以自己自由支配使用的科研经费，额度虽然不大，但对支持博士后开展原创性的科研工作可以起到至关重要的作用，投入低、回报高。

（3）基金的激励和导向作用明显。许多单位和部门把获得博士后基金资助的情况纳入本单位和部门的评估考核指标，有的甚至把获得博士后科学基金资助作为博士后出站留校工作、职称晋升、科研经费配套、确定重点培养对象等的一个重要条件。省、市和部门每年的配套投入，远远超过了基金本身的投入，博士后科学基金在引导地方部门和设站单位加大投入方面起到了很好的辐射和带动作用。

4. 重点实验室开放基金

重点实验室开放基金是国家重点实验室，包括省、部级重点实验室每年都会自主设立的科研项目。国家重点实验室是依托大学、科研院所和其他具有原始创新能力的机构建设和运行的科研实体，是国家科技创新体系的重要组成部分，是国家组织高水平基础研究和应用基础研究、聚集和培养优秀科学家、开展学术交流的重要基地。开放基金的设立是为了促进本领域的基础理论研究和应用基础研究，资助国内外学者和科技工作者到设置课题的实验室开展研究工作，使其在开放基金的支持下，按计划完成项目所规定的任务，并有望取得国际前沿的科研成果，促进本学科领域的进一步发展。

1.4 国家自然科学基金项目简介

1.4.1 项目类别

国家自然科学基金资助体系包含探索、人才、工具、融合四个项目系列，其定位各有侧重，相辅相成，构成了国家自然科学基金目前的资助格局。下面根据自然科学基金委发布的

2020 年基金申报指南对以下几类常见项目类别进行介绍。

1. 青年科学基金项目

青年科学基金项目属于人才项目，支持青年科学技术人员在科学基金资助范围内自主选题，开展基础研究工作，特别注重培养青年科学技术人员独立主持科研项目、进行创新研究的能力，激励青年科学技术人员的创新思维，培育创新性基础研究的后继人才。

青年科学基金项目申请人应当具备以下条件：

(1) 具有从事基础研究的经历。

(2) 具有高级专业技术职务(职称)或者具有博士学位，或者有 2 名与其研究领域相同、具有高级专业技术职务(职称)的科学技术人员的推荐。

(3) 申请人当年 1 月 1 日男性未满 35 周岁，女性未满 40 周岁。

符合上述条件的在职攻读博士研究生学位的人员，经过导师同意可以通过其受聘单位申请。作为负责人正在承担或者承担过青年科学基金项目的(包括资助期限 1 年的小额探索项目以及被自然科学基金委终止或撤销的项目)，不得作为申请人再次申请。

青年科学基金项目重点评价申请人本人的创新潜力。申请人应当按照青年科学基金项目申请书的提纲撰写申请书。青年科学基金项目资助期限一般为 3 年。在站博士后研究人员可以根据在站时间灵活选择资助期限，一般不超过 3 年，获资助后不得变更依托单位。

特别提醒申请人注意：

(1) 从 2020 年起，青年科学基金项目中不再列出参与者。

(2) 2020 年，青年科学基金项目继续实施无纸化申请，申请时依托单位只需在线确认电子申请书及附件材料，无需报送纸质申请书。项目获批准后，依托单位将申请书的纸质签字盖章页装订在《资助项目计划书》最后，一并提交。签字盖章的信息应与信息系统中的电子申请书保持一致。

(3) 2020 年，青年科学基金项目按固定额度资助，每项资助直接费用为 24 万元，间接费用为 6 万元(资助期限为 1 年的，直接费用为 8 万元，间接费用为 2 万元；资助期限为 2 年的，直接费用为 16 万元，间接费用为 4 万元)。

2. 面上项目

面上项目支持从事基础研究的科学技术人员在科学基金资助范围内自主选题，开展创新性的科学研究，促进各学科均衡、协调和可持续发展。

面上项目申请人应当具备以下条件：

(1) 具有承担基础研究课题或者其他从事基础研究的经历。

(2) 具有高级专业技术职务(职称)或者具有博士学位，或者有两名与其研究领域相同、具有高级专业技术职务(职称)的科学技术人员的推荐。

(3) 正在攻读研究生学位的人员不得申请面上项目，但在职攻读研究生学位人员经过导师同意可以通过其受聘单位申请。

(4) 面上项目申请人应当充分了解国内外相关研究领域发展现状与动态，能领导一个课题组开展创新性研究工作；申请人应当按照面上项目申请书撰写提纲的要求撰写申请书，申请的项目要有重要的科学意义和研究价值、立论依据充分、学术思想新颖、研究目标明确、研究内容合理具体、研究方案可行。面上项目合作研究单位一般不得超过 2 个，资助期限为 4 年。在站博士后研究人员可以根据在站时间灵活选择资助期限，一般不超过 4 年，获资助后不得变更依托单位。

3. 地区科学基金项目

地区科学基金项目支持特定地区的部分依托单位的科学技术人员在科学基金资助范围内开展创新性的科学研究，培养和扶植该地区的科学技术人员，稳定和凝聚优秀人才，为区域创新体系建设与经济、社会发展服务。

地区科学基金项目申请人应当具备以下条件：

(1) 具有承担基础研究课题或者其他从事基础研究的经历。

(2) 具有高级专业技术职务(职称)或者具有博士学位，或者有 2 名与其研究领域相同、具有高级专业技术职务(职称)的科学技术人员的推荐。

符合上述条件，隶属于内蒙古自治区、宁夏回族自治区、青海省、新疆维吾尔自治区、新疆生产建设兵团、西藏自治区、广西壮族自治区、海南省、贵州省、江西省、云南省、甘肃省、吉林省延边朝鲜族自治州、湖北省恩施土家族苗族自治州、湖南省湘西土家族苗族自治州、四川省凉山彝族自治州、四川省甘孜藏族自治州、四川省阿坝藏族羌族自治州、陕西省延安市和陕西省榆林市等依托单位的全职科学技术人员，以及按照国家政策由中共中央组织部派出正在进行三年期以上(含三年)援疆、援藏的科学技术人员，可以作为申请人申请地区科学基金项目。如果援疆、援藏的科学技术人员所在受援单位不是依托单位，允许其通过受援自治区内可以申请地区科学基金项目的依托单位申请地区科学基金项目。援疆、援藏的科学技术人员应提供依托单位组织部门或人事部门出具的援疆或援藏的证明材料，并将证明材料扫描件作为申请书附件上传。

上述地区的中央和中国人民解放军所属依托单位及上述地区以外的科学技术人员，以及地区科学基金资助范围内依托单位的非全职人员，不得作为申请人申请地区科学基金项目，但可以作为主要参与者参与申请。正在攻读研究生学位的人员不得作为申请人申请地区科学基金项目，但在职人员经过导师同意可以通过其受聘单位申请。无工作单位或者所在单位不是依托单位的人员不得作为申请人申请地区科学基金项目。

为均衡扶持地区科学基金资助范围内的科学技术人员，引导和鼓励上述人员参与面上项目等其他类型项目的竞争，提升区域基础研究水平，自 2016 年起，作为项目负责人获得地区科学基金项目资助累计已满 3 项的科学技术人员不得作为申请人申请地区科学基金项目，2015 年以前(含 2015 年)批准资助的地区科学基金项目不计入累计范围。

地区科学基金项目申请人应当按照地区科学基金项目申请书撰写提纲的要求撰写申请书。地区科学基金项目的合作研究单位不得超过 2 个，资助期限为 4 年。在站博士后研究人员可以根据在站时间灵活选择资助期限，不超过 4 年，获资助后不得变更依托单位。

2020 年，地区科学基金项目实施无纸化申请，申请时依托单位只需在线确认电子申请书及附件材料，无需报送纸质申请书。项目获批准后，依托单位将申请书的纸质签字盖章页装订在《资助项目计划书》最后，一并提交。签字盖章的信息应与信息系统中电子申请书保持一致。

4. 重点项目

重点项目支持从事基础研究的科学技术人员针对已有较好基础的研究方向或学科生长

点开展深入、系统的创新性研究，促进学科发展，推动若干重要领域或科学前沿取得突破。

重点项目应当体现有限目标、有限规模、重点突出的原则，重视学科交叉与渗透，有效利用国家和部门现有重要科学研究基地的条件，积极开展实质性的国际合作与交流。

重点项目申请人应当具备以下条件：

(1) 具有承担基础研究课题的经历。

(2) 具有高级专业技术职务(职称)。

在站博士后研究人员、正在攻读研究生学位的人员以及无工作单位或者所在单位不是依托单位的人员不得作为申请人进行申请。

重点项目每年确定受理申请的研究领域或研究方向，发布指南引导申请。申请人应当按照指南的要求和重点项目申请书撰写提纲的要求撰写申请书，在研究领域或研究方向范围内，凝练科学问题，根据研究内容确定项目名称，注意避免项目名称覆盖整个领域或方向。

重点项目一般由 1 个单位承担。确有必要进行合作研究的，合作研究单位不得超过 2 个，资助期限为 5 年。

特别提醒申请人注意：

(1) 2020 年，自然科学基金委继续选择重点项目开展基于四类科学问题属性的分类评审。申请人在填写重点项目申请书时，应当根据要解决的关键科学问题和研究内容，选择科学问题属性，并在申请书中阐明选择该科学问题属性的理由。申请项目具有多重科学问题属性的，申请人应当选择最相符、最侧重、最能体现申请项目特点的一类科学问题属性。自然科学基金委根据申请人所选择的科学问题属性，组织评审专家进行分类评审。

(2) 2020 年，重点项目继续实施无纸化申请，申请时依托单位只需在线确认电子申请书及附件材料，无需报送纸质申请书。项目获批准后，依托单位将申请书的纸质签字盖章页装订在《资助项目计划书》最后，一并提交。签字盖章的信息应与信息系统中电子申请书保持一致。

5. 联合基金项目

自然科学基金委与有关部门、地方政府和企业共同投入经费，设立联合基金，在商定的科学与技术领域内共同支持基础研究。

联合基金旨在发挥科学基金的导向作用，引导与整合社会资源投入基础研究，促进有关部门、企业、地区与高等学校和科学研究机构的合作，培养科学与技术人才，推动我国相关领域、行业、区域自主创新能力的提升。

从 2018 年起，自然科学基金委与有关地方政府和企业共同出资设立国家自然科学基金区域创新发展联合基金(以下简称“区域创新发展联合基金”)和国家自然科学基金企业创新发展联合基金(以下简称“企业创新发展联合基金”)，强化统筹管理，统一经费使用，统一发布指南，统一评审程序，统一项目管理，推进形成了具有更高资助效能的新时期联合基金资助体系。

联合基金是自然科学基金的重要组成部分，有关项目申请、评审和管理按照《国家自然科学基金条例》、《国家自然科学基金资助项目资金管理办法》及《国家自然科学基金联合基金项目管理办法》等相关管理办法执行。

2020 年《国家自然科学基金项目指南》中发布的联合基金包括区域创新发展联合基金(第一批)、企业创新发展联合基金、NSAF 联合基金、天文联合基金、大科学装置科学研究联合基金、航天先进制造技术研究联合基金、民航联合研究基金、地震科学联合基金、长江水科学研究联合基金、智能电网联合基金、核技术创新联合基金、NSFC-广东联合基金、NSFC-云南联合基金、NSFC-新疆联合基金、NSFC-河南联合基金、促进海峡两岸科技合作联合基金、NSFC-山东联合基金、NSFC-深圳机器人基础研究中心项目等。其他联合基金项目指南将陆续在自然科学基金委网站上发布。

联合基金项目申请人应当具备以下条件：

(1) 具有承担基础研究课题或者其他从事基础研究的经历。

(2) 具有高级专业技术职务(职称)或者具有博士学位。

(3) 年度项目指南规定的其他条件。

联合基金项目取得的研究成果，应当按照年度项目指南注明联合基金名称和项目批准号。

申请人应当按照项目指南中相关联合基金的要求和联合基金项目申请书撰写提纲的要求撰写申请书。申请书的资助类别选择“联合基金项目”，亚类说明选择“培育项目”或“重点支持项目”或“本地青年人才培养专项”或“集成项目”，附注说明选择相应的联合基金名称。

培育项目和重点支持项目合作研究单位的数量不得超过2个。集成项目合作研究单位的数量不得超过4个。

1.4.2 近五年资助总体情况

国家自然科学基金按惯例每年8月份公布面上项目、青年科学基金项目、地区科学基金项目、重点项目、优秀青年科学基金项目等主要项目的全部评审结果和联合基金项目等部分评审结果，在每年11月份公布几个重要项目的申请和资助对比情况分析。下面对2017—2021年国家自然科学基金各类主要项目的经费资助情况进行总体介绍。(注：所有数据均来自于国家自然科学基金委员会官网公布的各年项目资助情况统计)。

1. 资助总金额(表1-1)

2017年国家自然科学基金资助直接经费总额为252.95亿元，且近五年均保持在200亿以上，2021年首次超300亿元，直接经费总额达到312.93亿元。

表1-1 2017—2021年国家自然科学基金资助直接经费总额情况

批准年度	2017	2018	2019	2020	2021
经费总额/亿元	252.95	234.28	213.18	283.03	312.93

2. 资助比例(图1-2)

从各个项目类投入经费的比例来看，面上项目占比48%，青年科学基金项目占比15%，重点项目占比9%，地区科学基金项目占比5%。5年间支持经费超过10亿的大类项目共有12个，其中面上项目超955亿元，青年科学基金项目超304亿元，重点项目超169亿元，地区科学基金项目超90亿元。

3. 面上项目资助情况(表1-2)

2017—2021年面上项目共获得资助金额551.82亿元，共支持项目94855项，平均单项支持经费2017年最高，为58.92万元，往后4年逐年递减，2021年为57.09万元。年度资助项目数，从2017年的18136项增加到2021年的19420项。年度资助经费，从106.86亿元增加到110.87亿元。

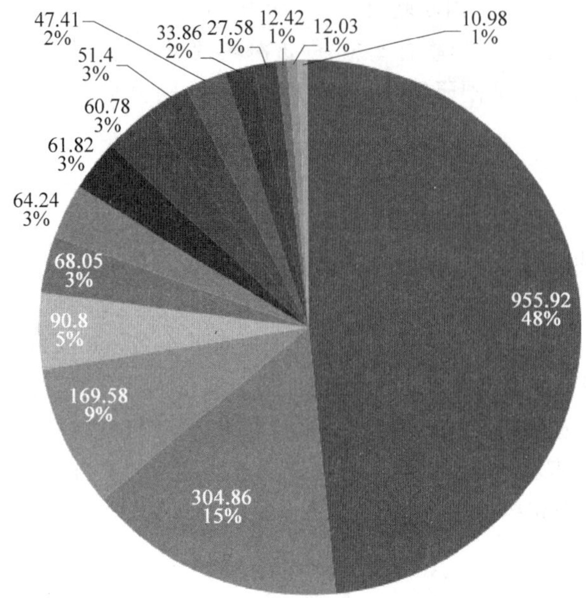

彩图 1-2

图 1-2 2017—2021 年国家自然科学基金各项目投入直接经费情况(单位：亿元)

表 1-2 2017—2021 年国家自然科学基金面上项目对比情况

批准年度	2017	2018	2019	2020	2021
项目数量	18136	18947	18995	19357	19420
直接经费/亿元	106.86	111.53	111.27	111.29	110.87
平均单项经费/万元	58.92	58.86	58.57	57.49	57.09

4. 青年科学基金项目资助情况(表 1-3)

2017—2021 年青年科学基金项目共获得资助金额 230.98 亿元，共支持项目 92508 项，仅次于面上项目，平均单项支持经费从 22.84 万元增加到 29.81 万元。年度资助项目数从 2017 年的 17523 项增加到 2021 年的 21072 项，增长显著。年度资助经费从 40.03 亿元增加到 62.83 亿元。

表 1-3 2017—2021 年国家自然科学基金青年科学基金项目对比情况

批准年度	2017	2018	2019	2020	2021
项目数量	17523	17671	17966	18276	21072
直接经费/亿元	40.03	41.76	42.80	43.56	62.83
平均单项经费/万元	22.84	23.63	23.82	23.83	29.81

5. 重点项目资助情况(表 1-4)

2017—2021 年重点项目共获得资助金额 105.76 亿元，共支持项目 3588 项，平均单项支持经费保持在 290 万元左右。年度资助项目数从 2017 年的 667 项增加到 2021 年的 740 项。年度资助经费从 19.87 亿元增加到 21.52 亿元。

表 1-4 2017—2021 年国家自然科学基金重点项目对比情况

批准年度	2017	2018	2019	2020	2021
项目数量	667	701	743	737	740
直接经费/亿元	19.87	20.54	22.18	21.65	21.52
平均单项经费/万元	297.9	293	298.52	293.76	290.83

6. 地区科学基金项目资助情况(表 1-5)

2017—2021 年地区科学基金项目共获得资助金额 55.60 亿元,共支持项目 15428 项,平均单项支持经费从 36.30 万元降低到 34.50 万元,2018 年最高,为 37.60 万元。年度资助项目数从 2017 年的 3017 项增加到 2021 年的 3337 项。年度资助经费保持在 11 亿元左右。

表 1-5 2017—2021 年国家自然科学基金地区科学基金项目对比情况

批准年度	2017	2018	2019	2020	2021
项目数量	3017	2937	2960	3177	3337
直接经费/亿元	10.95	11.03	11.05	11.07	11.50
平均单项经费/万元	36.29	37.55	37.33	34.84	34.46

1.4.3 2020 年资助情况统计分析

"知己知彼,百战不殆。"了解最新的项目申请与资助情况,有助于申请人在申报基金时选择合适的基金类别。青年科学基金项目、面上项目和地区科学基金项目是广大科研人员申请最多的国家自然科学基金项目类别。下面主要列举 2020 年青年科学基金项目、面上项目、地区科学基金项目的资助统计情况。

1. 青年科学基金项目资助情况

青年科学基金项目属于国家自然科学基金的人才项目系列(除青年科学基金项目外,还包括地区科学基金项目、优秀青年科学基金项目、国家杰出青年科学基金项目、创新研究群体项目和外国学者研究基金项目等),支持青年科学技术人员在科学基金资助范围内自主选题,开展基础研究工作,培养其独立主持科研项目、进行创新研究的能力,激发其创新思维,提高未来科技竞争力,培育基础研究的后继人才。

自然科学基金委公布的 2020 年青年科学基金项目有关申请与资助情况的统计资料,具体参见表 1-6、表 1-7 和表 1-8。从表 1-6 可以看出,2020 年青年科学基金项目医学科学部、工程与材料科学部和生命科学部的基金申报率保持前三名;数理科学部的项数资助率最高(24.64%),医学科学部基金项目申报最多(38363 项),项数资助率最低(11.74%),远低于各学部的平均项数资助率(16.22%),可见医学科学部青年科学基金项目在 8 个科学部中是竞争最激烈的。从表 1-7 可以看出各地区青年科学基金项目资助差异很大,北京、广东、江苏、上海、湖北等高等教育发达地区资助率均高于全国平均水平,贵州、河北、内蒙古等高等教育欠发达地区资助率较低。

表 1-6 2020 年青年科学基金项目按科学部统计申请与资助情况

科学部	申请项数	资助项数	资助直接费用/万元	直接费用平均资助强度/(万元/项)	资助率/%
数理科学部	7355	1813	43264.00	24.65	24.64
化学科学部	9229	1582	37536.00	17.14	17.1

续表

科学部	申请项数	资助项数	资助直接费用/万元	直接费用平均资助强度/(万元/项)	资助率/%
生命科学部	14857	2446	58280.00	16.45	16.5
地球科学部	8321	1730	41112.00	20.79	20.8
工程与材料科学部	18771	3127	74560.00	16.66	16.7
信息科学部	9559	2152	51312.00	22.51	22.5
管理科学部	6177	921	22024.00	14.91	14.9
医学科学部	38363	4505	107520.00	11.74	11.74
合计或平均值	112642	18276	435608.00	16.22	16.22

表 1-7 2020 年青年科学基金项目按地区统计资助情况

序　号	省、自治区、直辖市	申请项数	资助项数	资助直接费用/万元	资助率/%
1	北　京	12011	2573	60960.00	21.42
2	广　东	11728	2231	52512.00	19.02
3	江　苏	10661	1832	43808.00	17.18
4	上　海	9396	1670	25816.00	17.77
5	陕　西	5886	1059	25392.00	17.99
6	山　东	7584	1029	24680.00	13.57
7	湖　北	5612	982	23440.00	17.50
8	浙　江	6332	974	23264.00	15.38
9	四　川	4952	759	18184.00	15.33
10	湖　南	3765	648	15392.00	17.21
11	河　南	5098	560	13440.00	10.98
12	辽　宁	3096	482	11544.00	15.57
13	天　津	2822	461	11024.00	16.34
14	安　徽	2984	443	10624.00	14.85
15	重　庆	2904	420	10016.00	14.46
16	福　建	2309	358	8488.00	15.50
17	黑龙江	2041	329	7856.00	16.12
18	吉　林	1906	258	6192.00	13.54
19	山　西	1834	207	4960.00	11.29
20	江　西	1695	194	4656.00	11.45
21	河　北	1913	172	4128.00	8.99
22	甘　肃	1023	157	3760.00	15.35
23	广　西	1312	119	2856.00	9.07
24	云　南	976	117	2808.00	11.99
25	贵　州	1105	83	1992.00	7.50
26	内蒙古	593	47	1128.00	8.72
27	新　疆	423	42	1008.00	9.93
28	海　南	3896	35	840.00	9.00
29	宁　夏	198	19	456.00	9.60
30	青　海	139	15	360.00	10.79
31	西　藏	8	1	24.00	12.50
合计或平均值		112642	18276	435608.00	16.22

表 1-8　2020 年青年科学基金项目资助情况(按负责人专业技术职称统计)

专业技术职称					学　位			
教授	副教授	高工	讲师	助教	博士	硕士	学士	其他
555	2504	121	13610	1457	17238	890	9	0
3.04%	13.72%	0.66%	74.59%	7.98%	95.04%	4.91%	0.05%	0.00

从表 1-8 可以看出,获得青年科学基金项目资助的主持人多为讲师和副教授,其学位绝大多数为博士(95.04%)。

2. 面上项目资助情况

面上项目支持从事基础研究的科学技术人员在科学基金资助范围内自主选题,开展创新性的科学研究,促进各学科均衡、协调和可持续发展。在国家自然科学基金研究项目系列(包括面上项目、重点项目、青年科学基金项目、地区科学基金项目)当中,面上项目资助的范围最广,受资助的人数最多。

从自然科学基金委公布的 2020 年面上项目的统计资料(见表 1-9)可以看出,从受理的申请项数来看,医学科学部、工程与材料科学部和生命科学部在自然科学基金委的八个科学部中依然位列前三名;从项数资助率来看,地球科学部最高(23.05%)。医学科学部基金项目申报数量最多(33691 项),项数资助率最低(13.61%),远低于各学部的项数平均资助率(17.15%),说明医学科学部面上项目申请竞争十分激烈。

表 1-9　2020 年面上项目按科学部统计申请与资助情况

科学部	申请项数	资助项数	资助直接费用/万元	直接费用平均资助强度/(万元/项)	资助率/%
数理科学部	7799	1750	103090.00	58.91	22.44
化学科学部	8889	1815	114374.00	63.02	20.42
生命科学部	15503	3029	175672.00	58.00	19.54
地球科学部	9678	2000	116276.00	58.14	23.05
工程与材料科学部	20740	3309	192398.00	58.14	15.95
信息科学部	12348	2064	119680.00	57.98	16.72
管理科学部	5237	806	38784.00	48.12	15.39
医学科学部	33691	4584	252720.00	55.13	13.61
合计或平均值	112885	19357	1112994.00	57.50	17.15

按四类科学问题属性划分项目申请总数,其中,鼓励探索、突出原创占 9.90%;聚焦前沿、独辟蹊径占 39.78%;需求牵引、突破瓶颈占 40.76%;共性导向、交叉融通占 9.56%,可见面上项目申请集中在“聚焦前沿、独辟蹊径”与“需求牵引、突破瓶颈”两类科学问题属性。2020 年面上项目负责人按年龄段统计情况见图 1-3,从图 1-3 不难看出,获得面上项目资助的申请人年龄多为 31～55 岁,其中 36～40 岁是获得资助的黄金年龄段,56 岁以后,申请人获得资助的比例逐年降低,超过 66 岁后几乎没有可能获得资助。

3. 地区科学基金项目资助情况

地区科学基金项目支持特定地区的部分依托单位的科学技术人员在科学基金资助范围内开展创新性的科学研究,培养和扶持该地区的科学技术人员,稳定和凝聚优秀人才,为区域创新体

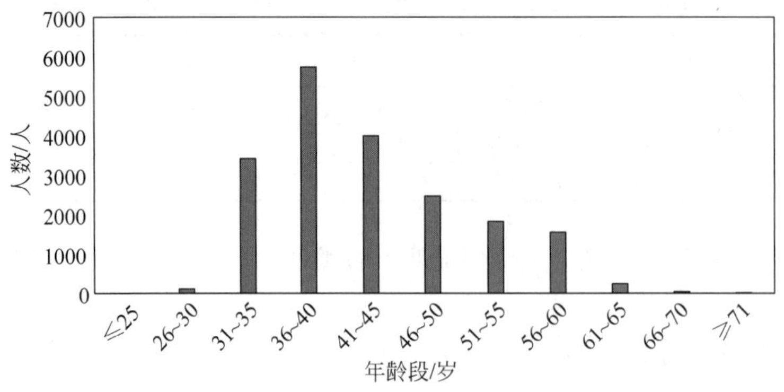

图 1-3　2020 年面上项目负责人按年龄段统计情况

系建设与经济、社会发展服务。地区科学基金项目申请人应当具备的条件与面上项目相同。

2020 年地区科学基金项目按地区统计资助情况见表 1-10，从表 1-10 可以看出，江西、广西、云南、贵州申报的地区科学基金项目位居前列，在申报数量超过 1000 项的地区中，江西省的资助率最高(15.92%)，高于全国地区科学基金平均资助率。总体上来看，申报数量超过 1000 项的地区的资助率差异不大。2020 年地区科学基金项目负责人按年龄段统计情况见图 1-4，从图 1-4 不难看出，获得地区科学基金项目资助的申请人年龄也多为 31～55 岁，其中 36～40 岁是获得资助的黄金年龄段，41 岁以后，申请人获得资助的比例逐年降低，超过 66 岁后几乎没有可能获得资助。

表 1-10　2020 年地区科学基金项目按地区统计资助情况

序　号	省、自治区		申请项数	资助项数	资助直接费用/万元	资助率/%
1	江　西		4183	666	23164.07	15.92
2	云　南		3271	473	16524.00	14.46
3	广　西		3382	438	15172.50	12.95
4	新　疆		1897	273	9502.00	14.39
5	贵　州		2840	404	14085.00	14.23
6	甘　肃		1908	265	9301.93	13.89
7	内蒙古		1678	223	7846.00	13.29
8	宁　夏		880	126	4384.00	14.32
9	海　南		963	144	4994.50	14.95
10	青　海		379	39	1370.00	10.29
11	西　藏		142	24	839.00	16.90
12	陕　西	延安市	87	15	542.00	17.24
		榆林市	133	20	704.00	15.04
13	吉　林	延边朝鲜族自治州	235	32	1107.00	13.62
14	湖　南	湘西土家族苗族自治州	93	22	753.00	23.66
15	湖　北	恩施土家族苗族自治州	105	9	311.00	8.57
16	四　川	凉山彝族自治州	39	3	105.00	7.69
		甘孜藏族自治州	1	0	0.00	0.00
		阿坝藏族羌族自治州	6	1	32.00	16.67
合计或平均值			22222	3177	110738.00	14.30

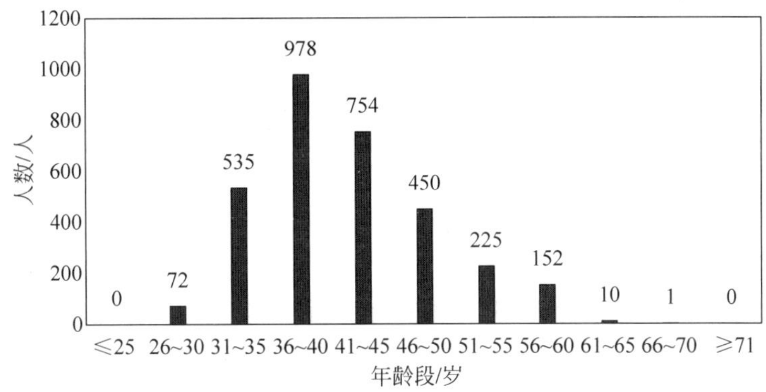

图 1-4 2020 年地区科学基金项目负责人按年龄段统计情况

1.5 科研项目的实施流程

设置科研项目的目的就是为了探索自然界尚未被认识的问题，或尚未被开发的新技术、新工艺、新设备（包括对原有技术、工艺、设备的改进或应用范围的扩展和优化）。前面已经介绍了一般科学研究流程，本节将介绍具体科研项目的实施操作流程。

1.5.1 科研项目的选题

科研项目的实施首先从项目选题开始，课题选题不仅仅是对研究内容与范围的笼统规定，更重要的是选择并确定一个主导线索清晰的中心研究问题。选择研究的问题是科学研究最难的一步，也是决定研究价值和质量最重要的一步。它包括两个过程：一是提出问题，二是在众多问题中选择形成课题。对于提出问题，爱因斯坦和英费尔合著的《物理学的进化》中是这样评价的："提出一个问题往往比解决一个问题更重要，因为解决问题也许仅仅是一个数学上或实验上的技能而已。而提出新的问题、新的可能性，从新的角度去看旧的问题，却需要创造性的想象力，而且标志着科学的真正进步。"这里强调的是提出新问题和科学的发现"始于问题"的观点。选题过程包括以下几个步骤：

1. 明确方向

通过调查与文献分析，把握国家重大需求，确定工程实践和方法理论中存在的迫切需要解决的问题，尤其是带有国家战略需求的关键问题，或者是潜在的、有可能影响未来发展、具有前瞻意义的问题，并据此确定项目选题方向。此时选择的问题还只是事实问题，即"如何解决某个问题" 或"探索某个问题的哪些方面"，仅有研究方向的意义，尚无实际操作意义。

2. 浓缩范围

将确定的研究方向按一定结构层次展开，使研究范围由面到线、由线到点逐渐浓缩，从而使事实问题转化为"解决某个问题应该从哪几个方面入手"或"某个方面是否成为解决问题的突破口"。此时提出的问题尚未把握问题要素间的本质联系，只是研究问题的雏形，只停留在经验积累和总结的层面上。

3. 聚焦研究点

在已有的经验和理论认识的基础上，对即将探索的问题进行综合思考，并对问题要素间的本质联系做出演绎和推理，分析项目变量与期望结果之间的因果关系，从而使问题焦点凸现出来。此时的问题已具备研究问题的特征，可作为课题研究的中心问题确定下来。在整个选题过程中，聚焦项目研究点（将事实问题转化为研究问题）是最关键和最困难的一步，其中也包括了凝练科学问题，项目研究点和科学问题的凝练在第4章中进行详细论述。

1.5.2 科研项目申请

完成课题选题后，项目能否成功立项是一个很大的挑战，必须掌握一定的方法和程序。科研项目申请（以下简称“项目申请”）的一般程序大致可以概括为指南（文件）研究—选择课题—撰写申请书—项目申报四个阶段。前三个阶段可按顺序进行，也可交叉或同时进行。

1. 指南（文件）研究

我国现行的各类科技计划自它们出台之日起就明文规定了各种资助的宗旨、性质、范围及申请条件等，在申报项目时，应认真地研究有关科技计划的管理办法、项目申报指南及其相关文件，必须搞清楚以下几个问题：

（1）科技计划的性质与宗旨。不同的科技计划其性质与宗旨是不同的，即便是同一类计划，其性质与宗旨也可能有较大的区别。例如国家自然科学基金属于基础研究类，包括青年科学基金项目、面上项目、重点项目和重大项目等。其中面上项目的宗旨是资助自然科学基础研究和应用基础研究，以促进国家科学技术的进步与繁荣；重点项目则侧重于促进学科的发展；重大项目虽也强调学科的发展，但更突出研究国家经济发展亟待解决的重大科技问题或有重大应用前景的基础性问题。尽管各类计划的性质与宗旨差异较大，但只要吃透了拟申报项目计划的文件精神，就有可能选择与自己的研究基础和专长相适应的科技计划来申报。

（2）资助的对象与范围。各类科研项目都有自己特定的资助对象。如高等学校博士学科点专项科研基金仅资助中央有关部委重点高等学校的博士生指导教师、博士学科点上的正教授和年龄在45岁以下的副教授。国家自然科学基金面上项目则不然，它不分单位，不分地区，面向全国，也不分年龄大小，只要能工作、有能力、有条件的科技人员均可申请，但要求具有高级专业技术职务（职称）或者具有博士学位，或者有两名与其研究领域相同、具有高级专业技术职务（职称）的科学技术人员的推荐。另外，各类科研项目一般都有一个资助范围，并且多以项目指南的方式予以限定，例如，国家自然科学基金项目指南在每年11月份前后公布，项目指南上面列出“资助的主要范围”“鼓励研究领域”等。此外，还列出拟资助的重点项目和重大项目的名称及主要研究内容、目标和要求等。

（3）规定的申报条件。仔细研读拟申报科技计划的管理办法和申报条件，从而根据自身的现实条件选择对口的渠道。

（4）资助方式和资助强度。目前，国家对科学研究资助的方式有拨款、贷款、自筹和拨/贷/自筹相结合等4种方式。不同的科技计划资助强度有所不同，同一科技计划时间不同，资助的强度亦会不同，各省、自治区、直辖市设置的各类科研项目平均资助强度差异亦较大。

（5）限定的申报时间及程序。不同的科技计划项目，其申报时间和程序不尽相同。有的项目已经规范化、正常化，如国家自然科学基金；有的项目将申报时间范围放得较宽，如教育部和人事部负责执行的留学回国人员启动基金；有的计划并不确定固定的申报时间，而是根据项目编制和项目论证的进度来确定申报时间，例如国家重点研发计划。

2. 选择课题

选题不能偏离拟申报计划的资助范围。这是选题中最基本、最重要的原则。例如，申报基础研究类计划项目时，只能选既有重要学术意义，又有潜在应用前景的学科基础问题或应用基础问题申报。

3. 撰写申请书

选择好项目方向与项目类型后，关键的工作就是撰写好项目申请书。通过申请书将自己的立项依据、学术思想、创新点、科学问题、研究思路、研究计划、预期成果等充分表达出来，争取得到同行专家和项目主管部门的认可。认真阅读填表说明，仔细研究申请书的编写提纲或表中内容，明白其含义及基本要求，弄清申请书前后及表间的内在逻辑联系，再按题作文，逐条认真填写。撰写申请书更详细的内容见第 3 章和第 4 章的内容。

4. 项目申报

我国现有的科技计划，对项目申报有一些具体要求。例如，一般只受理申请者所在单位的申请，不直接对申请者个人。因此，项目申报是申请者和所在单位科技管理人员的共同任务，包括正确选择投送学科和及时将申请书送达指定的申请受理部门。

1.5.3 科研项目实施

本阶段是完成科学研究任务、付出研究"劳动"、获得"劳动成果"的阶段。实施计划确定并经过论证后，即进入了科研项目的实质性研究阶段，在研究阶段应重视研究过程管理、观察和实验管理、数据与资料的积累和整理、阶段性成果总结管理，以督促课题组所有成员按时、保质、保量完成研究任务。具体来说，该阶段包括制定详细研究计划、观测和实验、数据资料的积累和整理、理论分析、进行阶段性总结等内容。

1.5.4 科研项目结题

科技项目是按合同计划进行管理，是有时间限制、有指标要求的科学技术活动。通常，到项目研究周期结束时，必须对研究工作有所交代，对一个研究周期的工作进行总结并向课题资助部门汇报，这个过程就是科技项目的结题。结题与立项同样重要，它标志着一段研究工作的结束。

结题一般可分为以下几个步骤：①研究资料的整理，包括原始资料的分类归档、实验结果的计算分析，以及技术总结报告的撰写；②财务决算，按有关条例对整个研究工作周期内科研经费的支出进行全面决算(不包括设备折旧、人员工资等其他投入)；③撰写科研项目的工作总结报告，经本单位科研管理部门审阅盖章后报送任务下达(委托)部门。

1.6 基金类项目的评审

1.6.1 评审流程

基金类项目的评审严格实行"依靠专家、发扬民主、择优支持、公正合理"的评审原则，采用初审、同行专家通信评审和会议评审三级评审制度。这里以国家自然科学基金集中审批的项目申请受理和评审为例进行说明，其评审流程如图 1-5 所示。

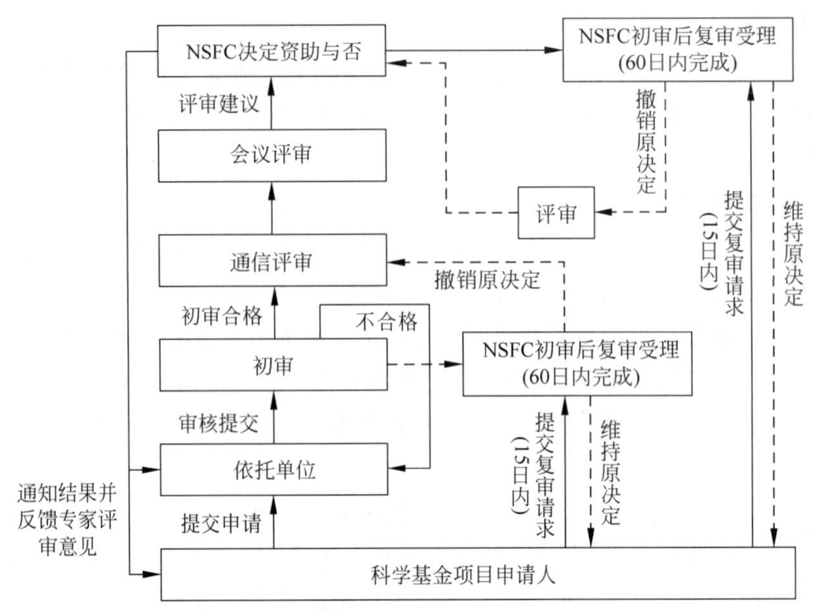

图 1-5 国家自然科学基金评审流程

1. 第一轮评审：初审

也称形式(资格和格式)审查，包括审查申请人是否具有申请资格，检查申请人和参加人员是否超项，检查申请书内容及附件材料是否完整，检查申请书关键信息处填写是否有误等。上述任何地方出现错误或存在缺失都会导致申请书不能通过形式审查而无法进入后面的正式评审环节。基金委每年都会在申请书形式审查环节中发现不合规的问题，例如，2020年自然科学基金委共集中受理项目申请 267534 项，因形式审查不合格而不予受理的项目申请 2137 项。2021 年，自然科学基金委共接收各类申请 276715 项，因形式审查不合格而不予受理的项目申请 1717 项。可以看出，随着各单位重视程度的提高，申请书写得也越来越精细。此外，为了避免形式审查不合格，在申请书写完之前要对照本书附录中提供的管理类自查表进行自查，依托单位的科研管理部门也应该组织人员进行格式审查。

2. 第二轮评审：通信评审

现阶段基金委的同行评议专家遴选的常规程序是由学科项目主任将研究内容相近的项目进行分组，再按照研究领域相近的匹配原则，结合相关回避原则，通过计算机辅助指派系统将每组项目指派给小同行评审专家进行通信评审，也叫函评。函评专家通常以小同行为主，评审专家针对项目的科学价值、影响力、创新性和可行性等进行评判，给出"好"或"不好"程度的判断，再将这种判断归入"优、良、中、差"等级(对应 4、3、2、1 的评分值)。函评阶段的同行评议专家遴选对能否科学、客观和公正地遴选出高质量的项目起着至关重要的作用，专家的个人认知能力、学术水平以及对项目内容的熟悉程度等均会影响到对项目水平的判断。

3. 第三轮评审：会议评审

会议评审是通过组建评审专家组对函评通过的项目以召开会议的方式进行评审，也叫会评。会评专家通常以大同行为主。会议评审是针对项目的科学价值、创新性、社会影响以及研究方案的可行性等方面做出综合判断和评价，评审结果以专家投票的方式产生。在评审过程中，专家主要关注申请项目的函评成绩、申请人教育背景和学术经历等，同时也会结合申请项目本身的科学价值和创新意义等关键内容，对通信评审起到“确认—纠偏—择优”的作用。

1.6.2 评审原则/要点

2020 年自然科学基金委在总结 2019 年改革试点经验的基础上，全面推进实施升级版改革，包括：将分类申请与评审试点扩大到全部面上项目和重点项目，推进在更多学科和项目类型试点“负责任、讲信誉、计贡献”的评审机制。下面以青年科学基金项目和面上项目为例对评审原则和要点进行说明。

1. 青年科学基金项目评审原则/要点

青年科学基金项目遵循下面的评审原则/要点：

青年科学基金是有志从事基础研究的青年科研人员的起步基金，其定位是稳定青年队伍，培育后继人才，扶持独立科研，激发创新思维，不断增强青年人才勇于创新的研究能力，促进青年科研人员的成长。申请人应能够独立开展研究工作。

评议人将从如下方面对申请项目进行评议，在此基础上给出综合评价等级和资助与否的意见。

(1) 综合评议申请项目的创新性和研究价值。对基础研究类项目，主要对项目的科学意义、前沿性和探索性进行评述；对应用基础研究类项目，在评议学术价值的同时，还要对项目的应用前景进行评述，并明确指出项目的特色和创新之处。

(2) 对申请项目的研究内容、研究目标及拟解决的关键科学问题进行综合评议。

(3) 对申请项目的整体研究方案和可行性分析，包括研究方法、技术路线等方面进行综合评议；如有可能，还要对完善研究方案提出建议。

(4) 对前期工作基础和研究条件以及经费预算进行适当评价。专家会特别注意评议申请人的创新潜力和创新思维，并不过于强调其研究队伍和工作积累。

专家在给出评价结果时一般参考以下四个综合评价等级标准：

优：申请人有较强的创新潜力和创新思维；申请项目创新性强，具有重要的科学意义或应用前景，研究内容恰当，总体研究方案合理可行。

良：申请人具有一定的创新思维；申请项目立意新颖，有较重要的科学意义或应用前景，研究内容和总体研究方案较好。

中：申请人创新思维一般；申请项目具有一定的科学研究价值或应用前景，研究内容和总体研究方案尚可，但需修改。

差：申请人和申请项目某些关键方面有明显不足。

首先，从青年科学基金项目的评审原则/要点可以看出，申请人独立开展研究工作的能力是基本条件，尽管这一条在专家意见中不常出现，但却是申请人首先要重视的一点。由于青年学者从事科研工作时间往往较短，在本领域内缺乏影响力，评审专家主要通过工作基础和个人简历来评判申请人的科研实力，申请人应在申请书中列举与本项目有关的代表性成果，从而实现让评审专家给出“前期工作扎实，已有成果发表在高水平刊物上”的评议意见。其次，从综合评价等级参考标准为“优”的简短描述中出现了 3 个创新，可以看出，对于青年科学基金项目而言，专家在进行项目评议时最关心的三件事情是：创新！创新！创新！因此青年科学基金项目在选题方面要体现新颖性。但由于青年科学基金项目一般是3年的计划周期，因此选题应该是在一个合适的尺度上进行，过大或者过小的目标都不合适。

2. 面上项目评审原则/要点

评议人将从科学价值、创新性、对相关领域的潜在影响以及研究方案的可行性等方面进行独立判断，并按照每类科学问题属性的分类评审要求从以下几个方面对申请项目进行重点评议，在此基础上给出综合评价和资助意见。

(1) 对“鼓励探索、突出原创”(科学问题属性Ⅰ)类项目，专家着重评议研究工作是否具有原始创新性，以及所提出的科学问题的重要性。

(2) 对“聚焦前沿、独辟蹊径”(科学问题属性Ⅱ)类项目，专家更关注拟研究科学问题的重要性和前沿性，着重评议研究思想的独特性与拟取得研究成果的潜在引领性。

(3) 对“需求牵引、突破瓶颈”(科学问题属性Ⅲ)类项目，专家更关注研究工作的应用性特征，着重评议是否提出了技术瓶颈背后的基础科学问题，以及所提研究方案的创新性和可行性。

(4) 对“共性导向、交叉融通”(科学问题属性Ⅳ)类项目，着重评议研究工作的多学科交叉特征，以及跨学科研究对推动研究范式和学科方向发展的影响。

此外，与青年科学基金项目一样，面上项目的综合评价等级也分为优、良、中、差四个等级，等级要求参考标准如下：

优：创新性强，有重要的科学研究价值或应用前景，总体研究方案合理可行。

良：立意新颖，有较重要的科学研究价值或应用前景，总体研究方案较好。

中：有一定的科学研究价值或应用前景，总体研究方案尚可，某些关键方面存在不足。

差：某些关键方面有明显缺陷。

1.6.3 基于科学属性的分类申请和分类评审

2020年国家自然科学基金项目申报时，自然科学基金委选取重点项目和全部面上项目，继续试点开展基于科学问题属性的分类申请与分类评审，包括按照科学问题属性匹配评审专家(科学问题属性的内涵和案例见1.6.4节)，不同科学问题属性的申请书评议点有明显差异，具体如下：

1. “鼓励探索、突出原创”(科学问题属性Ⅰ)

此类项目评审时专家关注提出或拟解决的重要基础科学问题，具体评价意见点为：

(1) 该申请项目的研究内容是否具有原创性并值得鼓励尝试？专家主要针对原创性(是否有突破传统的新思想、新理论、新方法、新技术等)展开评述。

(2) 申请项目所提出原创性的科学价值及对相关领域的潜在影响。

(3) 从申请人的学术背景及研究方案评述开展该原创性研究的可能性。

2. “聚焦前沿、独辟蹊径”(科学问题属性Ⅱ)

此类项目评审时专家更关注拟研究科学问题的重要性和前沿性，注重研究思想的独特性与研究成果的潜在引领性，旨在拓展该领域的科学前沿。评审专家具体评价意见点为：

(1) 该申请项目的研究思想或方案是否具有新颖性和独特性？

(2) 申请项目所关注问题的科学价值以及对相关前沿领域的潜在贡献。

（3）申请人的研究基础与研究方案的可行性。

3．“需求牵引、突破瓶颈”（科学问题属性Ⅲ）

以研究的应用性为主要特征，重点关注选题是否面向国家需求，致力于解决技术瓶颈背后的基础问题，促进基础研究走向应用。评审专家具体评价意见点为：

（1）该申请项目是否面向国家重大需求并试图解决技术瓶颈背后的基础问题？

（2）申请项目所提出的科学问题与预期成果的科学价值。

（3）申请人的研究基础与研究方案的可行性。

4．“共性导向、交叉融通”（科学问题属性Ⅳ）

以多学科交叉为主要特征，鼓励对重要科学问题开展跨学科研究，旨在形成新的研究范式或孕育、发展新的学科方向。评审专家具体评价意见点为：

（1）申请项目所关注的科学问题是否源于多学科领域交叉的共性问题，具有明确的学科交叉特征？重点关注评价预期成果的科学价值。

（2）针对学科交叉特点评述申请项目研究方案或者技术路线的可行性。

（3）申请人与/或参与者的多学科背景和研究专长。

1.6.4　对科学属性的解读

2020年自然科学基金委在总结2019年改革试点经验的基础上，将按科学问题属性分类申请与评审试点扩大到全部面上项目和重点项目，推进在更多学科和项目类型试点新评审机制，预计未来这种分类申请与评审会进一步扩大。四类科学问题属性的具体内涵与典型案例如下：

1．“鼓励探索、突出原创”

“鼓励探索、突出原创”具体内涵是指科学问题源于科研人员的灵感和新思想，且具有鲜明的首创性特征，旨在通过自由探索产出从无到有的原创性成果。一个具有原创性的科研成果指的是，做出新的实证发现，或发现新材料，以及对这些新发现或新材料做出新解释；解决新问题或复杂难题；开发出创新性的研究方法、方法论和分析仪器设备；提出新论证、新解释或新洞见等。在撰写选择该科学问题属性的时候要突出说明申请项目的选题是纯原创，目前均未做过或实现过，重点落在从无到有（即从0到1）表述上。

案例：建立测量银河系旋臂结构新方法

银河系旋臂结构是天文学中持续时间最长但至今仍未解决的重大问题之一。尽管有关银河系结构的模型已有100多种，但由于这些模型所依赖的天体距离的不确定性，使得一些基本问题，如银河系尺度、旋臂形状和数量等远未解决。因此，精确测定天体的距离是研究银河系结构的关键。我国学者首次提出用甚长基线干涉阵测量天体脉泽的三角视差距离来研究银河系旋臂结构的方法，实现了天体测量技术的划时代突破，使距离测量精度比以前天文学中的最高测量精度提高了两个量级。通过该方法精确测定了银河系英仙臂的距离，彻底解决了天文界关于英仙臂距离的长期争论，并首次发现本地臂是银河系的一条旋臂，彻底排除了天文界长期以来认为本地臂只是由零星物质组成的微小次结构的观点，对经典密度波理论提出了巨大挑战，率先提出并证实银河系不是单纯由宏伟的、规则的螺旋形主旋臂组成，而是在主旋臂间充满着次结构的非常复杂的旋涡星系的观点。该系统性、开创性的工作，被国内外专家评价为开创新时代、开拓新领域的里程碑式的工作，推动发起了美国国立射电天文台史上最大的国际合作项目——BeSSeL，获得了广泛认可的银河系最精确的旋臂结构模型、基本参数和旋转曲线。

解读：可以看出，银河系旋臂结构是天文学中至今仍未解决的重大问题之一，而传统的有关银河系结构的模型所依赖的天体距离的不确定性，使得诸如银河系尺度、旋臂形状和数量等问题一直未得到解决。我国学者首次提出用甚长基线干涉阵测量天体脉泽的三角视差距离来研究银河系旋臂结构的方法，实现了天体测量技术的划时代突破，使距离测量精度比天文学中传统方法的最高测量精度提高了两个量级，这种首次提出的测量银河系旋臂结构新方法具有典型的原创性特征。

2. "聚焦前沿、独辟蹊径"

"聚焦前沿、独辟蹊径"具体内涵是指科学问题源于世界科技前沿的研究热点、难点和新兴研究领域，且具有鲜明的引领性或开创性特征，旨在通过独辟蹊径（即采用全新的技术路线）取得开拓性成果，引领或拓展科学前沿。申请人在撰写科学问题属性的时候要指明所研究的问题是科技前沿亟待解决的难点问题，另外要突出申请人的创新性比现有研究的突破和拓展在什么地方。

案例：扩充未来光管猜想的解决

扩充未来光管猜想，即扩充未来光锥管域是全纯域。全纯域是多复变函数中最基本、最重要的概念之一。起源于量子场论的扩充未来光管猜想已有40多年的历史，被诸多世界数学家和物理学家研究而未得到解决，被公认为著名的困难问题，是多复变函数论研究的前沿、核心问题。在许多著名文献中，比如在国际权威的《数学百科全书》"量子场论"条目中都把它列为未解决问题。我国学者利用华罗庚建立的有关典型域的经典理论和方法，结合一些现代数学工具和技巧，独辟蹊径，完全证明了扩充未来光管猜想。这是一项具有中国多复变学派特色、得到国际数学界特别是多复变函数论领域充分肯定的研究成果，被认为是二十世纪下半叶数学发展的亮点工作之一，被评价为"获得了新知识"，被写入史料性著作《二十世纪的数学大事》《数学的发展：1950—2000》。

解读：从该案例可以看出，扩充未来光管猜想是公认的著名的困难问题，也是多复变函数论研究的前沿、核心问题，我国学者利用华罗庚建立的有关典型域的经典理论和方法，并结合一些现代数学工具和技巧，独辟蹊径证明了扩充未来光管的猜想。因此，扩充未来光管猜想的解决具有典型的"聚焦前沿、独辟蹊径"特征。

3. "需求牵引、突破瓶颈"

"需求牵引、突破瓶颈"具体内涵是指科学问题源于国家重大需求和经济主战场，且具有鲜明的需求导向、问题导向和目标导向特征，旨在通过解决技术瓶颈背后的核心科学问题，促使基础研究成果走向应用。申请人在撰写选择科学问题属性的时候要指明所研究的问题符合国家实际需求且应具有产业化前景，另外要突出项目研究对象的具体瓶颈是什么。

案例：人体肺部功能磁共振成像（MRI）系统研制

由早期肺功能损伤逐渐发展至后续肺结构病变是肺部重大疾病的共同发展规律。肺部重大疾患如肺癌、慢性阻塞性肺疾病等是我国目前排名前三位的死因之一，对其早期诊断有着十分迫切的需求。但胸透、电子计算机断层扫描（CT）、传统质子MRI等传统医学影像技术无法对肺部通气、气血交换功能进行可视化和定量评估。这一缺陷极大阻碍了肺部重大疾病早期，即功能损伤期的深入研究。为突破这一瓶颈，我国学者研制了一套肺部功能MRI统。该系统不仅可检测肺微结构病变；同时兼具肺部通气、气血交换的高灵敏可视化和定量检测功能，无创无电离辐射，打破肺部“盲区”；且该系统可与我国目前医院和研究机构所有的主流人体成像仪（如场强1.5 T和3 T）兼容，将已有成像仪升级为具备早期探测肺功能改变的多功能人体MRI。人体肺部功能MRI系统的研制突破了现有技术瓶颈，为肺部重大疾病的早期探测、精准诊疗提供了技术支撑。

解读：从案例中可以看出，肺部重大疾患是我国目前排名前三位的死因之一，对其早期诊断的研究符合我国重大需求，且具有鲜明的需求导向、问题导向和目标导向特征。胸透、电子计算机断层扫描（CT）、传统质子MRI等传统医学影像技术无法对肺部通气、气血交换功能进行可视化和定量评估成为肺部重大疾病早期诊断的技术瓶颈；而我国学者研制的人体肺部功能MRI系统突破了现有技术瓶颈，为肺部重大疾病的早期探测、精准诊疗提供了技术支撑。因此，该案例具有典型的“需求牵引、突破瓶颈”特征。

4. “共性导向、交叉融通”

“共性导向、交叉融通”具体内涵是指科学问题源于多学科领域交叉的共性难题，具有鲜明的学科交叉特征（例如第6章中青年科学基金项目案例中的“机电复合传动转子界面多维多场耦合作用下非线性振动与主动调控”就具有鲜明的机械学、电磁学与控制工程学科交叉的特征），其具体内涵是指科学问题源于多学科领域交叉的共性难题，具有鲜明的学科交叉特征，旨在通过交叉研究产出重大科学突破，促进分科知识融通发展为知识体系。该科学问题导向的关键词是“交叉”，因此在撰写选择科学问题属性原因的时候要强调科学问题的学科交叉特征。

案例：天然源稠三环螺内酯的抗植物病毒作用机制及其先导优化

植物病毒是植物保护领域的难题，给我国农业生产带来巨大损失。该项目构建了新型稠三环螺内酯骨架，明确其通过交联二聚TMV-CP并钝化TMV，基于此原创性新先导和新作用机制，针对我国重大病毒病害，利用植物保护的原理和生命科学的前沿技术，从TMV复制、组装及其侵染循环、移动的各阶段及诱导寄主抗性开展新化合物作用机制的研究，构建TMV-CP并完善EGFP-TMV抗TMV筛选平台。基于TMV-CP蛋白晶体结构信息，利用有机化学和农药学原理及计算机辅助分子设计手段，优化稠三环螺内酯骨架中双键和OH的数量与位置，引进杂原子或诱导抗病活性亚结构或成药性调节单元，设计、合成新型稠三环螺内酯衍生物并进行构效关系的研究。开展高活性化合物蛋白质组学或转录组学或复合物单晶结构或诱导抗病作用机制的研究和验证。

解读：可以看出该项目利用了计算机辅助分子设计，以及生物化学、分子生物学等手段，充分体现了在农药分子设计、有害生物防治等有机化学和植物保护及化学生物学领域的多学科交叉特征。

5. 科学属性的撰写要点

对于申请人来说，面对国家自然科学基金项目分类申请和分类评审的新变化，一个重要的工作就是在800字以内把科学问题属性写清楚。需要明确以下四个问题：

(1) 非试点学科合成的最后的PDF版上这部分是没有显示的，但是不写是通不过在线系统检测的。

(2) 试点学科的申请书这部分内容会出现在申请书PDF版本中,它与代码一、关键词前两位同样重要。

(3) 申请书不管是选择哪一类科学问题属性,申请人在撰写的时候都应该扣住该类科学问题属性的核心点(紧扣正文中的题目、研究意义、关键科学问题、研究内容、研究方案、创新性等内容),做相应内容的展开,而不是简单的排除哪一类,剩下哪一类。

(4) 在选择科学问题属性时,要依据自身实际申请内容、科研方向、所附支撑材料综合考虑后才能完成最终的选择。

(5) 科学问题属性的选择往往比较困难,申请人在选择时往往有很大的盲目性。例如,2019年,国家自然科学基金委选择了17个学科(一级学科代码)的面上项目(占所有一级学科代码的18.09%),试点基于四类科学问题属性的分类申请与评审工作。"鼓励探索、突出原创"属性的占比由2018年申请的36.52%降低至2019年申请与资助的12.63%、10.71%;"聚焦前沿、独辟蹊径"属性的占比由2018年申请的34.86%提高至2019年申请与资助的44.19%、50.99%;"需求牵引、突破瓶颈"属性的占比由2018年申请的19.21%提高至2019年申请与资助的34.54%、30.70%;"共性导向、交叉融通"属性的占比2019年为8.64%和7.6%,与2018年申请的9.41%变化不大。可以看出,由于申请人对四类属性不熟悉,评审专家也难以准确把握申请书的创新与四类属性的关系,致使四类属性的占比起伏比较大。因此,如何正确描述所申请项目的四类科学问题属性,值得广大申请人认真对待。

基金类项目的策划

近些年来我国的科研投入力度持续加大，但与持续高增长的经费投入和不断扩充的科研队伍相比，我国的科技创新力仍显不足，尤其是基础研究中的突破性、原创性成果少。本章将从基础研究项目中的基金类项目的策划流程和策划原则的角度重点介绍研究方向、科研选题、研究内容与研究方案的策划方法。

2.1 基金项目的策划方法

基金项目的策划是一项极具创造性的工作，在策划时既可遵循一定的方法和规律(如进行逻辑分析)，往往也要靠灵感、顿悟和头脑风暴等创新方法。

2.1.1 指导思想

1. 要长期积累

基金项目申请书的外在表现可能只是一个十几页、二十几页的纸面文件，但撰写基金项目申请书却是一项异常辛苦、复杂的系统工程，是申请人长期思考的结果，也是申请人长期研究工作的积累和经验的结晶。同时基金项目申请过程本身也是一个研究的过程，很难想象一个从来没搞过研究的人，忽然写了一份申请书并且还中了。另外，研究工作要有持续性，年轻人切忌“猴子掰苞谷”，不要见异思迁，一旦选定一个研究方向就要长期坚持下去，坚持数年，必有收获。最后，在日常研究工作中要注意发表高水平的代表性论文，论文不仅能体现研究基础，更重要的是体现申请人的科研能力和学术水平。目前国家自然基金项目申报时需要列举五篇代表性著作，更需要申请人具有长期的研究工作积累，要注意撰写高水平的论文。

2. 不怕失败

失败是成功之母，在申请基金项目时，失败一次并不可怕，要有“屡败屡战”的决心和勇气，只要认真对待，申请书就会越写越好，成功的可能性也就越大。况且，即使申请失败，至少也可收获经验和教训。笔者认为，写申请书的过程实际上就是个研究的过程，只要研究，就会有收获。基金申请有个定律：不写就不会失败，但不写永远不可能成功。

3. 提前做准备

自然科学基金委每年大约一月份会发布当年度国家自然基金项目指南，正常情况下每年三月份是项目申请书的集中提交期。为了写出一份高质量的申请书，一般至少需要提前6个月开始构思，申请书要提前三个月完成初稿，然后反复阅读、修改和完善，切忌临阵磨枪。

4. 狠抓创新性

基金类项目的关键是创新，创新的重要性怎么强调都不过分。国家自然科学基金同行评议要点中指出："着重评议申请项目的创新性，明确指出项目的研究价值和创新之处。"统计数据显示，创新性不足是项目申请被否决的最主要原因。创新包括：新发现、新思想、新概念、新构思、新理论、新方法、新技术等。创新的关键在于提出"科学问题"，在立项依据一节中要表述清楚研究意义，通过分析现状得到没有解决的问题，最后引出本项目拟解决的"关键科学问题"。

2.1.2 认真解读指南

1. 阅读每年对基金管理工作的综述

自然科学基金委各学部都会针对每年基金项目的评审与资助、项目进展与结题审核，以及相关管理工作进行总结回顾，认真阅读可以对学科本年度国家自然科学基金评审与资助、项目进展与结题审核、科学基金改革相关工作、中长期发展规划及"十四五"发展规划战略研究工作，以及相关管理工作进行全方位了解，为策划和撰写基金项目申请书提供参考。

例如，工程与材料科学部机械设计与制造学科（工程科学二处）在2020年《中国机械工程》第8期发布了《2019年度机械设计与制造学科国家自然科学基金管理工作综述》，从中可以看出：与2018年相比，机械学科各领域的申请量都有所增长，其中，零件加工制造（E0509）申请数量增幅最大，为19.30%；领域的资助率与2018年相比，机构学与机器人（E0501）、微/纳机械系统（E0512）和传动机械学（E0502）分别上升2.37个、2.02个和0.57个百分点；除此之外，其他领域资助率均有所下降，其中机械仿生学（E0507）领域降幅最大，下降了3.58个百分点。另外，对学科三类项目（面上项目、青年科学基金项目、地区科学基金项目）申请与资助情况进行统计分析发现，"需求牵引、突破瓶颈"类项目最多，受理占比超过60%；"聚焦前沿、独辟蹊径"类项目的资助率最高，达到22.37%；而"鼓励探索、突出原创"类项目和"共性导向、交叉融通"类项目的申请量（均为10%左右）和资助率均较低（均低于15%）。以上数据对读者在基金项目策划时基金申报的领域选择与科学问题属性选择有一定的参考价值。

2. 国家自然科学基金年度项目指南

项目指南是自然科学基金委每年初发布的面向项目申请人和依托单位科研管理部门的一份指导性文件，申请项目的科研人员要认真阅读这份指南，深入了解当年度自然科学基金委不同学科领域重点支持的研究方向。例如，2020年国家自然科学基金项目指南中"机械设计与制造（E05）"领域重点支持的研究方向是：面向国家战略需求、学科发展前沿和具有潜在重大工程应用前景的基础研究；面向环境友好、资源节约和能源高效利用的可持续设计与制造一体化研究；面向超、精、尖、特（大/重）装备的创新设计、制造新原理与工艺优化、测试理论和装备原型样机研究；面向极端工况（如参数由常规向超常或极端发展，尺度从宏观向介观、微观、纳观及跨尺度扩展）的设计、制造与测试方法等。2020年度，本学科拟在

“高端轴承制造关键共性技术基础科学问题(E05)”、“机构与机器人的动力学性能提升与行为调控机理(E0501)”和“复杂加载条件下非关联塑性本构关系(E0508)”三个方向，通过面上项目群的方式，在同等条件下予以优先资助。如申请此类项目，申请人应在申请书的“附注说明”栏填写所属项目群名称。

同时指南指出，要立足机械设计与制造学科的基本任务，鼓励在某一领域开展深入的持续性研究，鼓励原理性突破和颠覆性创新的高风险探索性研究。优先支持前期已取得创新性成果并有望取得重大突破的工作，优先支持与自然科学和其他工程科学深入交叉融合、有望开辟学科新方向的基础研究，但注意申请时不要偏离本学科的资助范围。

3. 国家自然科学基金特殊项目申请指南

自然科学基金委每年还会不定期发布一些除《国家自然科学基金项目指南》中规定的项目类型之外的项目申请指南，例如原创探索计划项目、专项项目、中外合作项目、联合基金项目、区域基金项目等。申请指南一般会对资助定位、拟资助研究方向和研究内容、资助模式、资助期限和资助强度、申请程序、注意事项等内容进行说明。具体内容可以关注自然科学基金委网站，申请人可以根据自己的实际情况进行申请。

2.2 研究方向策划

研究方向是指科研人员在某一学科领域针对某一类具体问题(或对象)长期开展的深入系统的研究工作。在这里，需要读者明确区分研究领域、研究方向和研究项目的区别。例如，对于机械工程学科，有机械设计理论与机械制造科学两大研究领域；在机械制造科学领域，有加工设备、切削刀具、加工工艺、互换性与测量技术、制造系统等研究方向；在这些研究方向下开展的具体研究内容是研究项目，如机床动态设计研究、刀具寿命研究、机床可靠性研究、生产管理研究等。对科研人员而言，研究方向是至关重要的，小则影响研究经费和研究成果，大则影响人生科研道路(因为转换研究方向是有很大难度的)。青年学者由于处于科研起步阶段，在知识积累、课题经费、学术人脉等方面都较为薄弱，而又面临着繁重的业务考核压力和巨大的生存压力，如何扬长避短，行之有效地策划研究方向，对在日趋激烈的科研竞争中脱颖而出非常重要。研究方向的策划可以从以下几个方面考虑。

1. 延续博士学位论文的研究方向

科学基金，尤其是青年科学基金，是许多刚刚踏上科研道路的青年学者的“第一桶金”。从评审的参考标准来看，青年科学基金项目重点评价申请人本人的创新能力和发展潜力，对前期工作基础和研究条件以及经费预算进行适当评价，并不过于强调其研究队伍和工作积累。但是评审专家在实际评审项目时，主要看的就是青年科学基金项目申请人的研究基础和申请书撰写质量。比如，某申请人的研究成果大多发表在领域A，而他现在申请的项目属于领域B，A和B相差很大的话，评阅人就无法确定申请人在新的领域B也有很好的潜力，从短期来看，在申请青年科学基金项目时，延续博士论文研究方向是比较好的一种选择。

从长远来看，博士毕业后最好能适当小幅度转换研究方向，与自己原来导师的研究方向有所差异，一方面可以在读博期间成果的基础上开拓新的领域，另一方面也避免与导师团队形成直接竞争。因为博士毕业后如果延续原来的研究方向，青年学者很难利用这个老方向获得个人学术声誉，也有可能一直被困在原来导师的光环下，无法独立成长。

2. 融入新单位和新团队的科研方向

对于刚刚博士毕业或者工作调动的青年学者，到新单位参加工作将面临与新工作单位或团队科研主流方向相结合的问题。融入新单位和新团队科研方向的优点是，科研团队一般都有相对稳定的科研领域和科研方向，同时科研团队的试验设备都与这些研究方向相匹配，便于科研工作的开展，尤其对于一些对实验条件依赖度比较高的青年学者。如果只是坚持自己原来的方向，就无法与本单位同事开展有效合作。但这种方式的缺点也是显而易见的：开展新的研究方向要取得成果需要一定时间的积累，这是青年学者在科研方向策划过程中，需要认真考虑的问题。

因此，青年学者到新单位新团队参加工作后，要主动了解所在单位与所在团队的科研基本情况，包括科研方向、科研设施、领军人才，重点增进对所在团队科研情况的全面了解和认识；主动与单位领导和所在团队负责人沟通，明晰自己在单位和团队中的定位；同时，将自己的科研基础和优势特长介绍给单位领导和同事，促进彼此了解和认识，形成共识。

3. 尝试学科交叉领域和特定细分领域

在传统学科领域，由于有大量优秀的成熟学者深耕于此，学术竞争十分激烈，青年学者要想从中有所突破，难度巨大。因此，如果尝试瞄准学科交叉领域，特别是对于一些鲜有人问津或一时无法看清前景的学科交叉领域，青年学者可以尝试进行探索。在现代，不同科学和技术的空白区、交叉区和边缘区，往往是科学与技术问题的新生长点，常常会引出复杂程度、层次性、价值性颇高的高水平科研选题和成果。例如，美国学者诺伯特·维纳等人在数学、物理学、自动控制、电子技术等学科相互渗透的边缘地带开拓了一个崭新的研究领域，取得了控制论研究成果，创立了控制论科学与技术体系。

另外，在某些学科交叉领域，青年学者如果能在高水平期刊上发表1～2篇论文，大概率会成为本领域研究群体的“领头雁”，进而快速扩大在特定细分领域的知名度，实现科研的“弯道超车”。

4. 依据科研兴趣选择

这里所说的兴趣，并非日常生活中对事物的一般兴趣爱好，而是专指在知识领域或科研领域对某一学科的热爱、迷恋而产生的强烈的追求与探索精神。具有这种追求与探索精神就会沿着自己选定的科研方向去孜孜不倦地钻研，一旦有所收获，就会更加勤奋地求索。有兴趣的方向，会使你在收集、整理资料乃至整个写作过程中都充满快乐，这样的科研活动就是一种愉快的脑力劳动。

对科研人员而言，兴趣是十分重要的，付出同样的努力，没有兴趣，可以做到优秀，但绝对做不到卓越。兴趣也不是绝对的，可以培养，有时可能仅仅是个心理适应过程。就像年轻人谈恋爱一样，刚开始双方感觉可能不怎么样，但是接触多了，感情自然就有了。

5. 跟踪和抓住热点前沿问题

科研前沿和热点问题，是每个科研工作者都想抓住的。有前沿的思考、前沿的观念、前沿的方法，必然能发表高价值的文章，在科研项目申报中占得先机，从而获得更大的科研资助。抓住热点问题一般有以下方法：

(1) 关注最新的高水平学术会议。最新的学术会议，特别是国际的会议，一般都收录初次发表的学术工作。通过了解最新的学术成果，获得其他团队最新的动态，是抓住热点难点问题最简单的方法。

(2) 关注高分 Top 期刊的最新研究。高分 Top 期刊通常指引着某一学科的发展方向，对关键问题提供了最终的解决办法，也是各种奖项评价的关键指标。因此，熟悉高分期刊的研究方向和最新的研究成果，是抓住热点和难点问题最重要的手段。

(3) 未知探索性研究。探索性研究不同于验证实验，探索性研究可以获得很多未知的答案，找到很多新颖的研究方向。探索性研究要求实验者不以目的为导向，而是以探索的过程为关键环节，这样可以获得很多意外发现，这也是抓住热点前沿问题的方法之一。

2.3　选题策划

2.2 节给出了科研方向和科研选题的区别。科研选题就是为了达到某个特定目的，在某一科学领域或技术应用领域所要研究和解决的一个或一组科学问题或技术问题。因此，在科研过程中要善于发现问题、提出问题，更重要的是，要在研究方向下善于选好具体要研究的项目和课题。科研选题是开展科学研究的首要环节，也是最为困惑、最费精力的阶段，要围绕选题确立正确的研究主题，制定科学的研究方案，选好正确科研方法，精细化组织具体实施等，这样就比较容易取得预期的科研成果。

1. 科研选题的指导思想

选题从大的方面看影响申请人的长期研究方向，从小的方面看影响基金项目申请的成败。所谓选题，指的是准备研究的具体内容，例如，在金属切削机床这一大的研究方向下，可以研究的主题很多，如机床的精度研究、可靠性研究、热平衡研究、动态特性研究、主轴研究、数控系统研究等，读者要花工夫确定好适合自己的研究选题。选题最能体现创新性，如果选题没有创新性和前沿性，申请书写得再好也没用。策划项目选题时，主要应该遵循下面的指导思想：

(1) 选题可以采用多种新方法联合起来解决一个问题，这种集成创新的项目一般比较受评委欢迎。例如，重庆大学张根保教授于 20 世纪 90 年代将计算机集成制造系统(computer integrated manufacturing system，CIMS)与可持续发展(sustainable development)理论相结合，提出 S-CIMS 的概念，就是典型的集成创新项目。

(2) 选题要体现多学科交叉，交叉学科和边缘学科一般容易产生创新思路和取得重大成果。例如，重庆大学张根保教授于 20 世纪 90 年代将医学领域的免疫系统理论和方法引入质量控制，提出免疫质量控制理论的概念，就是典型的学科交叉项目。

(3) 最好远离热点领域，因为申请的人太多。要钻冷门(别人没想到、别人不想做、别人不敢做、别人没解决的问题)，冷门容易出创新，容易出成果。

(4) 采用跟踪创新方法，研究国内外出现的热点课题，结合我国的实际开展跟踪研究，也是使我国科技与国外先进水平保持同步的有效措施。为了实现跟踪创新，建议读者要多看领域内顶级的中外文期刊。

(5) 读万卷书、行万里路。要多阅读资料，从阅读资料中发现没有解决的问题。读者除了要阅读与本领域有关的文献资料外，还要特别注意阅读相关的博士学位论文，甚至还可以把阅读范围拓展到学科领域之外的文献，这样更便于实现学科交叉。当然，要带着问题阅读，更容易触发灵感。

(6) 实施精准突破。对于青年学者，在刚开始搞科研时，一般不要全面出击，不要选太难的题目，要集中精力在一点上实现突破，一旦有所突破，则会海阔天空。

(7) 确定的研究选题千万不要是别人已经研究过的东西，这就要求青年学者多阅读文献，也可以到自然科学基金委的网站上去查阅曾经资助过的科研选题。

(8) 不要浮躁，不要怕寂寞，一旦确定一个选题，就要坚持不懈地研究下去，坚持数年，必有收获。

2. 科研选题的基本原则

科研工作者尤其是青年学者，在如何正确地选择适合自己能力和条件的研究课题方面往往显得比较迷茫、不知所措。一般来说，科研选题没有固定的模式和套路，却有一些必须遵循的通用性原则。只有遵循这些原则进行选题，才能使科学研究工作顺利进行。根据科研人员的实践经验，选题主要应遵循以下几条原则：

(1) 需求性原则。需求性原则是指科学研究选题应符合社会经济发展、学科理论发展或技术创新发展的需要，要注重科学技术发展中的“热点”“难点”“前沿”和“超前”等问题，这是科研选题的首要原则，体现出科研工作最终的目的性。对于基金类项目的基础性研究要从学科理论发展的需要出发，包括开拓科学领域的需要、更新科学理论的需要、改进科学方法的需要等；应用基础研究要致力于解决国民经济发展和社会生活中所面临的实际科学技术问题，其任务在于把理论推进到应用的层面，要充分注意科研成果的经济价值、经济效益、社会效果、对环境的影响等现实性问题。需求性原则也可理解为目的性原则，具有针对性、重要性、必要性、价值性等属性。

(2) 创新性原则。科学研究不仅要继承和发扬已有的科学成就，更重要的是应在继承运用的基础上有所发现、有所创造、有所前进。也就是说，选题要突出“创新点”。创新性原则就是要求课题具有先进性、新颖性、前沿性和突破性，科学研究就是要解决前人没有解决或没有完全解决的问题，并预期能够产生创造性成果。创新性是科研工作的最根本特点，是科研工作的灵魂。创新性主要表现形式包括三个方面，一是概念和理论上的创新；二是方法上的创新；三是应用上的创新(包括解决新的实际问题和开拓新的应用领域)。总之，研究结果应该是前人未曾获得过的成就，它可以是新理论、新技术、新工艺、新材料、新产品、新方法、新应用，等等。

(3) 科学性原则。科研选题必须有事实依据或科学理论依据，即所选题目源于生产实际或其立论已具有必要的科学理论知识和实验手段、方法等。遵循这条原则，不仅可以保证科研方向正确，而且还可大大提升成功的概率。

(4) 特色性原则。在进行科学研究的时候，尤其对于刚刚接触科研工作的青年学者，课题的特色性显得十分重要。要确立自己的研究方向，一旦确立，则应保持特色，在长期的科研活动中，始终坚持自己的专业特色，就会有意想不到的收获。这是因为随着科学研究的不断深入，学科的分工会越来越细，而一个人的精力是有限的，不可能同时在多学科、多领域创造佳绩，一旦认准了自己比较熟悉的研究方向，集中精力去研究，则有可能以特色取胜。

(5) 可行性原则。满足以上原则的科研选题并非都是自己力所能及的，选题的可行性是另外一个至关重要的原则，针对科研课题的选题要具备相应的科研条件和能力。它主要包含两个方面：一是已经具备的条件；二是经过努力可以创造的条件。应实事求是地分析完成科研选题的主客观条件，能否有效地坚持按预定计划完成科研任务。在主观方面，要分析科研力量的结构、各个课题参与人员的配置和素质、能力、对科研课题的认识程度等因素；在客观方面，要充分考虑科研经费、实验设备、试验材料、情报资料、时间期限和外部环境、国家政策、学术交流等因素。

3. 选题流程

科研选题大致要经过初步设想、调查研究和最终定题三个基本过程。

(1) 初步设想。在确立题目之前，首先有一个初步设想，这种设想称为“假说”。尽管这种设想是初步的、肤浅的，甚至是粗糙的，但却是非常可贵的，它不但是科研的起步点，而且是发展科学理论的桥梁。这种初始意念不是凭空想象出来的，大多是来自于科研或生产第一线的问题，再通过深入分析、认真思考和充分酝酿而形成的，有时一些设想也可因听取学术报告或阅读文献而产生灵感或受到启发。

“冰冻三尺，非一日之寒”，若平时不准备，不努力，“临时抱佛脚”，是无法获得高质量科研选题的。

(2) 调查研究。科研选题的准备工作是一个不断进行的连续过程，必须坚持泛读和精读自己主攻方向方面(有时也可以是看上去无关领域的文献)的资料和信息，养成平时注意跟踪相关发展和应用状况、动态、社会经济生活中最迫切需要解决的问题、存在问题、关键难题、发展瓶颈等的习惯，要有足够的知识储备和信息储备，只有善于追踪和勤于思考的人才能发现问题苗头、确定潜在的研究领域和当前存在的空白。

(3) 最终定题。有了初步的设想，就应该着手开展广泛的调查研究，用选题的“五原则”来检查和论证选题的内容。主要应广泛查阅相关文献，用于修正或完善选题。在确认所选题目的充分必要性之后，就可最终将科研选题确定下来，这是一项艰苦的，甚至苦恼的脑力劳动，是一个充满着想象、酝酿、思考和反复论证的过程。

4. 选题来源

基金申请成败的关键是选题，好的选题是建立在对该领域的广泛认识和深刻理解上的，选题不仅是基金申请进行的第一步，也是基金申请成败的关键一步。选题的渠道和方式也是多种多样的，总的来说有下面几种：

(1) 从生产和生活实践所发现的问题中选题。科学发展史显示，许多极其重大的发明和创造，都是源于在实践中所萌生出来的研究课题。如著名数学家欧拉，为了制造海洋船舶，他就研究力学，成为分析力学的创始人之一。为了用天文方法来确定船只在海洋中的位置，他就研究月球运动并写出《月球运动理论》等科学著作。为了天文观察，他还研究了光学及望远镜等，取得了多方面的巨大成就。人们在现实生活中遇到的问题量大面广，可供选题的内容非常广泛，从现实的需求出发去选题是非常常见的手段。比如在医疗与生物方面，危害人类健康的新型冠状病毒是目前最热门的科研选题题材。治理环境污染、防风治沙等关系国计民生的需求都是从社会生产和实践中提出来的，都是可以产生深远社会影响的课题。该选题方式对应国家自然科学基金“需求牵引、突破瓶颈”的科学问题属性。

(2) 从科技发展规划和科技项目指南选题。我国从国家部委到各省、自治区、直辖市科技管理部门一般都有一定的经济社会发展规划和科技发展计划，并定期发布各种科技项目指南，如科技部的重点研发计划指南、国家自然科学基金项目指南、各省市科技厅(局)的科技计划项目指南等。这些项目指南都是根据实际经济社会发展需要并集合各方面的意见而制定出来的，大多瞄准国家发展战略中的现实问题，具有较强的针对性，科研工作者可以很方便地在网上查阅和下载历年科技计划的项目指南，从中直接选题，在研究大方向已经基本确定的情况下去选择跟自己研究方向相关并感兴趣的课题相对容易。

(3) 从科学前沿和研究热点中选题。科研选题首先要立足于创新，要创新就要从科学研究的前沿上去选题。因此，平时要注意关注科学研究的前沿、热点和动态问题。掌握与自己选题相同或相近课题的研究状况、难点及研究方法等信息，做到心中有数。在此基础上，结合自己的实践，对信息进行综合分析，寻找新的切入点，确定自己的选题方向。该选题方式对应国家自然科学基金“聚焦前沿、独辟蹊径”的科学问题属性。

(4) 从目前研究课题的延续和深化中选题。延伸性选题可根据已完成课题的范围和层次，再次从其广度和深度中挖掘出新题目，因为在研究过程中，总是会不断地发现和解决新的问题。另外，从新的角度对已有成果和课题进行研究，可以在现有成果的基础上使某些不尽圆满的问题更加深入，更加明朗化，以至彻底解决，还可以使长期悬而未决的问题较快得到解决。因此，对于同一个研究课题，从新的角度去思考、去研究也可以形成新的研究课题。

(5) 从学科渗透、交叉发展中选题。当前科学发展的趋势是学科的交叉和渗透。不但自然科学各领域之间会出现交叉，自然科学和人文科学也会出现交叉和渗透。学科交叉和渗透的地带存在着大量新课题可供选择。当然，对科研人员而言，要想在交叉地带游刃有余，就得同时具备多个领域内的知识，对学习能力也是一个挑战。该选题方式对应国家自然科学基金“共性导向、交叉融通”的科学问题属性。

(6) 从不同学术观点的学术争论中选题。科学研究是一种创造性的思维，由于人们的认识能力不同，对同一观点常会发生分歧和争论。因此做文献调查时，留心学术之争，从中选择，提炼出有价值的科研课题也是常用的方法之一。

(7) 从研究工作中发现问题选题。在具体的科研工作实践中，往往能够出现意外的情况和收获，如可能出现新的发现、新的灵感、新的意识、新的思路、新的线索等各种机遇。对有心人来说，在整个科研过程中都存在着这方面的机会，它往往会成为新的科研选题，是科研选题重要的源泉之一。如 19 世纪科学大发展中，大量新的科研线索都是在实验室中开展某项研究时通过实验和观察发现的，最终带来了科学理论和技术原理的创新和突破。

(8) 从直觉思维和意外灵感中选题。科研人员对其研究方向和研究范围富有浓厚的探索兴趣，在这一过程中，科研人员偶然迸发出的想象、灵感、直觉以及意外发现同样是科研选题的产生机遇和重要来源，当然，这类选题开始时可能是肤浅的和不成熟的，还需深入思考和论证。

关于科研选题策划，读者还可以参阅本书第 4 章的内容。

2.4 研究内容策划

在科研选题策划完成后，下一步的工作就是进行研究内容的策划。研究内容就是申请项目应该开展的研究任务，研究内容要体现创新性。研究内容是与研究目的相关的，必须围绕研究目的确定研究内容。也就是说，在研究内容完成后，就应该得到预期的研究成果，实现预期的研究目的。所确定的研究内容还要与项目要解决的关键科学问题和创新性相结合,因为要解决的关键科学问题和创新性都是通过研究内容来完成的。关于研究内容的策划,读者还可以参考本书第 4 章的内容。

2.5　研究方案策划

在确定研究内容后,下一项重要工作就是确定研究方案。研究方案是完成研究内容的技术路线和研究方法。因此,研究方案的策划是围绕研究内容展开的,首先要充分理解研究内容,围绕想干的事情理顺总体研究思路(称为技术路线),并针对每个关键问题选择适用且有创新性的研究方法,特别要注意新数学方法和新实验方法的应用。关于研究方案的策划,读者还可以参考本书第 4 章的内容。

2.6　策划过程中的创新思维和方法

创新是基金类项目的"灵魂",没有创新性的申请完全没有拿到项目的可能性。基金类项目的创新分为研究对象的创新、研究内容的创新和技术路线(包括研究方法)的创新。研究对象的创新指的是所研究的对象还从来没有出现过,例如,第一台计算机的研究、第一架航天飞机的研究、第一台 3D 打印机的研究等,都属于研究对象的创新。研究内容的创新是指所研究的内容前人从来没有研究过,例如,第一台智能手机出现之前,人们使用的都是模拟手机,对智能手机的研究不属于研究对象的创新,但从模拟手机到智能手机的转换却属于研究内容的创新。在彩色电视机出现之前,人们使用的都是黑白电视机,因此研究彩色电视机不属于研究对象(电视机)的创新,但开展从黑白到彩色的转换属于研究内容的创新。研究方法的创新是指所采用的研究方法是前人从来没有用过的,但所采用的研究方法解决问题的效率更高或解决问题的效果更好。例如,在处理工程实际问题时,经常会遇到"可能是这样,也可能是那样"的边界不清的概念,用传统的数学方法就无法解决这个问题,只能采用近似的方法。后来出现了模糊数学和灰色系统的新方法,把这些理论应用到处理边界不清的问题,就属于研究方法的创新。

那么如何产生创新思路,如何在项目策划中体现创新性?这就需要对创新类型、创新思维和创新方法有个整体的认识。

2.6.1　创新类型

从项目研究对象、研究内容和技术路线创新的角度来说,创新的类型主要包括以下几种:

1. 原始创新

原始创新是指前所未有的重大科学发现、技术发明、原理性主导技术等创新成果。原始性创新意味着在研究开发方面,特别是在基础研究和高技术研究领域取得独有的成果,如发现或发明一个从来不存在的新产品、新现象、新理论、新方法、新原理,属于"从 0 到 1"的突破。原始性创新是最根本的创新,是最能体现智慧的创新,也是难度最大的创新。

例如,精密位移测量技术及器件是高端装备的核心技术和关键功能部件,国内外普遍采用“通过制造一把高精密的尺子作为空间基准，利用空间上的位置比较来实现位移测量”，这种基于空间基准的精密刻线技术已经逼近极限，我国很难超越国外，国外也难以实现自我超越。在此背景下，重庆理工大学彭东林教授提出“通过构建高匀速的运动作为时间和空间基准的转换媒介，利用时间上的时刻比较来实现位移测量”的原创学术思想并做出“时栅传感器”的重大技术发明。自然科学基金委对时栅的鉴定评价为“国际先进，国内外首创”；中国机械工程学会编著的《机械工程学科发展报告》认为：“时栅位移传感器及其测试系统，是近年来精密测量领域少见的原始创新成果，是对传统栅式位移传感器的重大突破”。

2. 集成创新

集成创新是指将具有较强关联性的其他领域的理论、方法、技术有机融合起来，实现一些关键技术的突破甚至引起重要领域的重大突破。

例如，iPhone手机主要是苹果公司集成创新的成果，手机的触摸屏、芯片、存储器、操作系统、应用软件、网上商店等技术（以及商业模式）都不是苹果公司的原创，但苹果公司把这些创新成果集成起来，形成了一个革命性的产品和新的商业模式，这就是典型的集成创新。另外，美国的阿波罗探月计划也是集成创新的典型案例。

3. 移植创新

移植创新是指把其他领域的成熟原理、技术和方法等，应用或渗透到本领域研究中来。移植创新是科学发展的一种主要方法，大多数的发现都可应用于所在领域以外的其他领域，而应用于新领域时，往往有助于促成进一步的新发现。

无论是理论还是技术，尽管领域不同，但常可发现一些共同的基本原理。因此，可根据不同的要求和目的进行移植创新。例如，红外辐射是一种很普通的物理过程，将这一原理移植到其他领域可产生新成果：出现了红外线探测、红外遥感、红外诊断、红外治疗、红外夜视、红外测距等新技术；在军事领域则有红外线自动导引的“响尾蛇”导弹，装有红外瞄准具的枪械、火炮和坦克，红外扫描及红外伪装，等等。17世纪的笛卡儿以高度的想象力，借助曲线上“点的运动”的想象，把代数方法移植于几何领域，使代数、几何融为一体，从而创立解析几何；美国阿波罗11号所使用的“月球轨道指令舱”与“登月舱”分离方法，是从巨轮不能泊岸时用驳船靠岸的办法移植来的。

4. 改进创新

改进创新是指发现别人研究工作的不足，在自己的研究中进行改进。例如，我国在改革开放初期，很多领域比较落后，技术主要靠引进，但我国很多企业通过技术引进后再改进创新，实现了技术上质的飞跃。例如，海尔等家电企业引进国外冰箱技术并有效使用后，很快进行了大幅改进和创新，此后海尔产品在国内外迅速畅销；在军工行业，我国从俄罗斯引进新一代战机技术后，先仿制，后改进，并很快制造出远优于俄罗斯同型号战机的国产战机，在国际上赢得了部分市场。

除了以上主要的几种创新类型外，还有跟踪创新，就是快速把国外的新研究内容或新研究方法引进来，这种创新类型相对较弱，在此不展开论述。

2.6.2 创新思维和方法

要实现创新，必须遵循创新的思维和方法，没有创新的思维和方法就很难取得创新的成果，在基金类项目策划中就很难保障项目的创新性。下面介绍一些常见的创新思维和方法。

1. 逻辑思维

逻辑思维又称抽象思维，是指人们在认识事物的过程中借助于概念、判断、推理等思维形式能动地反映客观现实的理性认识过程，分为经验思维和理论思维。经验思维是指依据日常生活经验或者日常概念进行的思维，如"太阳东升西落""鸟会飞"等均属于经验思维。生活经验往往具有一定局限，因此容易出现片面性和得出错误的结论。而理论思维是指根据科学概念和理论进行的思维，这种思维往往能抓住事物的关键特征和本质。

逻辑思维方式包括分析与综合、归纳与演绎、抽象与概括、比较思维、逆向思维等方式，下面一一进行介绍。

(1) 分析与综合。分析是把事物分解为各个部分、侧面、属性，分别加以研究；综合是把事物各个部分、侧面、属性按内在联系有机地统一为整体，以掌握事物的本质和规律。分析与综合是互相渗透和转化的，在分析基础上进行综合，在综合指导下进行分析。例如，在光性质的研究中，人们分析了光的直线传播、反射、折射等现象，认为光是微粒；后来在研究光的干涉、衍射现象和其他一些微粒说不能解释的现象时，又认为光是一种波；再后来，人们测出了各种光的波长，据此提出了光的电磁理论，认为光就是一种波，是一种电磁波；但是，光电效应的发现又是波动说无法解释的，进而又提出了光子说。当人们把这些方面综合起来以后，一个新的认识产生了：光具有波粒二象性。光的性质的研究历程充分体现了科学研究中分析与综合方法的交叉应用。

(2) 归纳与演绎。归纳是指从多个个别的事物中获得普遍的规则，例如，黑马、白马都可以归纳为马，对马这种动物就有了一个整体的认识；演绎是与归纳相反的过程，演绎是从普遍性规则推导出个别性规则，例如，从马这一大类可以演绎为黑马、白马等个体。

(3) 抽象与概括。抽象是把同类事物的共同的、本质的特征抽取出来，并舍弃个别的、非本质特征的思维过程。例如建立数学模型。数学模型通常是为解决实际问题而建立的，通常建模对象中包含了大量的不同因素，这些因素间又具有很多非常复杂的关系。但在建立数学模型过程中，我们往往要做一些假设，把很多次要的、非本质的因素去掉，而提取出问题的最本质的因素和联系，这就是一个抽象过程。概括就是把个别事物的某些属性推广到同类事物中或者总结同类事物的共同属性的思维过程。例如，通过观察，认识到正弦函数、余弦函数、正切函数、余切函数都具有周期性，从而可以推论到所有三角函数都具有周期性。这种认识过程就是把同类的共同属性联结起来的概括过程。

2. 逆向思维

逆向思维是指对已成定论的事物或观点反过来思考的一种思维方式。敢于"反其道而思之"，让思维向对立面的方向发展，从问题的相反面深入地进行探索，从而提出新思想、新理论和新方法。

例如，1820 年，丹麦哥本哈根大学物理学教授奥斯特发现导线上通电流会使附近的磁针偏转，从而证明了电流的磁效应。英国物理学家法拉第认为电和磁之间必然存在联系并且能相互转化。他想既然电能产生磁场，那么磁场是不是也能产生电？为了解开自己的疑虑，他从 1821 年开始做磁产生电的实验。十年后，法拉第设计了一种新的实验，他把一块条形磁铁插入一只缠着导线的空心圆筒里，结果导线两端连接的电流计上的指针发生了转动，电流产生了。1831 年，法拉第提出了著名的电磁感应定律，并根据这一定律发明了世界上第一台发电装置。法拉第成功地发现电磁感应定律，就是成功运用逆向思维方法的一个典型案例。

3. 发散思维

发散思维也称辐射思维，是指针对某一思维对象，思维主体充分发挥自己的想象、联想、类比等思维形式，突破原有的思维定式，从不同的角度、不同的方向和不同的关系去思考问题，多方面、多层次地寻求解决问题的答案和方法。

曾经有人问爱因斯坦，他与普通人的区别在哪里。爱因斯坦回答说，如果让一位普通人在一个干草垛里寻找一根针，那个人在找到一根针以后就会停下来；而他则会把整个草垛掀开，把可能散落在草里的针全部都找出来。事实上，爱因斯坦的相对论就是对不同视角之间的关系的一种解释。思考的“广角度”，就是从各方面综合考虑你所看到和可能看到的一切。

4. 敛聚思维

敛聚思维是指思维的触角从众多不同的信息源中引出一个正确的或最好的结果的思维方式。换句话说，就是以某个目标为中心，从不同方向出发，将思维的光束集于一点，以达到解决问题的目的。敛聚思维的流向恰与发散思维相反，敛聚思维指聚焦于某一问题上积累一定量的努力，最终达到质的飞跃。举世闻名的指挥家托斯卡尼尼 80 岁时，他儿子问他一生中最重要的成就是什么，他回答说：“我此刻正在做的事就是我一生中最大的事，不管是在指挥交响乐团还是在剥橘子”。

敛聚思维的特点：一是定向性，即思维定向于一定的目标；二是综合性，即思维依赖各种信息，围绕已有方案的目标进行综合；三是实在性，即从不同的信息源出发，经过汇集与归纳得出结论，具有一定的说服力。例如，人类发现新元素的进程中，像戴维、本生、基尔霍夫等化学家主要是通过设计不同实验来达到发现的目的；但俄国化学家门捷列夫却应用了敛聚思维而另辟蹊径，他不是通过化学实验而是用“扑克牌理论”来阐述元素周期表的规律性，从而预言了一个个新元素的发现。

5. 直觉思维

直觉思维是指在思维过程中，在现有知识、经验的基础上，凭感觉直观地把握事物的本质和规律，迅速对问题做出某种猜想或判断的思维方式。直觉思维通常体现人的领悟力和创造力。法国著名科学家笛卡儿认为“通过直觉可以发现作为推理的起点”，亚里士多德干脆说：“直觉就是科学知识的创始性根源”。

美籍华裔物理学家丁肇中在谈到“J”粒子的发现时写道：“1972 年，我感到很可能存在许多有光的而又比较重的粒子，然而理论上并没有预言这些粒子的存在。我直观上感到没有理由认为这种较重的发光的粒子(简称重光子)也一定比质子轻。”这就是直觉。正是在这种直觉的驱使下，丁肇中决定研究重光子，终于发现了“J”粒子，并因此获得诺贝尔物理学奖。

6. 灵感思维

灵感思维是指人们在科学研究、科学创造、产品开发或问题解决过程中受到某些事物的启发，突然涌现出的新想法(new idea)，从而使问题得到解决的思维过程。灵感思维具有很强的偶然性，突然爆发，转瞬即逝。但必要的信息量积累和有意识的艰苦努力是产生灵感的基础和前提，奢望不通过努力就获得灵感是不可能的。爱迪生说过："天才是1%的灵感加上99%的汗水，但那1%的灵感是最重要的，甚至比那99%的汗水更重要"。本书的作者认为，产生1%灵感的前提和基础是99%的汗水，这两者之间是过程和结果的关系，汗水是过程，灵感是结果，没有长期积累和反复思考，是不可能产生灵感的，因此，可能99%的努力才更重要。

典型案例：苯分子结构的发现

苯分子在1825年就被发现了，此后几十年间一直不知道它的具体结构，所有的证据都表明苯分子非常对称，大家实在难以想象6个碳原子和6个氢原子怎么能够完全对称地排列，形成稳定的分子。1864年圣诞节后的一天，德国有机化学家凯库勒因研究苯分子结构已疲惫不堪，于是坐在壁炉前打了个瞌睡，原子和分子开始在梦境中跳舞，他看到6个碳原子连成了一条链子，变成一条蛇咬住了自己的尾巴，在他眼前旋转，凯库勒顿生灵感，苯是一个首尾相接的环形链子，苯的分子是个环状的碳链构成的分子。凯库勒从此把研究重心转向环状碳链的角度上来。1865年1月，凯库勒发表了《论芳香族化合物——苯的结构》论文，一个崭新的有机化合物结构理论——环状碳链理论诞生了。

7. 头脑风暴法

该方法的核心是高度充分的自由联想。头脑风暴法的实施过程一般是举行一种特殊的小型会议，与会者可以毫无顾忌地提出各种想法，彼此激励，相互启发，引起联想，导致创意设想的连锁反应，产生众多的创意。其原理类似于"集思广益"。

典型案例：直升机扇雪

有一年，美国北方格外严寒，大雪纷飞，电线上积满冰雪，大跨度的电线常被积雪压断，严重影响通信。过去，许多人试图解决这一问题，但都未能如愿。后来，电信公司经理应用奥斯本发明的头脑风暴法，尝试解决这一难题。他召开了一种能让头脑卷起风暴的座谈会，参加会议的是不同专业的技术人员。

有人提出设计一种专用的电线清雪机；有人想到用电热来化解冰雪；也有人建议用振荡技术来清除积雪；还有人提出能否带上几把大扫帚，乘坐直升机去扫电线上的积雪。对于这种"坐飞机扫雪"的设想，大家心里尽管觉得滑稽可笑，但在会上也无人提出批评。相反，有一名工程师在百思不得其解时，听到用飞机扫雪的想法后，大脑突然受到冲击，一种简单可行且高效的清雪方法冒了出来。他想，每当大雪过后，出动直升机沿积雪严重的电线飞行，依靠高速旋转的螺旋桨即可将电线上的积雪迅速扇落。他马上提出"用直升机扇雪"的新设想，顿时又引起其他与会者的联想，有关用飞机除雪的主意一下子又多了七八条。不到一小时，与会的10名技术人员共提出90多条新设想。

会后，公司组织专家对这些设想进行分类论证。专家们认为设计专用清雪机，采用电热或电磁振荡等方法清除电线上的积雪，在技术上虽然可行，但研制费用大，周期长，一时难以见效。那种因"坐飞机扫雪"激发出来的几种设想，倒是一种大胆的新方案，如果可行，将是一种既简单又高效的好办法。经过现场试验，发现用直升机扇雪真能奏效，一个久悬未决的难题，终于在头脑风暴会中得到了巧妙解决。

在现代科学研究中，随着发明创造活动的复杂化和课题涉及技术的多元化，单枪匹马式的冥思苦想将变得软弱无力，而"群起而攻之"的发明创造战术则会显示出攻无不克的威力。

8. TRIZ 理论

苏联科学家阿奇舒勒(Altshuller)创立的创新问题解决理论 TRIZ 理论(TRIZ 是拉丁文 teoriya resheniya izobreatatelskikh zadatch 的词头缩写。其英文全称是 theory of the solution of inventive problems,缩写为 TSIP)是一种全新的创新性问题解决方法的指导性理论。TRIZ 理论解决了人们在创造性解决问题过程中存在的思维障碍,同时使实现创新有客观规律可循,能像解决一般技术问题一样有方法、有步骤地进行。TRIZ 的核心理念是:创新并不是灵感的闪现和随机的探索,而是存在解决问题的一般规律,这些规律和原则可以告诉人们按照什么样的方法和过程去进行创新,并对结果具有预测性和可控性。

当我们遇到一个创新问题时,应该先对此问题进行分析,把它转换为一个标准的 TRIZ 问题,然后利用 TRIZ 提供的解决方法和工具得出该 TRIZ 问题的解,再与具体问题相对照,考虑实际条件的限制,转化为具体创新问题的解,并在实际设计中加以实现。这就是运用 TRIZ 解决创新问题的方法。

TRIZ 理论已经形成了一套较为完善的理论体系和工具,并且在许多行业得到了广泛的应用。如在航空行业,美国波音公司邀请原苏联的 TRIZ 专家,对其 450 名工程师进行了为期 2 周的培训,取得了 767 空中加油机研发的关键技术突破,从而战胜了空中客车公司,赢得了 15 亿美元空中加油机订单。

本书只对 TRIZ 创新问题解决方法进行了一个概念上的介绍,更详细的 TRIZ 创新方法请参阅相关书籍进行深入学习,同时在附录 C 给出了 TRIZ 理论 40 个发明创新原理及其实例,供读者参考应用。

申请书撰写要求及模板分析

本书前两章给出了科学研究和基金类项目的基本概念，分析了基金类项目的评审流程，并针对基金类项目的申报提出了相应的策划原则和创新思维方法。本章则在前两章内容的基础上，以国家自然科学基金申请书模板为例，分析基金类项目申请书的撰写要求，并对申请书模板进行深入分析，为初次撰写基金类项目申请书的青年学者提供帮助。申请书的整体架构可参见第4章实战部分的内容。

3.1 基金项目申请书撰写的总体要求

由第1章可知，基金类项目大都采用专家评审制度遴选项目，面上项目和青年科学基金项目一般不进行现场答辩。那么，项目申请书就是申请人与专家交流的主要甚至唯一渠道，项目申请书的质量是项目能否得到评审专家支持的关键。为了达到说服专家的目的，一份好的申请书除了具有创新性的构思外，在撰写方式上通常应该具有“表达清晰、融会贯通、逻辑性强、内容翔实、结构合理、层次分明、重点突出”的总体特点。具体而言，一份高质量的基金项目申请书应该满足以下八个方面的要求：①项目题目简洁新颖；②文献综述系统深入；③科学问题提炼准确；④研究目标具体可行；⑤研究内容逻辑清晰；⑥研究方案科学详尽；⑦研究团队结构合理；⑧研究基础重点突出。

下面将分别针对上述要求进行具体阐述。

1. 项目题目简洁新颖

项目的题目是评审专家最先接触到的内容，它是留给专家的第一印象，会对项目的成败产生很大的影响。好的项目题目应当具有准确、简洁、新颖(体现创新性)、概括性强等特点，使评审专家从题目中就能大致了解项目的主要信息。例如，笔者一份成功的面上项目申请书案例，其题目是：“面向多质量特性一体化控制的数控机床装配过程建模理论研究”。这个题目能够给读者和专家传递的信息为：①本项目研究数控机床的装配过程建模理论；②实现多质量特性的一体化控制；③体现了项目的研究对象、研究内容和创新点。而“飞行水果采摘机器人”这个题目则是一个不成功的典型案例，该题目虽然字数少，从字面上看起来也较为简洁，但是传递的信息却不够准确，可能会给专家造成误解(什么是飞行水果?)。因此，如何给基金类项目起一个好的题目至关重要，本书第4章将针对项目的命题原则给出详细的解释，提出“六要三不要”的命题原则，供读者参考。

2. 文献综述系统深入

文献综述是项目立项的关键，通过文献综述可以发现当前研究工作中存在的问题，引出项目拟解决的关键科学问题和项目的主要研究内容。好的文献综述应当具备重点突出、层次鲜明、逻辑性强、系统全面、分析深入的特点，最终目的是总结归纳前人研究工作中存在的问题，进而引出该领域的发展趋势和亟待解决的关键科学问题，达到进一步激发评审专家向下阅读的兴趣。文献综述所引用的文献还应当足够新，通常应该为近 5 年的文献(经典文献除外)，以表明本项目的研究处于学术前沿且是研究热点，具备深入研究的必要性。同时，应当引用重要的国内外学术期刊上的优质论文和高水平学者所发表的优质论文，增强文献综述所得结论的可信度。文献综述的写作方法可参见第 4 章实战部分的内容。

3. 科学问题提炼准确

基金类项目通常属于基础研究和应用基础研究的范畴。基础研究型项目的科学问题主要来自于基础研究领域，例如对某种自然现象的理论探索；应用基础研究型项目的科学问题则主要来自于应用实践，例如重载车辆传动装置向高速、大功率、高精度和高可靠性方向发展会出现的机电复合传动系统多源扰动的科学问题，就是从应用研究型项目中凝练出科学问题的典型案例。需要指出的是，对科学问题的凝练必须准确，确实能够代表当前和今后的主导研究方向。科学问题的内涵和提炼方法也可参见第 4 章实战部分的内容。

4. 研究目标具体可行

实际上，一个基金类项目的研究目标即为完成了该课题的所有研究内容后得到的最终研究结果。项目的研究目标就是对要解决的科学问题做出解答，因此研究目标要围绕拟解决的关键科学问题来描述，向科学问题的更深层面挖掘，需要具有目标明确、目标任务量适度的特点。例如笔者一份成功的面上项目的研究目标为：“本项目以高档数控机床为研究对象，以机床的‘谱系’研究和结构化分解技术研究为基础，系统研究数控机床装配过程的质量保证原理，建立机床装配过程的系统化模型，探索综合保证产品多关键质量特性的‘一体化’协同控制机制，提出一套保障装配质量的结构化建模技术、求解算法和工艺保障方法，为提高我国高档数控机床及复杂机电产品的综合装配质量提供理论和使能技术支撑，最终全面提高我国机电产品的精度、精度寿命和可靠性三个关键质量特性的水平。”而在解决面向多质量特性一体化控制的数控机床装配过程建模理论研究中，需要研究“基于 PFMA 树的结构化动态分解机制”和“‘元动作’多关键质量特性‘一体化’协同控制机理”这两大关键科学问题，这两大关键问题的解决就构成需要达到的主要研究目标。

5. 研究内容逻辑清晰

研究内容是基金类项目申请书的核心内容，且是项目申请书的主线，项目的所有研究任务都包含在研究内容中。通常，一份高质量的基金类项目申请书的研究内容应当旨在解决所凝练的科学问题，紧紧围绕研究假说提出具体可行且有创新性的研究内容，同时还需要理顺各项研究内容之间的内在逻辑关系。由于各类基金资助的经费是有限的，不要期望在一个项目中彻底解决所有的问题。通常情况下，一个项目只要能够完美解决 1～2 个关键科学问题就可以了。所以，研究内容不能泛泛而谈且什么都做，切忌贪大求全，这样会让同行评议专家认为研究内容庞杂而空泛，重点不突出。研究内容可以概括为几个部分，采用条款的方式描述，逐一列出。一般的面上项目和青年科学基金项目不要罗列太多的研究内容，3～5个方面的内容应该足够了，关键是要表达清楚研究内容的系统性、具体性和研究深度。研究内容的写法也可参见第4章实战部分的内容。

6. 研究方案科学详尽

研究方案是评价项目可行性的重要指标，是评审专家重点审查的内容，也是评审专家评述一项基金类项目申请书的研究内容能否验证科学假说的重要依据。研究方案是让申请人回答同行评议专家“项目如何开展研究?”或“怎么做?”的问题。研究方案是申请者解决关键科学问题、验证科学假说的一个详细方案，是整个研究过程实施的主要依据。因此，研究方案必须科学、合理、详尽、可行。研究方案是申请者在“立项依据”中研究思路和研究内容的具体落实，只要在“立项依据”中把研究思路说清楚了，写好研究方案应不是大问题。研究方案是研究内容的具体化，即根据研究内容，详尽地描述选用什么研究材料，采用什么研究方法，一步一步怎么样做等。研究方案的写法也可参见第4章实战部分的内容。

7. 研究团队结构合理

研究团队的成员组成要合理，不要“拉郎配”。首先要保证团队成员的专业方向与项目的研究内容高度相关；其次要求团队成员个人的研究方向、专业背景和专长具有互补的特点，申请书中通常有多项研究内容，每项内容都应该由具有相关研究背景的人员负责。研究队伍人员组成太少也是一个问题，这很容易给评审专家留下本项目研究队伍力量太单薄的印象。基金申请书中应当只注明团队成员的学术身份，而不宜注明团队成员的行政身份，评审专家可能会质疑具有行政身份的团队成员不具有充足的时间参与该基金项目的研究。另外，从2019年起，青年科学基金项目中不再列出参与者；从2022年起，面上项目不再要求列出研究生。这意味着评审专家着重关注申请人个人独立主持科研项目、进行创新研究的能力和潜力。因此，申报青年科学基金项目的年轻学者和申报面上项目的学者更应该将申请书的重点放在项目的创新性方面。

8. 研究基础重点突出

撰写研究基础的意义在于向专家表明申请人或项目团队能够很好地执行该项目的研究内容，完成该项目的既定目标。因此这部分内容也尤为重要，要突出重点。尤其是对于初次申报青年科学基金项目的年轻学者，应当引起足够的重视。工作基础包括与本项目相关的实验数据、研究结果、已发表的相关学术论文和已授权的发明专利等知识产权佐证材料，应当具有与所申请的基金项目关联性强、研究基础厚实的特点。值得注意的是，基金申请书中的“工作基础”和“申请人简历”部分都涉及论文、专利等知识产权材料的罗列。两者的区别是，前者是与本研究相关的研究论文、专利，表达的是研究基础；而后者是申请人的5项代表性论著和10项论著之外的代表性研究成果和学术奖励，表达的是申请人的研究能力和水平。对于申报青年科学基金项目的年轻学者而言，罗列5项代表性论著至关重要，如果连5项代表性论著都难以列出，评审专家则有足够的理由否决该基金项目的申请。

3.2 申请成功和失败的原因分析

本书主要是面向青年学者的，一次成功的基金申报将对青年学者的能力提升和个人发展产生较大的影响。为了提高申请的成功率，在申报基金类项目之前，应当分析基金申报成功和失败的原因,避免犯失败案例同样的错误。如图 3-1 所示,笔者在多年申报和评审基金类项目的基础上,总结了项目申请成功的三个必要条件和失败的八大原因,在撰写基金类项目申请书时要注意规避同样的错误,才能提高基金申报的成功率。类似的内容也可参见第 4 章实战部分的内容。

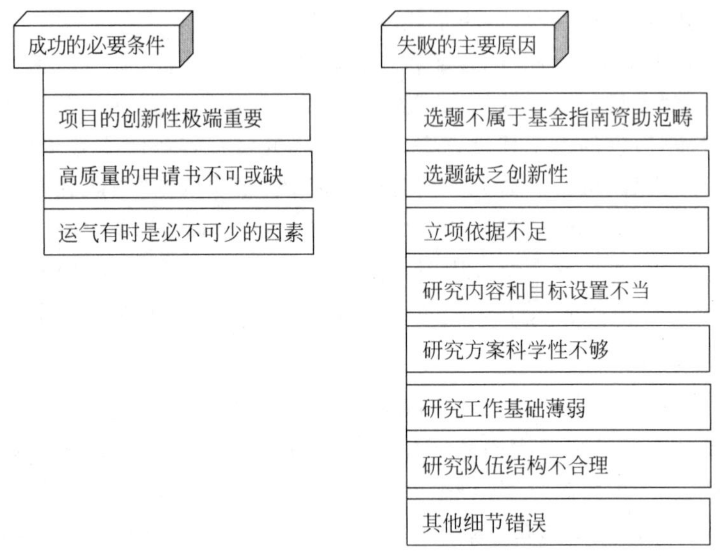

图 3-1　基金类项目申请成功的必要条件和失败的原因

3.2.1　申请成功的必要条件

一项基金类项目能够申请成功,主要取决于以下三个要素:创新性突出、撰写符合套路、要有一定的运气。

1. 项目的创新性极端重要

创新是基金类项目最基本的要求,因此项目的创新性是评审专家最为关注的内容,是专家否决或支持一个项目的主要依据。创新点一般是围绕拟解决的关键科学问题而提出的,因此,申请人应该把主要精力放在关键科学问题的凝练和创新性的发掘上。对于一些初次撰写基金申请书的青年学者而言,在建立了"创新性极端重要"的意识后,往往会犯过分标新立异的错误,追求不切实际的新颖和研究热点,这种做法的效果可能适得其反。创新性不是空想,要充分关注创新点的理论意义或实用价值,还要注意创新性实现的可能性。对于初次接触基金申请的青年学者而言,应当着重注意如何选择一个既有创新性也有实际意义的研究方向,提出可实现且具有创新性的研究目标,策划出具体且具有创新性的研究内容,提炼出符合科技发展规律且具有创新性的选题(具体内容详见第 2 章的研究方向策划和选题策划)。例如,"机电复合传动转子界面多维多场耦合作用下非线性振动与主动调控"是一个成功的青年科学基金项目题目,该选题通过研究机电复合传动转子界面来揭示多维多场耦合振动的形成内因,具有原理性创新的特点,从题目上就已经吸引了评审专家的眼球。关于在选题时如何对创新性进行提炼和总结,读者还可参阅第 2 章和第 4 章的相关内容。

2. 高质量的申请书不可或缺

具有一个创意十足的策划并不意味着项目一定会得到评审专家的支持。在具备创新性选题的基础上，还应该具有一份高质量的申请书，把申请项目拟解决的关键科学问题、创新点、研究意义、研究内容、研究方案和研究基础等(通常称之为申请书撰写的套路)完美地展示给专家，才可能得到专家的支持。申请书的高质量主要体现在两个方面：①初评形式审查阶段。符合管理类自查表中的各项要求，通过形式审查的申请书至少满足了送审的基本要求，而未通过形式审查的申请书甚至得不到函评的机会。因此，申请书的撰写要完全符合基金委给出的模板格式和申请指南，避免犯一些显而易见的低级错误。②函评阶段。评审专家通常会根据3.1节介绍的基金类项目申请书的八项要求对申请书进行评价，若一份基金申请书在前述八个方面均无可挑剔，那么必定是一本高质量的申请书。第4章实战部分的内容可以帮助读者撰写出一份高质量的申请书。

3. 运气有时是必不可少的

通常下大功夫、经过千锤百炼的基金申请书不出意外的话能够顺利获批，但是谁也不敢打包票，努力就一定能有收获。因为，函评时每位评审专家手里都会有一批同领域的基金申请书，实际上函评就是评审专家对待评的各份申请书的质量进行综合评价，根据项目的创新性和申请书的撰写质量公平公正地筛选应该得到支持的项目。但评审专家也是活生生的人，在评审时难免夹带个人情感。例如，你的研究方向、研究方案在这一批基金申请书中最符合评审专家的胃口，那么你就可能从这个小组脱颖而出；反之，若你所在小组的其他申请书都写得十分精细，且申报人的个人水平都很高，则竞争压力就相对较大了。例如，本书作者曾经见到一份申请书的专家函评意见为：“申请人虽然在×××上做出了一定的成绩，但与其他申请人相比，成绩相对要弱，因此不建议支持。”专家并没有完全否定这份申请书，但因为同组的其他申请书实力更强，因此只好转而去支持更好的申请书，按俗话说，就是“运气”不好。当然，运气是随机且不可控的，因此，申请人不要把希望完全寄托在运气上，而是应当把工作重心放在关键科学问题的凝练、创新点的提炼和基金申请书的精雕细琢上，要想申请成功，99%的努力和汗水是必不可少的。

3.2.2 申请失败的主要原因分析

1. 选题不属于所申报学科代码的资助领域

自然科学基金委原来下设八大学部：数学物理科学部、化学科学部、生命科学部、地球科学部、工程与材料科学部、信息科学部、管理科学部、医学科学部，2020年又新增加了交叉科学部，变成了九大学部。这些学部基本上涵盖了自然科学的所有领域。申请人在申请国家自然科学基金项目时，首先应当确认所申请的内容属于自然科学领域的范畴，如果申请人的研究选题属于社会科学领域，国家自然科学基金委一般不予资助。其次，申请人应当根据申请项目的选题在九大学部中寻找与个人研究领域最为接近的学部。若申请人在申请过程中选错了学科代码，例如，选题属于工程与材料科学部，却错误选择了化学科学部的代码，这时，基金委可能的处理方式有两种，一种是将申请书转给更接近的学部，另一种就是直接取消本次申请，不送审网评。不属于国家自然科学基金资助领域而不予受理的低级错误实际上在每年的基金申报中都有出现，因此申请人务必认真对待，在申请书提交前利用本书附录中的“管理类自查表”进行检查,避免发生类似的低级错误。

2. 选题缺乏创新性

经常看到部分申请书,一开始就在立项依据部分引经据典,从几十年以前的参考文献开始着手介绍,然后,娓娓道来,没有重点地把这些年的文献几乎全部介绍一遍,与所申请项目的创新性关联性不强。而有些青年科学基金项目申请书,在研究背景介绍中只是简单地复制其博士论文中的文献综述部分,与所申请项目的创新性不一致。这样的申请书给专家的第一印象就是这个工作已经研究了好几十年,使得本项目创新性严重不足、选题不够新颖、问题导向不明、缺乏时代性、研究角度缺乏创新、缺少自己独到的见解等,这些都是初次撰写基金申请书时经常犯的错误。通常情况下,申请书中要尽可能地详细介绍本选题领域近年的国内外研究进展,特别是近五年的国内外研究进展,以突出申请人提出的课题是较为前沿或热点的且需求很大的研究问题。因而,缺乏源头创新,学术思想和研究方法创新性不足,沿袭自己熟悉的领域而使立意偏于保守,盲目跟踪国际研究热点而没有“独辟蹊径”是申请国家自然科学基金的大忌。通常因创新性不足而未能予以资助的项目占未获通过申请的80%以上(也就是说,在所有未获通过的申请项目中,至少有80%都有创新性不足的评语)。另外,还值得注意的是,创新思路要与研究基础和工作条件结合起来,避免出现有独特的创新思路,却没有相应的研究能力和手段保证项目的顺利完成,或有创新性发现的研究工作却缺乏相应的工作条件支撑或难以继续深入等。

关于创新性的提炼和写法,读者可参阅第4章相关的内容。

3. 立项依据不足

有些失败的项目申请通常缺乏充分的立项依据,缺乏对应用需求的深入分析和对基本科学问题的高度凝练,缺少合理的科学假说和对机制的深入探讨,立项依据仅限于对国内外参考文献的简单罗列,缺乏对关键科学问题的分析和凝练,导致研究内容“大”而“空”等,这些都是初次接触国家自然科学基金申报的青年学者最容易犯的错误。此外,立项依据中所提出的科学问题和设置的研究内容之间不匹配也是最常见的问题。立项依据是体现所申请项目必要性、科学性和创新性的最重要环节,应该围绕研究背景、科学问题的提出、科学假说的确立(包括解决问题的思路)、科学意义及创新性进行系统性的描述,其要点是把所申请项目科学问题中已解决的问题(既往研究背景)与尚未解决的问题(本项目的科学研究目标)都能够清晰描述。常见问题是:①对研究背景只是泛泛地描述文献报道,没有进行深入的分析和阐述,无法让评审专家完整、清晰地了解选题相关领域的研究现状;②把立项依据写成了综述,综述是综合描述及分析与某专题相关的研究工作,提供有关研究历史及现状的信息,而立项依据是在总结前人工作的基础上,提出拟解决的科学问题和解决问题的设想;③在立项依据中没有明确凝练出科学问题,拟解决的科学问题是联系既往工作和本项目拟开展研究的桥梁,描述背景只是为了引出本项目研究的问题(篇幅不宜过多),科学问题才是需要重点描述的内容;④立项依据中没有充分强调所研究项目的重要意义,特别是“需求牵引、突破瓶颈”类项目,一定要描述清楚本项目是解决国家重大的需求的。一般情况下,因立项依据不足的原因而未能予以资助的项目占失败申请的60%以上。另外,在立项依据中一定要把选题的意义充分表达出来,从理论意义和潜在应用价值方面去论述。

关于立项依据的写法,读者可参阅第4章实战部分的相关内容。

4. 研究内容和目标设置不当

有些申请书提出了很好的科学问题，具有很重要的研究意义，立论也很充分，但由于研究内容和研究目标设置不当而未得到专家的支持。

在研究目标方面具体存在的问题为：研究目标不明确，与研究内容缺乏关联性，研究内容的完成与研究目标的达成没有关系；将参数优化和设备研制等技术问题作为基金类项目的研究目标；把人才培养、申请专利、发表论文、开发软件等作为基金类项目的研究目标；研究目标定得过高，缺乏能落地的目标等。

在研究内容方面具体存在的问题为：研究内容与题目不相关或相关度不高；研究内容过大或过小；研究内容过多或过少；研究内容不具体(大、空泛)；研究内容重点不突出；研究内容简单或深度不够；研究内容与拟解决的关键科学问题脱节；所设置的研究内容并不能完全解决所提出的关键科学问题；研究内容缺乏深入的科学本质；研究内容片面追求新技术应用；没能用最适宜的方法开展相应的研究工作；研究内容仅停留在一般观察记录上等。

针对上述存在的问题，研究内容的设置一定要完全针对科学问题和立项依据中所提出来的要解决的问题，不相关的研究内容不应该放到申请书中。有一些科学问题，是申请者的兴趣所在，但是如果和立项依据中要解决的问题不相关的话，都要忍痛割爱。还有一些申请书，研究内容和技术路线之间也不统一。在申请书中所提及的技术方法和技术路线是为研究内容服务的，而不是为了展示方法的先进和技术的精妙。作者见过一个做形态学研究的申请书，把目前所有的显微镜、透射电镜、扫描电镜和激光共聚焦显微镜都作为实验手段罗列在研究方案中，却没有具体针对研究内容中哪一部分内容的论述，要知道，这几种显微镜本身就是为了解决不同问题而设计的，对样品的要求也完全不同，因此需要将所使用的仪器与研究内容关联起来。

研究内容不恰当是申请书常见的问题，既要避免小题大做，也要避免大题小做。研究内容设计面面俱到、缺乏针对性也是申请书常见的问题。基金申请的研究内容是为了解决申请书所提出的科学问题而设立的，不等于科研工作的整体规划。有限经费、有限目标是国家自然科学基金委会员一贯的原则和要求。科研工作的整体规划可以通过若干个基金项目去实施。纵然怀着一颗狂野的心，拥有一个宏大的研究计划，但是务必记住再宏大的计划都得一步一步去实施。一个基金项目不能解决所有的问题，能够构想出一个宏大计划，就要去设计分步骤的实施方案。

研究内容设计过多的情况在青年科学基金项目申请中尤为突出。很多年轻人干劲十足，恨不得把所有的事情都在三年时间内做完。青年科学基金项目的资助强度一般在30万元以内，从性质上来讲是一个人才项目，三年时间内，在青年科学基金项目的支持下，独立开展一些研究工作，能够发表2～3篇文章，为申请面上项目奠定一个基础就相当不错了。作者鲜有看到青年科学基金项目是由于研究内容过少而得不到资助的，恰恰是由于研究内容过多，评审人认为申请人在三年的时间内完不成这些内容而不同意资助。

研究内容写得太简单也是个问题。国家自然科学基金项目申请书的模板经过多次变化，但是无论哪个版本都特别强调："项目的研究内容、研究目标，以及拟解决的关键科学问题"是申请书应该重点阐述的内容。在这个部分要写清楚做什么。有些申请书的研究内容就只写了一个标题，或者寥寥数语，会给评审人一种不认真的感觉。作者认为对于研究内容要适当地展开以及详细地描述，写出所设置的研究内容是针对哪个科学问题的，或者是为解决哪个科学问题所作的铺垫。

通常因研究目标、研究内容不合理而未能获得资助的项目占未获批准申请书的40%左右。

关于研究目标和研究内容的写法，读者可参阅第4章实战部分的相关内容。

5. 研究方案科学性不够

研究方案是申请者解决科学问题、验证研究假说的一个执行方案，包括有关方法、技术路线、实验手段、关键技术等说明。存在的问题具体表现为：研究方案不完善、技术路线有缺陷、采用的方法不先进、关键科学问题未解决等。研究方案写得不好通常是未能通过基金评审的申请书的通病，占失败数的45%左右。

研究方案不完善的申请书通常缺乏清晰的研究方法与技术路线，所写的内容过于简单，难以判断是否能够完成研究内容并实现预期的目标；研究方案是评价项目可行性的重要指标，是评审专家重点审查的内容，也是评审专家评述申请人的研究内容和研究方案能否验证科学假说的重要依据。

技术路线是完成项目研究内容的流程和顺序，要表达清楚各项研究内容间的内在联系和步骤。技术路线在叙述研究过程的基础上，可采用流程图的方式来说明。技术路线图是技术路线的最好表现形式，具有一目了然的效果，便于同行评议专家直观地了解项目的整体研究思路。关键技术是采用何种具体的实验方法和手段去验证，在阐明实验基本原理的基础上，利用何种实验材料，测试何种物理参数、力学性能、化学量等，宜适当介绍。

缺乏相关的研究策略，面对具体问题没有设计出科学和合理的研究方案也是青年科学基金项目申请书存在的主要问题之一。在研究方案和技术路线设计上，不是围绕拟解决的关键科学问题选择合理的研究方法，而是依赖所谓的高新技术选择科学问题，使项目的研究方案变成技术和指标的简单堆砌，使研究方法变成了单纯的新技术的堆积。如果缺乏研究方法和研究内容的匹配性，就难以解决关键科学问题。研究方法是指针对所提出的研究内容，将采取什么样的具体分析方法去研究提出的问题。研究方法的选择应根据具体的研究内容和目的，以及现有的条件来决定。

关于研究方案的写法，读者可参阅第4章实战部分的相关内容。

6. 研究工作基础薄弱

研究基础是评审专家比较关注的内容，它决定了申请人是否具有研究潜力，是否有能力完成所申请的项目。常见的问题为：缺乏必要的前期工作积累和预实验，研究设想和假设常常仅停留在文献检索和推论上；缺乏基本的研究设计要素，缺乏系统的、连续的研究工作通常也是造成基金申请书难以通过评审的主要原因。一般情况下，由于研究基础不够好而导致申请失败占总失败原因的30%左右。

在研究基础部分，要列出与本项目相关的预研结果和已发表的成果，一般不要列无关的内容。申请人应当对所研究领域的前期研究成果给出从微观到宏观、从细节到整体等的全面展示，不要仅仅局限于某一项具体的、很小的内容，这样评审专家才能够清楚地知道申请人以前做过的相关研究工作。另外，高水平的科研论文也是表现申请人科研能力的重要依据。代表性成果是非常关键的，当前基金申报开始重质量而不是数量，仅需重点介绍5篇代表性论著即可，以数量取胜的时代已经彻底成为过去。因此，申请人应当养成积累的好习惯，尽可能在国内外优秀期刊上发表高水平文章，拒绝低水平或灌水的文章。例如，有申请人发表了若干篇开放期刊的论文（相对容易、见刊所需时间短），并以此作为代表作，尽管这些论文的水平可能并不低，但有专家却不认同，在评审意见中写道："发表了 IEEE Access 论文，该刊是 IEEE 挣钱的高收费的期刊，学术界口碑很差！"然后直接给了不资助的决定。尽管这名专家的评价可能比较武断，但也从一个侧面说明了青年学者应将自己的研究成果发表在高水平期刊上的重要意义。

7. 研究队伍结构不合理

如果项目申请书在研究队伍人员的组成上出了问题，问题往往是出在研究内容与人员组成不吻合、缺乏群体协同研究或不能很好地组织群体开展研究、缺乏跨学科和跨领域的交叉研究等，通常因研究队伍结构不合理而未能予以资助的项目占总失败申请数的15%左右。如果申请书中有多项研究内容，每项内容都应该有相关研究背景的人员负责。研究背景并不单指研究者是毕业于哪个学校或者哪个专业，而是要看其发表的论文是否与申请项目具有相关性，这也是申请书中为什么要有个人简历的原因。研究队伍人员组成太少也是一个问题，这样很容易给评审专家造成"研究队伍太单薄"的印象。此外，还需要注意避免研究队伍组成有负面的因素。什么是负面的因素？如果研究队伍中出现了"某某长"，一般是不能给申请人的项目加分的。虽然"双肩挑"的科研人员在高校比比皆是，但在基金申请书中，只表明学术身份就可以了。

8. 其他细节错误

具体表现为：五篇代表性论著标注错误、项目组成员超项、书写错误、表述方式过于口语化、学术规范性不强、文字不够准确和精炼、表述不够清楚和明白、数字或描述前后矛盾、没有签字和盖章等。

出现五篇代表性论著标注错误、项目组成员超项、书写错误通常会直接导致形式审查不通过，大概占形式审查不通过数5%的比例。近五年来几乎每年都有因为错标、漏标通信作者、共同一作文章的项目而致使申请书未通过评审，因为一旦错标就意味着"张冠李戴"的学术不端。对于双通信作者的论文来说，只标自己不标合作者的后果也是非常严重的，表面上看起来漏标通信作者并不是个严重的问题，但从本质上看这是一种虚假抬高自己的行为，这种情况在形式审查时是容易一票否决的。此外，超项、手续不完备（申请者如为在职博士生，要附导师签字的同意申请证明材料项目等）、不按规范性要求填写或者填写错误、非资助范围（与指南不符、承担过青年科学基金项目的申请者再次申请青年科学基金项目等）等形式审查不合格的现象也是非常常见的。因此，读者要仔细阅读基金项目的限项说明。如2020年申请指南中关于限项说明的前2条如下：

1）各类型项目限项申请规定

（1）申请人同年只能申请1项同类型项目【其中：重大研究计划项目中的集成项目和战略研究项目、专项项目中的科技活动项目、国际（地区）合作交流项目除外；联合基金项目中，同一名称联合基金为同一类型项目】。

（2）上年度获得面上项目、重点项目、重大项目、重大研究计划项目（不包括集成项目和战略研究项目)、联合基金项目(指同一名称联合基金)、地区科学基金项目资助的项目负责人,本年度不得作为申请人申请同类型项目。

(3) 申请人同年申请国家重大科研仪器研制项目(部门推荐)和基础科学中心项目,合计限1项。

(4) 申请人和主要参与者(骨干成员或研究骨干)同年申请和参与申请创新研究群体项目和基础科学中心项目,合计限1项。

(5) 正在承担国际(地区)合作研究项目的负责人,不得作为申请人申请国际(地区)合作研究项目。

(6) 作为申请人申请和作为项目负责人正在承担的同一组织间协议框架下的国际(地区)合作交流项目,合计限1项。

2) 连续两年申请面上项目未获资助后暂停面上项目申请1年

2018年度和2019年度连续两年申请面上项目未获资助的项目(包括初审不予受理的项目)申请人,2020年度不得作为申请人申请面上项目。

因此,在申报基金类项目前,申请人务必仔细阅读对应的基金申报指南,避免出现这类低级错误。

3.3 基金申请书的模板分析

为了便于申请人更清晰地表达出项目的相关内容,也便于评审专家在各个项目之间进行比较,减轻项目评审人的负担,自然科学基金委每年都会给出项目申请书的撰写模板,尽管看上去有点“八股文”的形式,但几十年的实践证明,这套模板是成功的,也是非常有效的。本节对基金委的模板进行一个比较全面的分析。

3.3.1 模板架构分析

首先对模板的整体架构做一个完整的分析,明确申请书中应该包括哪些内容,设置各部分的目的是什么,作用是什么,各部分之间的关系是什么。

基金申请书模板一般情况下包括以下内容:立项依据板块中的研究背景和意义、国内外现状和发展动态、参考文献等;研究内容板块中的研究目标、研究内容、拟解决的关键科学问题等;研究方案板块中的研究方法、技术路线、研究方案、关键技术、可行性分析等;项目创新板块中的研究的特色和创新之处;其他包括预期研究成果、年度研究计划、研究工作基础、工作条件、申请者简历、承担科研项目情况等。

(1) 在立项依据中要向专家回答以下问题:为什么值得研究本项目?研究的意义何在?围绕所提项目国内外已经开展了哪些研究工作?采用了哪些研究方法?解决了什么问题?取得了什么成果?还有哪些问题没有得到解决?本研究领域未来的发展态势是什么?

(2) 研究目标则是对标题的进一步深化和具体化,是研究对象、研究方法、研究思路、创新成果和具体应用的高度概括。

(3) 研究内容则是围绕研究目标和拟解决的关键科学问题的逐步深入展开,将研究目标层层剖析,根据研究目标确定层次分明的子研究内容。

(4) 拟解决的关键科学问题则是整个申请书的核心，此部分内容反映出申请人对申请书总体目标的深刻理解和统筹解决的能力。

(5) 研究方案则是指实施研究内容的具体可执行的方法、技术路线和研究流程，是解决项目总体目标的执行途径。

(6) 关键技术是完成研究内容中所面临的难以解决但又必须获得解决的技术问题，属于方法的范畴。

(7) 可行性分析则是基于申请人的研究基础和研究条件对申请书中提出的研究目标、研究方案进行理论性的预见判断，确保项目能够正常开展并取得预期成果。

(8) 项目的特色与创新之处则是需要申请人从独特的视角将申请书中与众不同的地方展现出来的重要部分，特色就是与众不同，创新就是前所未有。

(9) 预期的研究成果则是对项目开展研究过程中得到的"产品"或"副产品"。例如，对"×××"机理开展的研究工作，最终会得到"获得×××机理"的研究结果，这就是这项研究内容的"产品"；而发表的论文、获取授权的专利、形成的软件、培养的人才等都可以作为该项研究工作的"副产品"。

(10) 由于基金类项目的研究年限一般为3～5年，为了保证项目研究的正常开展，需要确立清晰的年度研究计划，分年度对研究目标计划的实施进行说明，研究计划应该按照研究内容来制定。

(11) 研究工作基础、工作条件、申请者简历、承担科研项目情况则作为整个项目的背景支撑，是评判申请人是否有相应的研究能力，项目能否顺利开展的侧面依据。

3.3.2　申请书板块划分

为了便于读者理解，理清各个模板各项内容之间的逻辑关系，我们按照各项内容间的聚合程度将基金申请书模板的主要内容划分为七大板块(表3-1)。

1. 板块的划分原则

国家自然科学基金项目申请书模板中各板块间的逻辑关系就是申请书中的学术背景、科学实质、科学问题、表达结构等申请要素之间的联系规则与关联秩序，掌握申请书撰写的逻辑规律(经常被称为写作套路)有利于基金项目的申请、评审和研究工作的开展。

逻辑关系对于基金申请书的各个板块至关重要，基金申请书模板的七大板块中包含的内容相互独立又相辅相成。一份好的基金申请书要处理好以下几部分之间的关系：立项依据板块与研究内容和目标板块之间的关系、研究内容和目标板块与研究方案板块之间的关系、研究方案板块与可行性分析和创新性板块之间的关系、研究计划与成果板块和其他内容板块(研究基础)之间的关系等。一个好的申请书必须在上述七大板块之间建立一条完整的逻辑链，做到环环相扣(即通常所说的自圆其说)。因此，研究内容板块要支撑立项依据、研究目标和拟解决的关键科学问题；研究方案板块中的研究方法和技术路线要服务于研究内容；已有的研究基础是项目成功的有力保障等。

2. 板块划分

为了便于读者全面深入理解基金申请书的模板，也便于读者撰写申请书，本书根据上述板块划分原则将基金申请书模板的主要内容划分为七大板块，如表3-1所示。

表 3-1 基金申请书模板的板块划分及其内容

板块分类	具体内容	重要度
A. 基本信息板块	A1. 题目	★★★★★
	A2. 学科代码	★★
	A3. 科学问题属性	★★★
	A4. 摘要	★★★★★
	A5. 课题组成员	★★
	A6. 资金预算	★★★
B. 立项依据板块	B1. 研究意义	★★★★★
	B2. 国内外研究现状分析	★★★
	B3. 存在的问题和发展趋势	★★★★
	B4. 参考文献	★
C. 研究内容和研究目标板块	C1. 研究目标	★★★
	C2. 研究内容	★★★★★
	C3. 关键科学问题	★★★★★
D. 研究方案板块	D1. 研究方法	★★
	D2. 技术路线	★★★
	D3. 研究方案(实验手段)	★★★★★
	D4. 关键技术	★★
E. 可行性分析和创新性板块	E1. 可行性分析	★★★
	E2. 特色与创新	★★★★★
F. 研究计划与成果板块	F1. 研究计划	★★
	F2. 预期成果	★★
G. 其他内容板块	G1. 研究基础	★★
	G2. 工作条件	★
	G3. 在研项目	★
	G4. 已完成的基金项目	★
	G5. 善后工作	★★★

从表 3-1 可以看出:

(1) A 板块(基本信息板块)包括:题目、学科代码、科学问题属性、摘要、课题组成员、资金预算 6 项内容。基本信息板块主要为基金委管理部门提供项目的基本信息,是形式审查中比较容易出问题的板块。

(2) B 板块(立项依据板块)包括:研究意义、国内外现状分析、存在的问题和发展趋势、参考文献 4 项内容。这个板块主要描述项目是否有研究的必要(为什么要研究),研究的理论意义和应用价值是什么,目前的研究工作中还存在哪些问题,未来应该如何开展研究等。

(3) C 板块(研究内容和研究目标板块)包括:研究目标、研究内容、拟解决的关键科学问题 3 项内容,确定这些内容的依据主要来自立项依据,要描述清楚项目要"做什么",达到什么目标,准备解决什么关键科学问题。

(4) D 板块(研究方案板块)包括:研究方法、技术路线、研究方案(实验手段)、关键技术 4 项内容,这 4 项内容形成一个有机的整体,主要解决"怎么干"的问题,都是为完成研究内容服务的。

(5) E 板块(可行性分析和创新性板块)包括:可行性分析、特色与创新两项内容,主要描述“为什么我可以做”“我肯定可以做好”和“我的项目很有创新”这几个概念。

(6) F 板块(研究计划与成果板块)包括:研究计划和预期成果两项内容,主要是向专家展示“怎么做”和“做完后会得到什么结果”。

(7) G 板块(其他内容板块)包括:研究基础、工作条件、在研项目、已完成的基金项目和善后工作 5 项内容,实际上是为专家提供一些附加信息,展示“我的基础很好”“我以前做得很好”和“我有经验做”这几个概念。

3.3.3 板块各项内容的重要度分析

在 3.3.2 节中,我们将基金申请书模板的主要内容按照聚合度划分为七大板块,每个板块包括的内容各不相同。事实上,在基金类项目评审过程中,专家对各项内容的关注度是不同的,因此,在本节中,我们站在专家的角度对各项内容的重要度进行分析,分别用一星(★)到五星(★★★★★)的级别来表示内容的重要性。一颗星的重要度最低,五颗星的重要度最高。对于重要度高的内容,申请人更应该花费较多的精力来思考和撰写。

A. 基本信息板块

基本信息板块虽然包括 6 项内容,但最重要的是题目和摘要这两项内容,因为题目和摘要是整个项目申请书的核心与浓缩,是给评审专家建立良好第一印象的关键。

具体来看,青年科学基金项目、面上项目、重点项目的申请书模板在基本信息板块中的题目、学科代码、摘要、资金预算各部分内容的差异不大,但青年科学基金项目没必要写课题组成员的内容,因为从 2019 年起,青年科学基金项目申请书中不再列出项目参与者,只需列申请人本人。此外,从 2020 年起,青年科学基金项目申请书不再需要列出详细的资金预算。

在各类基金项目申报时,在系统提交的过程中,都需要选择科学问题属性并给出不超过 800 字用以阐明选择该科学问题属性的理由。2020 年自然科学基金委扩大了分类申请和分类评审的试点范围,对全部面上项目和重点项目开展分类评审工作,那么在系统生成的面上项目和重点项目基金申请书中,将出现如图 3-2 所示的内容。这样评审专家也能根据申请人对申请书中研究内容的科学问题属性的理解对整个申请书进行更深层次的判断和评价。从自然科学基金委分类试点的发展趋势来看,未来对科学问题属性的分类评审会逐步扩大到所有类型的基金申报。因此,申请人从现在起就应当对自己的研究方向和所属科学问题

国家自然科学基金申请书 2020版

科学问题属性

○ **“鼓励探索、突出原创”**:科学问题源于科研人员的灵感和新思想,且具有鲜明的首创性特征,旨在通过自由探索产出从无到有的原创性成果。

○ **“聚焦前沿、独辟蹊径”**:科学问题源于世界科技前沿的热点、难点和新兴领域,且具有鲜明的引领性或开创性特征,旨在通过独辟蹊径取得开拓性成果,引领或拓展科学前沿。

○ **“需求牵引、突破瓶颈”**:科学问题源于国家重大需求和经济主战场,且具有鲜明的需求导向、问题导向和目标导向特征,旨在通过解决技术瓶颈背后的核心科学问题,促使基础研究成果走向应用。

○ **“共性导向、交叉融通”**:科学问题源于多学科领域交叉的共性难题,具有鲜明的学科交叉特征,旨在通过交叉研究产出重大科学突破,促进分科知识融通发展为完整的知识体系。

请阐明选择该科学问题属性的理由(800字以内):

图 3-2 申请书中的科学问题属性

属性进行深入思考和理解，找准研究目标，为将来的基金类项目申报做好充分准备。关于科学问题属性的选择和写法，读者可参考 1.6 节的内容。

A1. 题目(★★★★★)

我们给出题目的重要性为五星级，主要原因是因为题目是专家最先看到的内容，是申请书的"脸面"。有些资深专家单从题目中就能看出该项目是否有创新性、技术方法是否先进、研究目标能否实现等。一个好的题目犹如申请书的旗帜和耳目，能够鲜明地揭示主题，体现出课题的核心内容。

A2. 学科代码(★★)

学科代码的选取关系到基金申请书是否能够分配给较为熟悉领域的"小同行"评审。申请人在选取学科代码时需要反复斟酌项目申请书的归口学部和学科，以提高命中率。尽管学科代码具有一定的重要性，但其选择的难度毕竟不大，我们给出两星级别的重要度。

A3. 科学问题属性(★★★)

自然科学基金委经过两年的试点，已经开始逐步推广按照科学问题属性开展分类申请和评审，2020 年的全部面上项目和重点项目已经纳入分类评审的范畴。与学科代码一样，此部分内容也需要申请人对项目申请书反复斟酌，选取最匹配的科学问题属性。对于科学问题属性，我们给出三星级别的重要度。

A4. 摘要(★★★★★)

摘要与题目一样，是申请书的门面，评审专家首先看到的除了题目外就是摘要，摘要页也是专家必然会花工夫认真看的内容。同样，摘要是对申请书总体内容的高度概括，因此设置摘要的重要性为五星级。

A5. 课题组成员(★★)

课题组成员的整体水平是衡量能否完成课题任务的基本依据。申报人本人或者团队成员的科研水平不高很有可能导致项目不予批准。值得注意的是，申请人本人和成员在申报过程中都不得超项。课题组成员的确定相对简单，我们给出两星级的重要度。

A6. 资金预算(★★★)

资金预算应当合理，应该根据需求和现有条件进行预算，有很多申请书就是因为资金预算不合理而被否决的。因此，我们给出资金预算的重要度为三星级。

B. 立项依据板块

立项依据板块主要包括：研究意义、国内外现状分析、存在的问题和发展趋势及参考文献等内容(有些申请人喜欢在立项依据中增加研究思路的内容，本书作者也认可这种做法)。在立项依据板块中，开门见山的内容就是项目的研究意义，申请人应当用足够精练的语言将项目的研究意义(理论意义、潜在应用价值和应用前景)展现给评审专家，这一内容非常关键，关系到评审专家对该申请书的印象。

具体来看，青年科学基金项目、面上项目和重点项目各自申请书的立项依据板块的截图如图 3-3～图 3-5 所示。申请人拿到申请书撰写模板后，首先应当注意报告正文下的这一句话："参照以下提纲撰写，要求内容翔实、清晰，层次分明，标题突出。请勿删除或改动下述提纲标题及括号中的文字。"这一句话意味着报告正文应当按照模板列出的提纲撰写，却不能删除提纲中的提示性文字。虽然在 2020 版面上项目申请书模板中没有这一句话，但是申请人应当知晓。从图 3-3～图 3-5 可以看出，三类申请书的立项依据和研究内容均有字数限制，青年科学基金项目和面上项目的字数均建议限制在 8000 字以内，重点项目这部分的字数建议限制在 5000～10000 字之间。三类项目这部分的提纲标题和括号中的文字均应保持一致，均要求阐述研究意义，分析国内外研究现状，阐明存在的问题和发展趋势，并要求附上主要参考文献。

报告正文

参照以下提纲撰写，要求内容翔实、清晰，层次分明，标题突出。请勿删除或改动下述提纲标题及括号中的文字。

（一）立项依据与研究内容（建议 8000 字以内）：

1．**项目的立项依据**（研究意义、国内外研究现状及发展动态分析，需结合科学研究发展趋势来论述科学意义；或结合国民经济和社会发展中迫切需要解决的关键科技问题来论述其应用前景。附主要参考文献目录）；

图 3-3 青年科学基金项目申请书的立项依据的提示

报告正文

（一）立项依据与研究内容（建议 8000 字以下）：

1．项目的立项依据（研究意义、国内外研究现状及发展动态分析，需结合科学研究发展趋势来论述科学意义；或结合国民经济和社会发展中迫切需要解决的关键科技问题来论述其应用前景。附主要参考文献目录）；

图 3-4 面上项目申请书的立项依据的提示

报告正文

参照以下提纲撰写，要求内容翔实、清晰，层次分明，标题突出。请勿删除或改动下述提纲标题及括号中的文字。

（一）立项依据与研究内容（5000~10000 字）：

1．**项目的立项依据**（研究意义、国内外研究现状及发展动态分析，需结合科学研究发展趋势来论述科学意义；或结合国民经济和社会发展中迫切需要解决的关键科技问题来论述其应用前景。附主要参考文献目录）；

图 3-5 重点项目申请书的立项依据的提示

B1．研究意义（★★★★★）

研究意义是整个基金项目申请书第一部分的内容，也是最关键的内容之一。申请人在撰写申请书的立项依据时，首先应当将项目的研究意义凸显出来，要讲清楚项目在理论方面的意义或潜在的应用价值。一份研究意义不突出的申请书往往得不到专家的青睐。因此，研究意义的重要性定为五星级。

B2. 国内外研究现状分析(★★★)

对国内外研究现状分析的水平可以反映申请人对研究领域的熟悉程度,也是引出研究内容和关键科学问题的主要依据。申请人在撰写这部分内容的时候需要特别注意整体的逻辑关系。我们将国内外研究现状分析的重要度定为三星级。

B3. 存在的问题和发展趋势(★★★★)

存在的问题和发展趋势部分是对国内外研究现状分析结果的总结和提炼,是引出申请书中心思想的前提,此部分的内容关系到后续研究目标、研究内容和创新性,以及拟解决的关键科学问题的提出,因此将其重要性设置为四星级。

B4. 参考文献(★)

在进行国内外研究现状分析时,所选取的参考文献与国内外研究现状分析密切相关,申请人应当注意的是,尽量采用近五年的新文献,一些经典文献除外。我们将参考文献的重要度确定为一星级。

C. 研究内容和目标板块

研究内容和目标板块包括:研究目标、研究内容和拟解决的关键科学问题三项内容。在基金项目申请书模板上的提示为:“项目的研究内容、研究目标,以及拟解决的关键科学问题(此部分为重点阐述内容);”如图 3-6 所示。这一部分内容无论是青年科学基金项目、面上项目还是重点项目或是其他基金类项目,都应当是需要着重强调的部分。申请人在撰写这一部分内容时,应当首先明确研究目标,随后根据要实现的研究目标确立相应的研究内容,最后引出拟解决的关键科学问题。研究内容的设置必须回答以下问题:在解决关键科学问题时,申请人要具体、深入、创新性地开展什么研究。而研究方案则回答“具体怎样去做”来完成研究内容。研究内容只有具体了,才可能深入;只有具体深入了,才可能创新。研究内容明确了具体要做什么,研究方案才能回答怎么去做。这一部分内容不必用大量的文字,但是每一段针对性的描述都需要一语中的,尤其是对于研究内容和拟解决的关键科学问题,务必牢牢抓住评审专家的眼球。

2. 项目的研究内容、研究目标,以及拟解决的关键科学问题(此部分为重点阐述内容);

图 3-6 基金项目申请书对研究内容的提示

C1. 研究目标(★★★)

研究目标是指按照特定的思路(技术路线)通过理论研究、实验研究、模型研究、机理研究、数值方法研究、逻辑方法研究等过程,在完成所有研究内容和拟解决的关键科学问题后,应该达到的预期的科学目的,研究目标要与研究内容相呼应。我们将研究目标的重要度设为三星级。

C2. 研究内容(★★★★★)

研究内容是为完成研究目标而设立的研究任务,也可以说,研究任务是研究目标的扩展、细化和具体化。为了实现所提的研究目标,需要完成一系列的研究内容,撰写研究内容时需要突出重点,与研究目标和后续的关键科学问题相匹配。研究内容在申请书中起着承上启下的作用,是整个申请书的纲,其作用十分重要,因此设定其重要度为五星级。

C3. 关键科学问题(★★★★★)

拟解决的关键科学问题是基金项目的灵魂，它决定了项目的创新性和特色，也决定了项目的研究意义。关键科学问题的数量不必过多，但必须简单明了，一般对于青年科学基金项目来说，拟解决 1～2 个关键科学问题即可；对于面上项目和重点项目而言，则拟解决 3 个及 3 个以上的关键科学问题为好。关键科学问题需要体现出问题的关键性和可行性，也反映了项目开展的必要性，因此设置其重要度为五星级。

D. 研究方案板块

研究方案板块包括：研究方法、技术路线、研究方案(实验手段)和关键技术四项内容，基金项目申请书模板上的提示如图 3-7 所示。

3. 拟采取的研究方案及可行性分析（包括研究方法、技术路线、实验手段、关键技术等说明）：

图 3-7　基金项目申请书的研究方案提示

研究方案板块是用来回答“怎么去做”来完成研究内容并实现研究目标的，因此需要与研究内容板块相匹配。

一般是通过理论研究、实验研究、模型研究、机理研究、方法研究等相对应的具体的理论分析方法、实验分析方法、数值或物理模拟方法、解析或统计方法等去完成研究任务，各种主要方法应具体阐述怎么去实现研究内容的细节过程。

技术路线是描述完成研究内容中理论研究、实验研究、模型研究、机理研究、方法研究等方面的途径、流程、步骤、顺序及方法，以及研究内容之间的逻辑性，强调研究思路和过程在逻辑上的先后顺序、相互协调、相互衔接、相互配合的关系。通常，为了更加直观地描述研究内容之间的逻辑关系，可以采用语言叙述与流程图相结合的表达方式。

研究方案(实验手段)则是沿着技术路线开展具体内容的研究工作，实验是理论研究的基础和补充，具有检验和证实的功能。理论是实验现象的升华，是归纳抽象的结果，具有解释、指导和预见、推广的功能。研究方案中，需要开展证实性、探索性实验。在这一部分中，申请人需要介绍实验中具有创新性的具体方案，包括实验目的、仪器设备、实验原理、测试方法、操作步骤、实验材料等。

关键技术则是基金项目实施过程中至关重要或瓶颈性的技术和措施，或为达到预期目标所必须掌握的关键实验方法或实验研究手段等。

D1. 研究方法(★★)

研究方法指的是采用什么方法研究项目凝练出来的科学问题，也就是研究思路构想出来之后，需要用什么样的方法逐步开展具体的研究工作。研究方法部分的内容不必很多，但需要逻辑连贯，叙述清楚。我们将研究方法的重要度设为两星级。

D2. 技术路线(★★★)

技术路线是研究工作的总体思路，技术路线的描述要具体清晰，每一步研究工作采用什么方法解决什么问题应表述清楚，撰写时一定要紧紧围绕研究内容来表述。技术路线最好用图形的方式直观表示，并配以相应的文字说明。本书将技术路线的重要度设置为三星级。

D3. 研究方案(实验手段)(★★★★★)

好的研究方案能够让评审专家对通过哪几个方面的工作(实验)去完成研究内容有清晰

的了解，要描述清楚预期用到的方法和理论基础、需要的实验流程和实验设备等，这些方面的撰写要尽可能详细一些。在撰写研究方案时，切忌出现研究方案与研究内容脱节的现象，也就是实施研究方案后并不能回答研究内容要解决的问题，因此要注意研究内容与研究方案的协调性。考虑到研究方案是专家否决项目申请的主要原因，我们将这部分内容的重要度设置为五星级。

D4. 关键技术(★★)

关键技术是为完成研究目标、解决关键科学问题时所必须突破的瓶颈技术，关键技术不解决，就不可能完成预定的研究内容，也不能完成对关键科学问题的研究。考虑到很少有专家以关键技术为理由否定整个项目，我们将关键技术的重要度设为两星级。

E. 可行性分析和创新性板块

可行性分析和创新性板块包括可行性分析、特色与创新两项主要内容。可行性分析是为了向专家表示“本项目是可以完成的”和“申请人有能力完成该项目”；特色与创新性分析是为了向专家表示“本项目的研究对象、采用的研究方法等与别人不一样”以及“本项目具有明显的创新性”。

E1. 可行性分析(★★★)

可行性分析部分用以回答完成拟解决的关键科学问题在主、客观条件与理论上的可能性，存在哪些风险，潜在风险是如何规避的。主、客观条件即为主要的研究基础与工作条件。特别应该注意的是，理论上的可行性不能忽略，即依据科学技术发展水平、学术队伍的研究能力，体现出“拟解决的关键科学问题、关键技术问题”在学术上的可行性和制定的研究方案的可行性。我们将可行性分析的重要度设定为三星级。

E2. 特色与创新(★★★★★)

基金类项目研究的特色与创新要紧紧围绕拟解决的关键科学问题，突出其中的学术特点与创新性。应当从问题的发生机理、分析方法、实验手段或方法、研究内容、研究目标、数值研究方法或预期成果等方面寻找创新点。即在对自然现象观察、分析的基础上，形成新理念、提出新概念、激发新思路、发现新问题、采用新方法、设计新实验、论证新定理、建立新模型、验证新理论、寻求新规律、解释新现象、得到新结果等。研究特色则是与“拟解决的关键科学问题”相呼应的学术思想新颖性和独特性等。这部分内容十分重要，是评审专家在评议表中必须论述的内容，因此设置其重要度为五星级。

F. 研究计划与成果板块

研究计划与成果板块包括研究计划和预期成果两项内容。研究计划及预期成果比较容易写。在研究计划中，将研究内容按年度做分解，即可形成年度研究计划。在预期成果部分，将研究目标、研究内容做适当简化，增加一些发表论文、申请专利、培养人才等量化指标，但也不宜过多。

F1. 研究计划(★★)

研究计划主要是对基金项目的整体进行年度细分规划，申请人应当注意的是，规划时应当合理安排，按照研究内容的顺序逐年开展，确保项目顺利完成。我们将研究计划的重要度设为两星级。

F2. 预期成果(★★)

预期成果通常包括：形成的理论和方法、发表的国内外高水平论文、申请的国内发明专利和国际发明专利、申请的软件著作权、培养人才等方面。申请人在撰写预期成果时，应当注意预期成果的量要适中，量太多往往会使评审专家产生疑虑，认为申请人在规定的期限内不可能完成规定的研究任务；而量太少也会令评审专家认为项目太简单，预期成果与立项的原则不相符，从而使项目遭到否决。我们将预期成果的重要度设为两星级。

G. 其他内容板块

其他内容板块包括：研究基础、工作条件、在研项目、已完成的基金项目和善后工作五项内容。

G1. 研究基础(★★)

研究基础主要介绍与本项目相关的研究工作积累和已取得的研究工作成绩(或预研成果)，特别是与本项目相关的研究成果，可以用一些(彩色)图来辅助说明本项目的可行性及可完成性，本书将研究基础部分的重要度设置为二星级。

G2. 工作条件(★)

工作条件部分主要介绍本单位、部门已具备的实验条件、尚缺少的实验条件和拟解决的途径、合作单位的条件、利用国家(重点)实验室及国际合作的情况等，本书将工作条件部分的重要度设置为一星级。

G3. 在研项目(★)

如果申请人有在研项目，则需要详细说明在研的基金项目与现在申请的基金项目之间的联系，最好是具有延续性的研究，本书将这部分的重要度设置为一星级。

G4. 已完成的基金项目(★)

如果申请人还有已完成的基金项目，则需要详细说明已完成的基金项目的完成情况和取得的研究成果，以及已完成的基金项目与现在申请的基金项目之间的联系，同样最好是具有延续性的研究，本书将这部分的重要度设置为一星级。

G5. 善后工作(★★★)

当写完了基金项目正文并形成初稿后，申请人千万不要松气，相反，要仔细地开展善后工作，多次通读全文并仔细检查，最好的方式是打印出来检查。例如，检查申请书中填写的职称与填报系统注册的账号的个人资料中职称是否一致；基金预算书中是否出现了合作单位外拨资金；个人简历中，代表性论著和代表性论著之外的成果奖励是否严格按照顺序且分开写；研究基础与个人简历中是否有很大部分的重复；个人简历中时间是否倒序排序，等等。善后工作需要仔细参照本书附录中的管理类自查表进行严格检查，因此本书将善后工作部分的重要度设置为三星级。

3.4 基金模板分析结论

实际上，国家自然科学基金项目申请书本身就是在讲述一个科学故事，而这个故事必须有一个逻辑起点，沿着一个逻辑主线，整体逻辑上应当首尾相顾，脉络清晰，前后一致。逻辑起点即申请题目的立项依据中的研究意义和所凝练的关键科学问题，逻辑主线即以研究方法、研究方案组成的技术路线。研究内容、研究目标和研究方案等各部分之间应该沿着该主线相互协调，从不同角度进行科学分析和论证，回答为什么做，做什么，做完之后达到什么科学目的，怎么做，得到什么结果与结论，产生什么效果等问题。

由于研究意义、研究目标、研究内容、研究方案及技术路线这几部分内容均围绕实施过程进行描述，所以非常容易混淆。一般而言，研究意义和拟解决的关键科学问题是回答“为什么做”的问题，研究目标是回答“最后想得到什么”的问题，研究内容是回答“做什么”的问题，研究方案是回答“如何做”的问题，技术路线则是给出整个研究工作的逻辑主线。本书第4章推荐的撰写模式（套路）是先目标后内容的描述，使研究意义、研究目标、研究内容、研究方案、技术路线这一系列内容的撰写符合由简到繁的逻辑关系（形成塔形结构）。常见问题是：对研究意义、研究目标、研究内容及研究方案描述得繁简不当；对研究目标按照研究内容分段描述而不是用一段文字进行整体描述，评审专家需要从中判断到底有几个目标，这些目标之间是什么关系，事实上，一个基金项目只应该有一个研究目标；某些内容在不同的标题下有重复等。

第4章 申请书撰写实战

在申请国家自然科学基金项目时，仅有一个创意性强的策划是远远不够的，还需要一份高质量的申请书，通过申请书把项目的研究意义、创新性、研究内容和研究方案等充分展现给专家，才能得到专家的认可。实践中发现，一份申请书尽管策划思路具有创新性，项目的研究意义也非常重大，但由于申请书写得很差，评审专家不能够全面了解项目的意义、创新性和研究方案，甚至还有可能误解申请人想表达的意思，从而造成申请项目遭到否决。在本书第2章中，我们讨论了基金类项目的策划方法。在第3章中，我们分析了基金类项目申请书的撰写要求，并对申请书的模板进行了分析。本章在创新性选题策划的基础上，首先从国家自然科学基金项目申请书撰写的总体思路出发，从宏观与全局角度介绍申请书主体内容之间的逻辑关系，接着以一份成功的面上项目申请书作为案例，以第3章中介绍的基金委申请书模板的七大板块为主线，以实例的方式逐项介绍各项内容的具体写法和原则(我们称之为申请书撰写的实战或套路)，包括重点思考的内容及常见错误的分析等。本章的实战介绍的目的是，规避可能犯的低级错误，帮助“新手”撰写一份有吸引力、高质量、零缺陷的申请书，避免一个具有创新构思的好项目被评审专家误解而被否决。

4.1 申请书撰写总体思路

4.1.1 申请书正文标题的逻辑性

国家自然科学基金项目申请书正文阐述创新性与科学性的主体部分为立项依据与研究内容板块，其主要包括项目的立项依据、项目的研究内容、研究目标，以及拟解决的关键科学问题、拟采取的研究方案及可行性分析、本项目的特色与创新之处等，各部分围绕科学问题这条主线，具有明显的逻辑性与关联性，这一点是在申请书撰写实战前必须注意的一个关键问题。

具体来讲：①立项依据是论述研究工作的必要性，是回答为什么研究的问题(why)；②项目的研究内容、研究目标，以及拟解决的关键科学问题是回答具体研究什么的问题(what)；③拟采取的研究方案及可行性分析是回答怎样研究的问题(how)；④本项目的特色与创新之处是指完成了该研究任务的创新点，是从项目创新的角度回答产出的问题

(output)。笔者认为"why→what→ how→output"符合以问题为导向的科学研究的逻辑性。因此,申请人在申请书撰写实战中要注意体会立项依据是论述研究工作的必要性,研究目标回答立项依据,研究内容支撑研究目标,研究方案实现研究内容,可行性分析论证研究方案,对具体每个板块的撰写实战将在本章节后续进行详细论述。

4.1.2 以科学问题为主线

国家自然科学基金项目申请书是在高度凝练的科学问题的基础上形成以解决关键科学问题为主线的有机整体,可以说科学问题是整个国家自然科学基金项目申请书的灵魂,申请书要围绕这个主线或中心来撰写。立项依据、研究目标、科学内容、拟解决的关键科学问题与创新之处、研究方案(研究方法、技术路线等)等要始终围绕所凝练的科学问题,特别是拟解决的关键科学问题展开,以拟解决的关键科学问题为主线,从不同角度进行论述。

(1) 立项依据

立项依据是让申请人回答为什么要选取该科学问题,要强调研究的重要性和必要性,让申请者能够围绕自己提出的科学问题和研究假说(即解决科学问题的新思路),给出清晰、明确、充分、有说服力的论证,这是立项依据最核心的质量要求,目的是让评审专家一看便知项目的选题理由和创新点,以及该项目的研究目标及其重要性。

(2) 研究目标

研究目标是针对项目拟解决的科学问题,通过理论分析、实验研究及数值模拟等研究过程,探究什么规律,揭示什么机理,构建什么模型,建立什么理论,阐明什么原理,求解什么方程,证实什么结果,解决什么问题,从而达到什么科学目的。研究目标一般是与研究内容对应的,一项研究内容对应一个或几个研究目标,也可能几项研究内容对应一个研究目标,避免过大或空泛或非学术目标。

(3) 研究内容

研究内容将拟解决的科学问题进一步分解,回答对拟解决的科学问题具体、深入、创新地做什么,根据研究的具体内容可以实现预期的研究目标。要注意的是,研究内容要紧扣拟解决的科学问题,特别是拟解决的关键科学问题,与研究方案(强调怎么做)、技术路线(强调研究思路)逻辑上要一致,要能够实施,呼应选题。

(4) 研究方案

研究方案回答对拟解决的科学问题怎么做,即完成拟解决的科学问题的途径、步骤、方法等,分别详细、具体论述研究方法,表明对拟解决的科学问题已经有深入的思考、理解和准备。注意强调研究思路和过程在逻辑上的先后顺序、相互协调、相互衔接、相互配合的关系。

(5) 特色与创新之处

申请书的特色是指整个项目选题在学术上的独到之处和与众不同,体现所研究科学问题的特殊性。创新之处要紧紧围绕拟解决的科学问题,特别是关键科学问题或关键技术问题,提出新概念,探讨新机理,采用新方法(理论、解析或数值方法),利用新手段,在研究内容、研究目标、研究方案或预期成果等方面体现学术上的创新性、前沿性和先进性。

4.2　基本信息板块

4.2.1　如何起个好题目(★★★★★)

1. 概念

题目又叫作项目名称、主题或命题,是为科研项目确定的正式名称。

题目是一个科研项目的纲,它集中反映了所申请项目的核心内容和创新点,是申请人与评审人进行书面交流的第一项主要内容(或者说是给专家的第一印象),题目对项目能否得到专家的认可至关重要。根据往年被否决的申请书评语来看,题目起的不好占有一定的比例。因此,申请人必须在题目上面多下功夫,给所研究的项目起个好题目。

2. 命题原则

一个好的题目应该遵循“六要三不要”的原则,命题原则如图 4-1 所示。

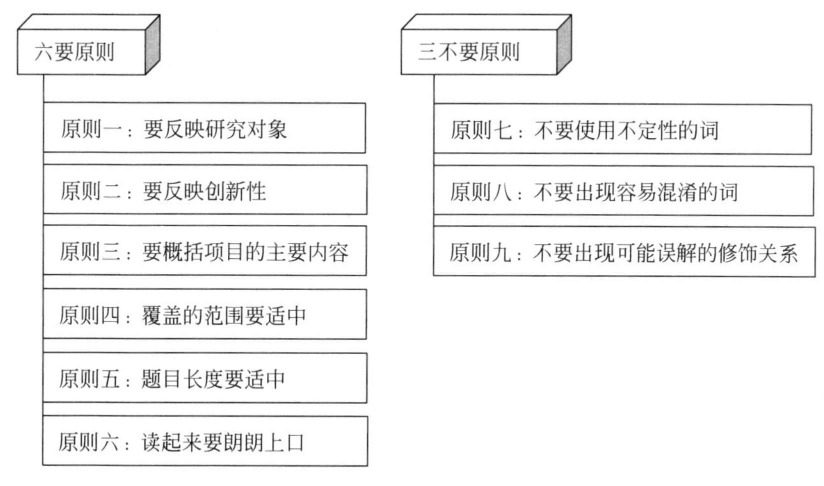

图 4-1　命题原则

原则一：要反映研究对象。研究对象是科研项目所针对的具体对象,如高档数控机床、工程机械、发动机、汽车等。如果从一个题目中看不出将针对哪一类对象开展研究,那么说明所起的题目不够具体、指向不明,评审专家往往不会支持这样的项目。

原则二：要反映创新性。创新是基金项目的要害,是评审专家最关心的内容,要在题目中反映项目的创新点、新颖性和时代性,这样的题目才会给专家带来无限的遐想,吸引专家的注意力。

原则三：要概括项目的主要内容。一个项目的主要内容包括针对研究对象做哪些方面的研究,以及采用什么方法进行研究。如果题目中包含这方面的内容,则评审人仅通过题目就能抓住项目的要害,从题目上就能给专家一个良好的印象。

原则四：覆盖的范围要适中。题目不能太大,题目太大则不够具体,造成研究内容过多,无法在一个项目中完成,对于青年科学基金项目特别要注意这一点。题目也不能太小,题目太小则涉及的范围过于局部,不足以形成一套比较系统的理论和方法,也无法真正解决一个具有共性和基础性的科学问题。

原则五：题目长度要适中。题目不要太长，太长的题目会造成修饰关系混乱，增加错误理解的可能性。当然，题目过短就容易造成指向不明，难于将必需的内容反映在题目中。

原则六：读起来要朗朗上口。读起来朗朗上口的题目会增加专家阅读过程的愉悦感，也容易引起专家的阅读兴趣。

原则七：不要使用不定性的词。不定性的词如“若干、各类、多种、关键”等，题目中使用了这类词，说明申请人没有能力提炼出所申请项目的主要研究内容，这类项目被评审专家否决的概率更大。

原则八：不要出现容易混淆的词。有些词(特别是英文缩写)，常常代表不同的含义，题目中出现这样的词容易误导专家。例如，GPS 至少有两种含义：中距离圆形轨道卫星导航系统(global positioning system)和产品几何技术规范(geometrical product specifications)。因此，不建议在题目中出现英文缩写。

原则九：不要出现可能误解的修饰关系。当汉语中有多个词之间的修饰关系时，尽管有一些约定俗成的修饰词排列顺序，但大多数人都很难掌握。例如，在三个修饰词之间，可能是第一个词修饰第二和第三个词的组合，也可能是第一和第二个词的组合修饰第三个词，会造成专家的错误理解。因此，这种可能造成误解的修饰关系尽量不要出现在题目中。另外，题目中不要使用太多的连接词，如“和、与、及”等，因为这种连接词容易造成对象与内容或特征的指向不明。

3. 实例分析

【实例 1】题目为：智能制造若干关键技术研究。智能制造是这几年的研究热点，但这个题目的主要问题是不符合命题原则一，是关于什么产品的智能制造？究竟是指哪些关键技术？题目不够具体，指向不明。另外，这个题目还违背了命题原则二，没有具体体现出项目的创新性；也违背了命题原则七，使用了不定性的词，如若干。

【实例 2】题目为：基于人工肌肉的机器人关节驱动机理与结构优化。在这个题目中，结构优化是个关键词，就必须在研究内容中讲优化什么和如何进行优化。但评审专家在研究内容中却找不到关于结构优化的研究内容，造成题目与研究内容不匹配。违背了命题原则三。

【实例 3】题目为：生物制造技术研究。这个题目属于学科交叉型的研究，将生物技术引入制造过程，具有创新性。但主要问题是题目太大，生物制造涵盖的面实在太宽了！究竟是指哪一方面的制造？采用什么生物技术？另外，这么大的题目，专家会认为你驾驭不了，特别是对青年学者。

【实例 4】题目为：产品建模与分析。这个题目的主要问题也是不够具体，究竟指的是哪类产品？采用什么新技术进行建模？采用什么技术进行分析？因此，在题目中必须嵌入一些限制性的词，例如理论嵌入(基于数字孪生技术的机电产品质量建模与分析)、地域嵌入(特别是对于地区基金，如：三峡工程排沙模型研究等)、领域嵌入(产品领域、技术领域等)、特征嵌入(高速、大功率等)等，这样才能体现出自己的特色和优势。

【实例 5】题目为：飞行水果采摘机器人。这个题目的主要问题是修饰关系不够明确，违背了命题原则九。对于这个题目，我们可以有两种理解：①针对“飞行水果”的采摘机器人(水果是飞行的)；②具有“飞行”特点的水果采摘机器人(机器人是飞行的)。这样的题目容易造成专家的误解，至少会给专家不好的印象。

【实例 6】题目为：免疫质量管理学研究。这个题目的创新性很明显，它将生命学科的免疫系统理论引入质量管理过程中，是质量管理理论的全新概念。但这个题目的主要问题是覆盖的范围太大，涉及的研究内容过多，且题目太概括，不够具体。

【实例 7】题目为：面向多质量特性一体化控制的数控机床装配过程建模理论研究。这是一份成功的面上项目申请书的题目，这个题目在评审时得到专家的一致好评。这个题目的特点是几乎满足了所有的命题原则：研究对象是数控机床；研究内容是装配过程建模；创新点是多质量特性一体化控制；覆盖范围是装配过程(对象明确)；题目的长度是 27 个字(不长不短)；这个题目读起来很顺口。

【实例 8】题目为：复杂机电产品以元动作可靠性为中心的多元质量特性协同设计技术研究(这个题目是第 8 章介绍的重点项目的题目)，也是个成功的案例。仅从题目上专家就可以看出申请人确实花了很大的工夫，这个题目在评审时得到专家的一致好评。我们分析一下它的特点：

(1) 研究对象明确：指的是复杂机电产品。

(2) 研究内容具体：协同设计分析技术。

(3) 研究特色鲜明：针对多元质量特性而不是单个质量特性。

(4) 项目创新突出：以元动作可靠性为中心。

4.2.2 学科代码选择(★★)

1. 概念

学科代码在申请书模板中被称为申请代码，是所申请的项目在整个学科中的分类定位属性。

学科代码确定了所申请项目的学科类别(包括归属哪一个学部、属于哪一个研究领域)，学科代码是基金委选择评审专家的重要依据，关系到基金委选择的专家是否对口，也是基金委进行申请书形式审查的主要内容，是判断申请人是否报偏了学科方向的依据。从国家自然科学基金往年的审批结果看，被否决的申请书有一部分是因为学科代码选择不当造成的(评语为：所申请的项目不属于本学科)。因此，申请人必须给予高度重视。

2. 选择原则

正确选择学科代码必须遵循以下原则：

原则一：根据申请人的学科归属选择学部。基金委共有 9 个学部(2020 年增加了交叉科学部，使得学部总数变为 9 个)，在自然科学领域，申请人所从事的专业研究一般都可以对应到这 9 个学部。按照学科归属选择学部有一个优点，就是评审专家可能对申请人或其研究工作比较熟悉，容易得到专家的认可。但生命科学部与医学科学部两者间交叉性很强，选择相对较难，这就需要借助研究项目的学科属性来选择了。

原则二：根据项目的类型选择学部。在现代科技项目研究过程中，常常会涉及多学科交叉的研究内容，例如，医学与管理科学的交叉、生物学与机械学科的交叉、信息科学与机械学科的交叉、环境科学与制造学科的交叉、材料科学与机械科学的交叉，甚至人文学科与工程学科的交叉等。对于多学科交叉的项目，在选择学部时，应优先选择所申请项目主要研究内容所属的学科。例如，主要从事制造科学研究的申请人，尽管所申请的项目包括环境科学方面的内容，但一般只是将环境科学的理论和方法应用于制造过程，在这种情况下，就不要去环境学科申请，大概率会被否决。如果研究项目的交叉性很难区分项目主要属于哪个学科，则最好选择交叉科学部。

原则三：根据研究方向和研究内容选择代码。在选定所归属的学部后，申请人应该深入研究各个学科的分类代码，根据项目的题目和主要研究内容去与代码表进行匹配，选出最合适的代码。例如，笔者曾为某单位咨询过一个基金项目选题，在选择学科代码时遇到一定的困难：这个选题研究战时动员中应急交通体系与智慧城市交通体系的一体化规划，从研究内容看，可以将选题归为交通管理、城市信息化和应急管理，究竟选哪个学科代码？后来笔者与项目组一起对主要研究内容进行了认真分析，在应急管理领域的学科代码中找到应急交通规划的学科代码，比较好地解决了这一难题。

4.2.3 科学问题属性(★★★)

基金委申请书最新模板增加了对所申请项目“科学问题属性”的分析(限 800 字)。根据基金委的申请指南，将科学问题属性划分为四类：①鼓励探索、突出原创；②聚焦前沿、独辟蹊径；③需求牵引、突破瓶颈；④共性导向、交叉融通。读者可根据项目的研究意义、研究内容、研究目标、研究方案、科学问题和创新性等方面的内容进行分析，选择出与所申请项目匹配度最高的科学问题属性，并进行论述。更详细的内容请参阅第 2 章。

由于科学问题属性是个新事物，为了使广大申请人准确理解和把握四类科学问题属性的具体内涵，国家自然科学基金委于 2020 年 2 月编制并发布了四类科学问题属性撰写的典型案例库，供申请人在选择科学问题属性时参考。该案例库共收录了 83 个典型案例，其中“鼓励探索、突出原创”案例 19 个，“聚焦前沿、独辟蹊径”案例 21 个，“需求牵引、突破瓶颈”案例 24 个，“共性导向、交叉融通”案例 19 个，读者可以从基金委网站上下载参考。

4.2.4 摘要的写法(★★★★★)

1. 概念

摘要是对申请书的主要内容不加注释和评论的简短陈述，是对申请书主要内容的高度浓缩和提炼，一份好的摘要应使读者即使不看正文也知道申请书的主要内容。

摘要是一份基金申请书最后写但却是专家最先看的内容，对留给专家的第一印象非常重要。申请书的内容很多，但摘要的字数却十分有限。一份好的摘要可以将申请书的主要研究内容、拟解决的关键科学问题、研究思路和创新性的整体概念展现给评审专家。从多年的评审实践看，尽管专家一般不会针对摘要给出否决意见，但很显然摘要对项目能否申请成功具有非常重要的意义。因此，建议读者在摘要方面多下功夫。

2. 摘要撰写的八项要求

一般情况下，对摘要的要求主要体现在以下 8 个方面：

(1) 要体现项目的研究背景与研究意义(为什么要研究本项目)；

(2) 要指出研究领域当前存在的主要问题(现有研究工作存在哪些缺陷)；

(3) 要给出拟解决的关键科学问题(需突破的关键瓶颈是什么)；

(4) 要给出项目的主要研究内容(具体研究什么)；

(5) 要说明项目的主要研究思路(如何开展研究)；

(6) 要指出项目的主要创新点(与别人的不同之处是什么)；

(7) 要给出项目的最终研究目标(希望得到什么结果,形成什么理论和方法);

(8) 要体现出摘要内容的整体性、层次性和逻辑性。

3. 摘要撰写的十项原则

为了满足摘要撰写的八项要求,这里给出摘要撰写的十项原则,如图 4-2 所示。

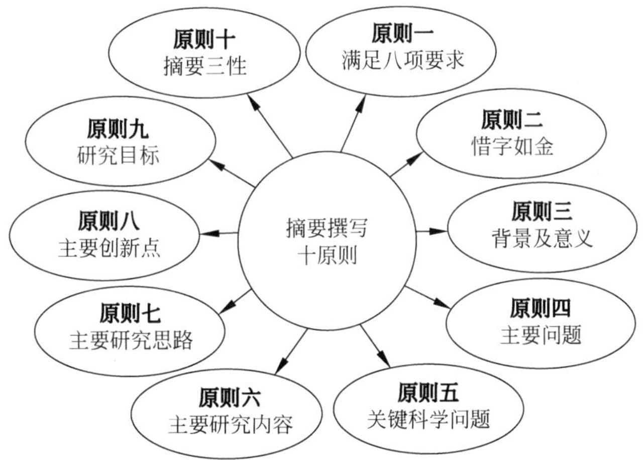

图 4-2 摘要撰写的十项原则

原则一:满足八项要求。上一小节给出摘要撰写的八项要求,这八项要求是写好一份摘要的基本要求,在撰写摘要时,申请人要逐项分析和核对这八项要求,将申请书的主要内容和亮点尽量完美地展现在摘要中。

原则二:惜字如金。一般申请书主要内容的总字数为 15000 字左右,但要求摘要的总字数不得超过 400 字,因此,在撰写摘要时可以说是“惜字如金”,要把关键内容高度浓缩在摘要中。

原则三:要体现出项目的背景与研究意义。为什么要研究该项目?所申请项目的研究对象是什么?对科技进步和国民经济发展的意义是什么?这些必须在摘要中明确指出。

原则四:要指出当前该领域存在的主要问题。结合研究对象和研究目标,明确指出在此领域还存在哪些主要问题没有得到解决,或者说对科技进步和国民经济发展还存在哪些制约作用,有可能的话,最好给出具体数据。

原则五:要给出拟解决的关键科学问题。关键科学问题是基金项目的灵魂,可以说,基金项目就是为解决关键科学问题而存在的。因此,所申请的项目准备解决哪些关键科学问题,一定要在摘要中予以充分体现。

原则六:要给出主要研究内容。针对所申请项目领域存在的主要问题,特别是拟解决的关键科学问题,所申请的项目准备在哪几个方面开展研究并实现突破。

原则七:要说明主要研究思路。花费较少的篇幅说明项目的研究思路或技术路线,也可以将研究思路或技术路线隐含在对科学问题和研究内容的论述中。

原则八:要指出项目的主要创新点。创新是基金项目的要害,因此,在摘要中一定要明确指出项目的主要创新点。

原则九:要给出研究目标。基金项目的研究一般是目标导向的,因此,要在摘要的最后部分论述本项目的最终研究目标是什么。

原则十：要体现内容的整体性、层次性和逻辑性。摘要的字数虽然不多，但撰写的难度却很大，要充分体现出摘要的整体性（包括所有必须包括的内容），摘要的层次性要强，摘要的逻辑结构要科学合理，给专家“一气呵成”而不是“堆砌”的感觉。

4. 摘要的写法

根据对摘要的“八要求、十原则”，摘要在写法上可以大致划分为下述 4 个部分，这 4 个部分融合在一起满足摘要撰写第十个原则的要求。

（1）研究意义和存在问题的摘要写法。这部分摘要基本上反映立项依据板块的主要内容。建议用一句话来概括项目的研究意义，紧跟着用一句话总结项目涉及的研究领域目前存在的主要问题或与国外的差距。这部分内容 80～100 字。

（2）关键科学问题和研究内容的摘要写法。这部分摘要基本上反映研究内容板块的主要内容。针对项目研究领域目前存在的问题，提炼出拟解决的关键科学问题，再结合研究意义、存在的问题和拟解决的关键科学问题论述项目的主要研究内容。这部分大约 150 字。

（3）研究思路和创新点的摘要写法。这部分摘要基本上反映研究方案板块和创新点板块的主要内容。研究思路是技术路线的高度浓缩，也可以隐含在对研究内容的论述中。创新点不需要过多论述，直接点出即可。这部分内容大约 80 字。

（4）研究目标的摘要写法。研究目标在板块划分上属于研究内容板块，是研究工作的主要结果。但考虑到摘要自成体系，在摘要的最后，建议对研究目标做一个结论性的描述，告诉专家本项目最终将会得到什么，对科技进步和国民经济发展有什么潜在的作用。这部分内容大约 100 字。

5. 案例分析

下述摘要来自一份成功的面上项目申请书（题目：面向多质量特性一体化控制的数控机床装配过程建模理论研究），下面我们结合对摘要的要求和写法对案例摘要进行分析。（注：案例中的编号是根据上述摘要写法的 3 部分内容对应划分）

摘 要 原 文

①随着科技的飞速发展，用户对高档数控机床的要求越来越高，在衡量数控机床质量水平的诸多特性中，用户最关注的是精度、精度寿命和可靠性三个质量特性。由于与国外产品的差距太大，这三个质量特性已成为制约我国数控机床技术水平和竞争力提升的关键要素。高档数控机床装配过程对质量的影响很大，但目前对装配和质量的关系的研究还很不够，对通过控制装配过程保证产品质量还缺乏一套系统的理论和方法。②本项目以高档数控机床为研究对象，以装配过程建模为主线，以提高产品精度、精度寿命和可靠性三个关键质量特性水平为目标，以数控机床“谱系”的建立为切入点，以“谱系—功能—运动—动作”的结构化分解为手段，系统研究数控机床装配过程的质量保证原理，探索保证产品多关键质量特性的“一体化”协同控制机制。③提出一套保障装配质量的结构化建模技术、求解算法和工艺保障方法，为提高我国高档数控机床及复杂机电产品的综合装配质量提供理论和使能技术支撑。

分析：

本案例摘要的前三句话（案例摘要中编号①的部分）点明了四个问题：①研究对象是数

控机床(题目的关键词);②在数控机床的众多研究方向中,还指出本项目主要研究的是三大质量特性(题目的关键词);③简要地说明了这三大质量特性与国外的差距很大,难于满足用户的需求,也成为制约国产数控机床发展的主要因素;④点明了国内外存在差距的主要原因是对装配过程(题目的关键词)的研究还很不够,还缺乏通过装配过程控制保证产品质量的成套理论和方法。由于数控机床的重要性很大且其质量与国外的差距很大是众所周知的事实,没有必要花很多的笔墨,点明即可。案例摘要这部分内容最大的问题是字数过多(184 字),事实上还可以进一步简化。另外,对装配建模的论述还可以再丰富些。

案例摘要中编号②的内容是摘要撰写的要害,它概括了申请书中"拟解决的关键科学问题""主要研究内容、研究思路和创新点"等内容。这段话的整体性很强,虽然没有点明,但研究内容和技术路线都隐含在其中。这段内容存在的主要问题是没有明确指出拟解决的关键科学问题和创新点,而是将它们隐含在论述中。

案例摘要的最后一段话(案例摘要中编号③的内容)属于本项目的研究目标。这段话明确指出项目的研究目标是提出一套系统的技术理论和方法,并最终达到提高数控机床装配质量的目的。

6. 摘要模板

为了帮助读者更好地撰写摘要,我们为读者提供了一份摘要模板(见图 4-3),可供读者在撰写摘要时参考。

×××问题(或产品)是国家急需,属于"卡脖子"技术,国内在×××方面还存在很多问题,与国外差距很大,极大地影响了国家的科技进步和国民经济的发展。本项目针对×××问题,以×××为研究对象,采用×××方法(或手段),深入系统地研究(或探索)×××等关键科学问题,分析(或确定)×××技术,项目预期将揭示(或实现/建立)×××方法(或体系),在×××方面实现创新,项目研究成果对阐明×××机制(或机理),揭示×××规律具有重要意义,可以为×××奠定基础(或提供×××思路),最终形成一套×××的理论和方法体系,最终目的是提高我国×××的水平。

图 4-3 摘要撰写模板

4.2.5 项目组主要参与者(★★)

1. 概念

项目组主要参与者是指除申请者外,其他主要参与该项目的人员,常简称为项目组成员。

现代科研项目涉及的内容多,覆盖的学科领域广,常常需要大量的实验和分析,仅靠一个人的力量(包括知识面和时间投入等)往往是不够的,通常需要组成一个项目组,发挥团队的力量协同开展研究,才能获得预期的结果。因此,在进行项目策划时,要重视对项目组研究团队的策划。从国家自然科学基金往年的数据看,一部分申请书会因为项目团队组成不合理而被否决。

2. 项目组成员的选择原则

可以按照下面的十一个原则组成一个项目团队(见图 4-4)。

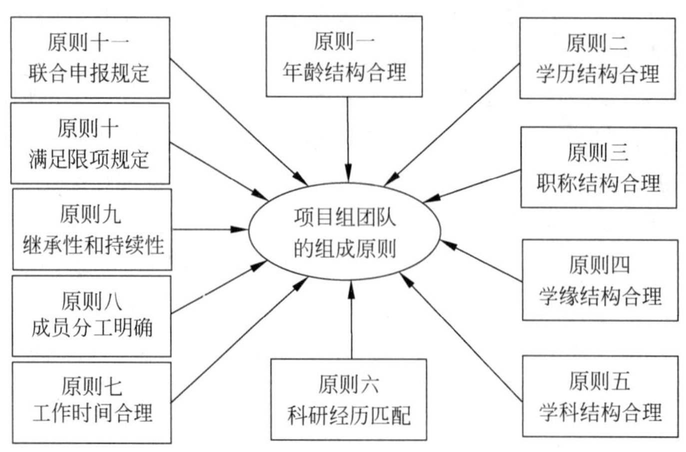

图 4-4　项目团队组成原则

原则一：团队成员的年龄结构要合理。要以青年科研人员为主，最好不要出现年龄偏大的团队成员（如退休人员），老年人从精力上往往不能保障必要的时间投入。另外，即使老年人有时间，有精力，这样的人员一般都是各方面的专家，在退休后还会有很多其他工作要干，很难为所参与的项目投入多大精力，往往成为挂名成员。

原则二：团队成员的学历结构要合理。项目组成员的学历全部都是博士研究生并不合理，研究过程中还有很多辅助性的工作（如实验和数据分析）并不一定需要博士研究生才能完成，全部是博士研究生往往会浪费资源。因此，项目组成员既要有一定数量的博士研究生，也要有硕士、学士，甚至实验人员。

原则三：团队成员的职称结构要合理。项目组成员既要有正教授和副教授这样的高职称研究人员作为项目指导，也要有讲师、助教、助理实验师这样职称较低的成员，这样才有利于充分发挥各自的优势，协同完成研究任务。

原则四：团队成员的学缘结构要合理。项目组成员最好有在本单位以外的单位和部门工作或受教育的经历，这样的团队成员有利于引进新的思想和方法，并避免近亲繁殖。

原则五：团队成员的学科结构要合理。现代科研项目往往具有多学科交叉的特征，根据项目的特点，要组成具有不同学科背景的研究团队，有利于实现学科之间的交叉。

原则六：团队成员的科研经历要与所申请的项目相匹配。要有与本项目相关的研究经历和成果产出，否则会给专家以“拉郎配”的感觉。

原则七：团队成员工作时间要合理。团队成员参与本项目的年工作量不能随便填，要认真进行工作量测算，还要考虑时间投入的可行性。一般情况下，项目团队成员除参与本项目的研究外，还有教学、管理、社会活动等其他工作，都需要花费大量的时间，把时间100%放在本项目上显然是不可能的。另外，即使是研究生，也不可能将所有时间都放在本项目的研究上。

原则八：团队成员的工作分工要明确。成员的研究分工应覆盖申请书的全部研究内容，而且项目分工要与每个成员的专业和研究领域相吻合。

原则九：团队成员不要全部是研究生（或者不能以研究生为主体）。研究生的流动性太大，不利于形成稳定的研究团队，也难以实现研究工作的继承性和持续性。

原则十：团队成员不要超限项。基金委一般会对团队成员主持和参与的项目数进行审核，如果有团队成员超过限项原则的，则项目不可能通过形式审查。

原则十一：联合申报规定。由于牵头单位缺乏研究工作必需的昂贵设备，或者项目组成员没有能力完成某一项关键技术的研究，在这种情况下，联合申报是不可避免的。若有联合申报的情况，则要查看基金委的申报指南中对联合单位的规定，阐明合作的必要性并明确分工（包括研究内容分工和经费分配），还要确保手续完备（如签字盖章）。聘请外单位的人员加入团队时，必要时还应签订合作协议并盖章。

4.2.6　资金预算（★★★）

1. 概念

对完成一个科研项目研究任务过程中所需资金的测算。测算结果体现在《资金预算表》中，测算过程体现在《预算说明书》中。国家自然科学基金项目一般采用定额补助的方式下拨研究经费。

基金类项目大多属于对未知领域的探索，只有在一定的资金支持下才能完成。因此，各级各类基金管理部门每年都会投入一定的资金支持基金类项目的研究。对于一个具体的项目，管理部门投入资金的多少取决于项目的资金预算。所以，在申请项目时一般都需要对所需的资金进行精确核算，作为管理部门拨付资金、项目检查和财务验收的主要依据。

2. 资金预算科目

国家自然科学基金项目的资金预算一般包括两大部分内容：项目直接费用和项目间接费用。间接费用是指项目依托单位在组织实施项目过程中发生的无法在直接费用中列支的相关费用，主要用于补偿依托单位为了项目研究提供的现有仪器设备、房屋、水/电/气/暖等消耗、单位有关管理费用，以及绩效支出等。间接费用无需编制，由基金管理部门按一定的比例下拨给依托单位。直接费用是在项目研究过程中发生的与研究工作直接相关的费用，一般包括 9 个科目（见表 4-1）。

表 4-1　直接经费科目及其说明

序号	科目名称	说　明
1	设备费	是指项目研究过程中购置或试制专用仪器设备，对现有仪器设备进行升级改造，以及租赁外单位仪器设备而发生的费用。一般分为：设备购置费、设备试制费、设备改造与租赁费三类
2	材料费	是指项目研究过程中消耗的各种原材料、辅助材料、低值易耗品等的采购及运输、装卸、整理等费用
3	测试化验加工费	是指项目研究过程中支付给外单位（包括依托单位内部独立经济核算单位）的检验、测试、化验及加工等费用
4	燃料动力费	是指项目研究过程中相关大型仪器设备、专用科学装置等运行发生的可以单独计量的水、电、气、燃料消耗费用等
5	差旅/会议/国际合作与交流费	是指项目研究过程中开展科学实验（试验）、科学考察、业务调研、学术交流等所发生的外埠差旅费、市内交通费用；为了组织开展学术研讨、咨询以及协调项目研究工作等活动而发生的会议费用；以及项目研究人员出国及赴港澳台、外国专家来华及港澳台专家来内地工作的费用，这些费用可以调剂使用

续表

序号	科目名称	说明
6	出版/文献/信息传播/知识产权事务费	是指在项目研究过程中,需要支付的出版费、资料费、专用软件购买费、文献检索费、专业通信费、专利申请及其他知识产权事务等费用
7	劳务费	是指项目研究过程中支付给参与项目研究的研究生、博士后、访问学者以及项目聘用的研究人员、科研辅助人员等的劳务费用,以及项目聘用人员的社会保险补助费用
8	专家咨询费	是指项目研究过程中支付给临时聘请的咨询专家的费用
9	其他支出	是指项目研究过程中发生的除上述费用之外的其他支出,应当在申请预算时单独列示,单独核定。如非必要,建议不填报其他支出

3. 资金预算原则和应注意的问题

对于在编制项目预算方面没有经验的科研人员,在编制资金预算时,建议首先认真学习一下《国家自然科学基金项目预算表编制说明》,然后根据“目标相关性、政策相符性、经济合理性”的基本原则,结合项目研究工作的实际需要进行编制。在编制直接经费科目时应遵循以下十项原则(见图 4-5)。

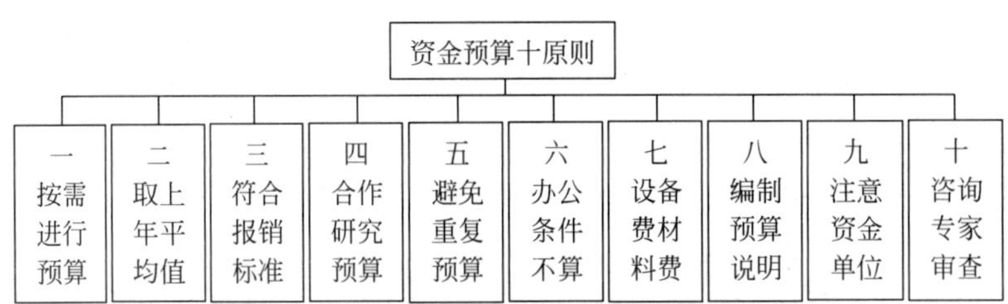

图 4-5 资金预算原则

原则一:直接费用预算不设比例限制,要实事求是地按需要进行预算,这是资金预算的基本要求。

原则二:由于研究内容和时间的限制,各类基金项目所需的资金不可能有很大的差异。一般情况下,项目预算建议取上年本学科批准项目预算的平均值,需要研制或购买硬件多的项目,预算可以比上年平均值高些。

原则三:一般情况下,各项目依托单位对差旅费、会议费、专家咨询费等都有各自的报销标准(一般根据国家财政部制定的基本标准执行),申请人要按照这些财务标准进行费用预算。

原则四:在多家单位共同参与一个项目时,应签署合作研究协议,各参与单位需要根据各自承担的研究任务分别编制资金预算,经所在单位科研、财务部门审核并签署意见后,再由项目负责人进行汇总。

原则五:要注意避免对研究基础中本单位已有的仪器设备再进行购置的资金预算,这样的预算出现时,专家一般会否决该申请。

原则六:一般的通用软件、桌面电脑、手提电脑、电脑配件、打印机、打印纸等应该是申请项目时依托单位必备的工作条件，一般不能预算进行采购。如确实需要进行采购，可在间接费用中予以解决。

原则七：要注意设备购置费和材料费的区别，前者的支出最后要作为固定资产入账，对不符合固定资产入账标准的一律在材料费中支出。

原则八：在编制预算说明时，要对各项支出的主要用途、测算方法、测算过程等进行详细说明，超过10万元的大额支出还要说明支出的必要性和任务相关性并提供询价资料。

原则九：《资金预算表》的单位一般是"万元"，精确到小数点后面两位，不要填错。

原则十：对于初次申请基金项目者，建议先咨询本单位的科研管理和财务管理部门，对于一些条目的支出范围做到心中有数，资金预算编写完成后请获批过基金项目的专家审查一下。

对于科研人员特别是青年科技人员，重要的是获得基金项目，通过基金项目证明自己的创新能力和水平，通过基金项目的研究完成既有重大需求，又是自己喜欢做和有能力做的研究工作。从这一角度出发，获批的资金金额在一定范围内波动一般不会影响研究工作的正常开展。因此，在满足上述原则的条件下，申请人不必过于纠结预算资金的多少。对于青年科研人员来说，获得项目比获批经费的多少更重要，因为获得自然科学项目能够为未来的发展奠定良好的基础。在研究工作中，如果获批资金不足，依托单位一般也会采用其他方式给予补充。

4.3　立项依据板块

4.3.1　研究意义(★★★★★)

1. 概念

任何一个科研项目都是因为其有一定的研究意义而存在的。因此在立项时，一定要把所申请项目的研究意义讲清楚，讲到位。一句话，项目的研究意义就是要告诉评审专家为什么要研究本项目，本项目可以解决什么关键科学和技术问题，本项目的成果对国家的科技进步和社会经济发展有什么推动作用等。

国家自然科学基金委提供的申请书模板中指出：需结合科学研究发展趋势来论述科学意义(意味着科学意义是与发展趋势有关的)；或结合国民经济和社会发展中迫切需要解决的关键科技问题来论述其应用前景(意味着应用前景是与关键科学技术有关的)。

写研究意义有两个作用：一是说服专家本项目非常值得研究；二是有助于申请人搞清楚本项目究竟可以从哪些方面满足国家需求。从专家的角度看，他支持一个项目立项的主要原因是因为这个项目的研究成果或者能够解决一个悬而未决的科技问题，或者能够满足国家当前和未来的重大需求，并能够在一定程度上促进科技发展和社会进步。另一方面，申请人在最初提出一个项目时，可能对其意义并不是非常清楚，通过撰写研究意义，他也会逐步体会到项目的真正意义是什么。从往年国家自然科学基金专家的评审意见看，"研究意义不够重大"往往是专家否决一个项目最常见的评语。因此，项目申请人要高度重视研究意义的撰写。

2. 研究意义的架构

一份高质量的研究意义，必须有逻辑性地表达清楚以下问题：研究对象的重要性→研究内容的重要性→国内外有差距→问题的关键是什么→研究的必要性→成果及意义。首先要描述研究对象的重要性，所涉及的研究对象应该是国家的重大需求，在国民经济和国防方面占有重要地位，并指出当前存在的问题；其次要论述研究内容的重要性，要告诉专家本项目的研究内容对科技进步的促进作用是什么，并指出与国外先进水平的差距；最后总结一下项目立项研究的必要性和预期成果。

3. 案例分析

下面的案例来自一份成功面上项目申请书中的研究意义（如无特殊说明，本章案例均来自该面上项目申请书）。这个研究意义由 13 个段落组成（编号是为了便于读者理解，由本书作者增加的），虽然这个研究意义把问题说清楚了，但篇幅有点过多，逻辑关系有点混乱，下面我们对其进行具体分析。

研究意义

（1）**案例原文**：数控机床是装备制造业的“工作母机”，是振兴制造产业的关键设备。一个国家数控机床的产量和技术水平在很大程度上代表了这个国家制造业技术水平和竞争力。因此，快速发展数控机床（特别是高档数控机床）对国家的产业安全、经济安全和国防安全都具有极其重要的意义。

分析：这个项目研究的对象是数控机床装配过程建模和多质量特性的一体化控制。因此第 1 段开门见山地论述了数控机床这一研究对象的重要性。这一段内容写得较好。

（2）**案例原文**：高档数控机床是一类异常复杂的机电一体化高科技产品，用户对数控机床的精度、精度寿命和可靠性的要求极高。由于目前国产高档数控机床在技术水平和质量上与西方国家还有较大差距，西方国家将其列为战略物资，对我国实行严格的禁运政策。国内某机床厂曾经花费上千万元人民币进口了日本牧野公司的一台高档加工中心，日方在供货合同中明确限制了机床的使用范围，还实行了“飞行检查”制度，严格限制利用该机床加工超出合同范围的零部件。可见，要提高国家制造业的水平，高档数控机床的生产必须依靠我们自己，通过提高自己的技术水平逐步打破国外设置的贸易壁垒。

分析：第 2 段首先指出用户对数控机床质量特性的要求（涉及本项目的研究内容），接着指出国产机床与国外的差距及其引起的后果。为了说明后果的严重性，使用了一个简单的案例。使用案例的写法来描述项目的研究意义是一种可以借鉴的写法。

（3）**案例原文**：1983 年，日本东芝公司违反“巴统”规定秘密卖给苏联六台五轴联动数控铣床，苏联将机床用于加工核潜艇推进螺旋桨，由于加工精度大幅提高，使得螺旋桨在水中转动时的噪声大为下降，以至于“北约”的声呐系统无法侦测到苏联核潜艇的动向。这次事件的后果对北约集团是异常严重的：借助于这几台数控机床，苏联海军舰艇开始具有了逃避美国海军“火眼金睛”的能力，美国海军第一次丧失对苏联海军舰艇的水声探测优势，而需要花费数百亿美元去研制新的检测技术和系统。1986 年，西方国家正式确认东芝公司违反了“巴统”限制，秘密向苏联出口限制级设备的事实经过，不仅对东芝公司进行了严厉的经济制裁措施，禁止其产品出口，此后还进一步加强了对敏感设备和技术出口的监督和管制。这一案例说明，自主发展高档数控机床对我国来说是具有极其重要的战略意义。

分析：为了进一步说明机床及其质量的重要性，第 3 段又给出“东芝事件”这一案例。事实上，由于第 1 段和第 2 段已经把数控机床及其质量特性的重要性讲得足够清楚，第 3 段完全可以不要。

(4) **案例原文**：中国机械工程学会提供的研究报告表明，从2008年起，我国已成为金属切削机床第一生产国，并连续8年成为世界第一机床消费大国。2009年，我国出口数控机床1.04万台，金额2.93亿美元，多为低附加值的普通数控机床；进口1.05万台，金额27.33亿美元，多为价格昂贵的高档数控机床(还不包括受限产品)。在进出口数量基本相等的条件下，价格相差9倍以上！为什么有这么大的差距？主要原因还是国产机床的质量水平太低。

分析：第4段仍然说明机床质量的重要性，最大特点是有具体数据，但放在这里却有点不合适，可以整合到第1段中。

(5) **案例原文**：评价数控机床质量的指标很多，课题组前期研究结果表明，用户最关心的是精度、精度寿命和可靠性这三项指标，这三项指标综合起来反映了机床的"可用性"，称为机床的关键质量特性。精度不高会使加工零部件的质量不高，还会使机床运转不平稳、振动和噪声大、性能易于快速恶化等。据统计，国产数控机床加工零件的精度比国外同类产品低了1个数量级以上。精度寿命反映了机床保持出厂精度的能力，据统计，国产机床的精度寿命非常短，仅为国外同类产品的1/10。可靠性是国产数控机床的主要短板，由于产品的可靠性不高，在使用中各种故障频出，不仅停机停线损失很大，而且还会产生很大的废品损失。据统计，在中高档汽车生产中使用的加工中心，故障停线1h就会给企业带来1000万元以上的经济损失！另外，国产数控机床的可靠性指标MTBF只有不到500h，但国外机床普遍在1200h以上，差距非常大。

分析：第5段主要讲数控机床的质量特性及其与国外的差距，这一段写得很好，并不仅仅是口头上说差距很大，而是采用了具体数据作为佐证，评审专家可以据此认为，本项目的前期准备工作充分，对国内外现状非常了解。

(6) **案例原文**：鉴于差距巨大，政府、行业主管部门、机床制造企业和广大研究人员都开始意识到数控机床精度、精度寿命和可靠性的重要性。在国务院的支持下，2009年"高档数控机床与基础制造装备"重大专项开始实施，国家计划投资100亿元用来提升国产数控机床的水平，其中，精度、精度寿命和可靠性是实施的重点。

分析：第6段主要说明国家高度重视数控机床的质量，将本项目研究的问题上升到国家战略层面，而提高数控机床质量是国家级层面的重大需求。

(7) **案例原文**：机械科学研究总院"数控机床与基础制造装备领域技术预测"课题组对国内机床制造领域的68个专家进行了德尔菲调查，预测了未来20年(到2030年)的技术发展重点，其中，五轴联动加工中心、精密立卧式加工中心和整机可靠性技术位列前三。

分析：第7段进一步说明了数控机床及其质量的重要性，为了控制篇幅，这段内容其实可以删掉。

(8) **案例原文**：国产数控机床的精度差、精度寿命短、可靠性差，除了设计原因外，更主要的原因是装配引起的。装配是机电产品制造的重要环节，装配不仅花费时间长，而且对产品的最终性能影响巨大。大量的实践表明，即使是同样精度的零部件，如果采用科学的装配技术，就可以使产品的性能得到极大的改进。

(9) **案例原文**：本项目申请人领导的课题组经过对我国多家骨干机床制造企业的调查，得出的结论是，装配环节造成的故障约占机床总故障的46%左右(图4-6)，这一数据具有普遍性。

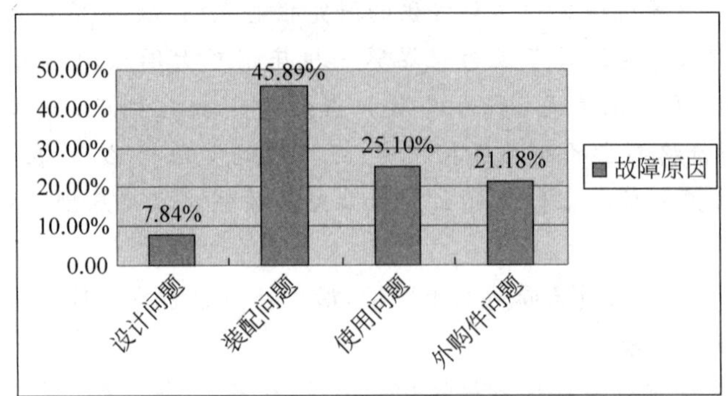

图 4-6 某加工中心故障原因分析

(10) **案例原文**：长期以来，国内的研究人员和机床制造企业的技术人员对装配工作普遍不够重视，对装配技术的研究非常少，多将注意力放在产品研发技术和零部件加工技术的研究上。这就造成国内产品的零部件质量尽管很高，但装配出来的产品性能和可靠性却比较低的现状，极大地影响了我国机电产品的竞争力。

(11) **案例原文**：申请人到国内部分骨干机床制造企业调研发现，企业在制定产品装配工艺时，主要考虑的因素是产品的精度，装配工艺文件都是围绕精度制定的。由于基本上没有考虑产品的精度寿命和可靠性，使得装配出来的产品尽管在出厂时可以达到一定的精度要求，但使用很短时间后，精度很快就会丧失；另外，由于在装配时很少考虑可靠性因素，工艺人员和装配人员都不知道如何将可靠性融入产品装配中，使得产品的可靠性极差，在使用过程中故障频出，极大地影响了产品的"可用性"。这就是国家一些重要的行业，如航空、航天、造船、汽车等行业用户不愿意购买和使用国产数控机床的根本原因。

分析：上面的(8)、(9)、(10)、(11)四个段落都是关于装配及装配质量的内容，分成四段有点烦琐，可以整合成一段。这一部分的撰写亮点是很自然地引入申请人自己的研究成果(图 4-6)，感觉所提的问题不是"人云亦云"，也表明申请人在这方面已做了大量的工作，具有很好的基础来完成本项目。

(12) **案例原文**：综上所述，为了提高产品的精度、精度寿命和可靠性三项关键质量特性的水平，必须对装配理论进行系统深入的研究，提出一套系统的、具有可操作性的理论和方法去支持高档数控机床产品的高质量装配。

分析：在前面论述的基础上，第 12 段总结了一下本项目研究的必要性和预期的成果，这一段写得非常好，简明扼要。

(13) **案例原文**：为此，本项目提出"面向多质量特性一体化控制的数控机床装配过程建模理论研究"的课题，以高档数控机床为对象，以装配过程建模为主线，以综合提高产品精度、精度寿命和可靠性三个关键质量特性为目标，以机床的"谱系"研究为切入点，以"谱系(pedigree)—功能(functions)—运动(movement)—动作(action)"的结构化分解为手段，系统研究数控机床装配过程的质量保证原理，探索综合保证产品多关键质量特性的"一体化"协同控制机制，提出一套保障装配质量的结构化建模技术、求解算法和工艺保障方法，为提高我国高档数控机床及复杂机电产品的综合装配质量提供理论和使能技术支撑。

分析：事实上，到第 12 段就可以结束研究意义的撰写了，但申请人为了增强专家思路的连贯性，增加了第13段的内容，简单地论述了本项目的研究思路，这种写法也有可取性。

4. 撰写时的注意事项

研究意义对项目能否申请成功具有非常重要的作用，申请人必须高度重视，把项目的研究意义及其重要性清楚地展现给评审专家。在写研究意义时，应该注意以下问题：

(1) 要点明问题。所研究的项目要解决什么问题？涉及的关键科学问题是什么？

(2) 要说明项目的重要性。所申请的项目有什么研究意义？对科技进步和经济社会发展的推动作用体现在哪里？具有什么潜在的应用前景？

(3) 要使外行也能看懂。即使在网评时(小同行评审)，项目评审专家从事的研究方向也不可能与所申请的项目完全匹配，最多算是小同行。在这种情况下，所写的研究意义就必须通俗易懂，表达清晰，切忌啰唆，即使是外行专家也能看出所申请的项目非常有研究必要。

(4) 要用数据和官方文件说话。申请人应该注意引用公开文件或报纸上发表的数据，只有数据才有说服力。

(5) 不要讲众所周知的概念。有些申请人会低估评审专家的水平，因为怕专家误解，往往会解释很多基本概念，甚至要给出某一问题的发展历程，好像只有这样才能引出自己研究的问题。但这样的申请书往往读起来乏味，不易得到专家的认可。

(6) 篇幅要适中。研究意义的篇幅最好保持在一页半以内。篇幅太长，则论述的方式必然很啰唆，很难直接切入正题，也难以突出重点。篇幅过短，则难以把问题讲清楚。

4.3.2 国内外研究现状分析(★★★)

1. 概念

国内外研究现状是指针对本项目的主要研究内容、拟解决的关键科学问题和关键技术，国内外学者在研究方法和实验方法方面已经取得的研究成果和创新的调研、分析、归纳及总结。

在申请一个研究项目时，必须对所申请的项目非常了解，例如，所申请的项目是否有创新？创新性体现在哪里？国内外的研究水平如何？所设立的研究内容是否合理？是否有人研究过？别人采用的什么研究方法？取得什么样的研究成果？还存在哪些问题？这些问题的正确回答都需要对研究现状进行调研，对获得的资料进行分析。只有准确把握研究现状，才能明确本项目是否值得去进一步研究，所研究的问题是否属于重复研究，研究工作的重点应该放在哪里，应该采取什么样的研究方法等。可以说，研究现状分析是科学研究过程中必须完成的工作，没有一个系统科学的现状分析，就不可能设计出一个好的研究方案。根据国家自然科学基金往年的数据看，由于研究现状分析不到位而被评审专家否决的申请书也占有一定的比例。专家的评语往往是：申请人对本领域的研究现状不够了解。

2. 写法和注意事项

在对研究现状进行分析时，要注意以下问题。

(1) 分小节论述。结合预定的研究内容、创新点和拟解决的关键科学问题，将研究现状分析划分成几个小节，每个小节围绕一个主题进行论述，这样的论述方式使专家看起来更清晰，也对所设定的研究内容更有依据。

(2) 每个小节给个小标题。专家如何能够一目了然地看出研究现状的整体结构？研究现状是从哪几个方面进行论述的？本小节论述的重点是什么？这些都需要给出每个小节的标题，且小标题要从机理、规律、模型、原理等科学问题方面进行归纳。

(3) 不要贬低别人的研究工作。在论述其他研究人员的研究成果时，如果自己不是特别清楚，建议不要用批评或否定的语气，采用中性描述方式较好。

(4) 正确描述别人的研究成果。对前人的研究成果的论述可以参考以下模板：×××教授采用×××方法对×××问题进行了深入系统的研究，解决了×××方面的难题，取得×××成果。

(5) 现状分析要具有系统性和全面性。在进行研究现状分析时，不能有选择性地进行分析，特别是不能忽略本领域学术权威的研究工作。

(6) 篇幅要适中。根据问题的复杂程度，建议现状分析的篇幅保持在两页半左右，篇幅太长读起来啰唆，篇幅太短则不能体现全面性和系统性。

(7) 不要忽略国内科研人员的成果。有些申请人喜欢大量引用分析国外的文献，而对国内科研人员的研究成果关注不够，这样的申请书也容易被专家否决，理由是不了解国内研究现状。

4.3.3 存在的问题和发展趋势(★★★★)

1. 概念

存在的问题是指在研究现状分析中发现的，目前的研究工作在研究内容、研究方法、技术路线、关键科学问题的解决等方面存在的不足。发展趋势是指本项目所涉及的研究内容、研究方法等方面未来的发展方向。

国家自然科学基金委在提供的模板中，专门要求列出此项内容。研究现状分析论述了相关研究领域曾经开展的研究工作、涉及的研究内容、采用的研究方法、取得的创新成果等。但从整体上看，现有的研究工作还存在哪些问题？还有哪些研究内容没有涉及？所采用的研究方法还有哪些缺陷？创新性还有哪些不足？研究成果在应用方面还有哪些不足？本研究方向和领域未来将如何发展？这些问题的分析、归纳和总结对明确本项目研究的必要性、设立研究内容、制订研究方案等都具有非常重要的意义。很多申请人会忽略这一部分的撰写，有些申请人喜欢把存在的问题紧跟在每个文献的引用和分析后，这都不是正确撰写的方法。本书的作者建议：在研究分析后专门列一个小节来论述这个问题，首先把文献分析中存在的问题进行总体归纳，在此基础上再提炼拟解决的关键科学问题作为该领域的发展趋势。

2. 写法和注意事项

(1) 建议分成两小段来写。存在的问题分析作为第一小段，发展趋势分析作为第二小段。存在的问题主要来自于研究现状分析，可以从研究内容、研究方法和创新性等方面来分析归纳。发展趋势主要结合拟解决的关键科学问题来论述。

(2) 从项目的研究内容方面分析存在的问题。因为申请人所确定的研究内容肯定是前人没有涉及过的，或者是没有取得重大进展的，因此，要围绕本项目的研究内容来分析和归纳存在的问题，这样就便于引出本项目的研究内容(正是因为存在这些问题，所以需要研究这些内容)。

(3) 从项目的研究方法方面分析存在的问题。如果本项目采用了创新的研究方法，也可以从现有研究方法的不足方面分析和归纳存在的问题(意味着需要改进现有方法或采用新的研究方法)。

(4) 从项目的创新性方面分析存在的问题。为了使本项目的创新性具有依据,也可以从创新性方面分析现有的研究工作存在的问题。

(5) 根据拟解决的关键科学问题提炼发展趋势。发展趋势一般是从本项目拟解决的关键科学问题提炼出来的,因为科学问题是涉及基础性和共性的问题,必然是未来应该解决的问题,因此,在撰写发展趋势前一定要明确本项目拟解决的关键科学问题是什么。

(6) 篇幅要适中。建议这部分的篇幅控制在一页以内。

3. 案例分析

案例原文:从国内外研究现状可以看出,机电产品装配理论研究存在着“五多五少”的现象,即,①对自动化装配研究多,对手工装配研究少(机床产品基本上都是手工装配);②对装配精度研究多,对可靠性和精度寿命研究少(可靠性和精度寿命是国产机床最大的瓶颈);③对装配规划理论研究多,对可操作的装配工艺研究少(装配工艺最终决定了产品的精度和可靠性);④对“静态”装配技术研究多,对“谱系”驱动的动态装配建模研究少(装配后产品的性能必须与机床的工况和使用情况相结合);⑤对纯机械装配研究多,对多学科交叉的耦合装配研究少(必须将多尺度耦合与解耦理论引入装配工艺)。

分析:这段论述从机电产品装配理论的“五多五少”现象入手,分析并描述存在的问题。第一个问题指出目前对手工装配的研究工作少,隐含了必须研究手工装配建模问题,契合题目中的“装配过程建模”;第二个问题指出以前的研究重点主要集中在提高装配精度上,而其他质量特性可能同样重要,甚至更重要,契合题目中的“多质量特性”;第三个问题指出目前对装配工艺的研究工作很少,并指出装配工艺是装配过程建模的前提和基础,契合题目中的“装配过程建模”;第四个问题中出现了“谱系”的概念,因为谱系是本项目的一个创新点;第五个问题提出多学科交叉和耦合问题,是为了引出“一体化”控制这一创新概念。

下面的内容是关于发展趋势的论述。

案例原文:

归纳起来,数控机床的装配理论研究需要从以下三个方面着手。

(1) 必须将数控机床的装配建模与其“谱系”研究结合起来。传统的装配技术是依据产品的装配图来进行的,解决的主要是能否装配和拆卸,以及装配精度能否达到的问题,这样得到的装配工艺是“静态”的,没有与机床的使用状态结合起来。事实上,数控机床在其服役周期中,会遇到各种不同的零件,称为“零件谱”;加工不同零件时机床各部件承受的载荷是不同的,称为“载荷谱”;加工零件的形状不同时,机床参与工作的部件也是不同的,称为“工况谱”;不同的加工工艺中所涉及的机床的功能是不同的,称为“功能谱”;机床在使用过程中,各个零部件发生故障的概率是不同的,称为“故障谱”。由于机床各部件的受力状态、使用频率、所涉及的功能都与所加工的零件密切相关,造成机床各部件的精度、精度寿命和可靠性的要求也不一样。也就是说,面向精度、精度寿命和可靠性的装配工艺必须是“动态”的,必须与机床的“谱系”研究结合起来。

(2) 必须将质量控制分析和建模放在“元动作”的粒度来进行。数控机床是个包括机械、电气、液压、控制、光学等多学科在内的复杂系统,机床的功能多、结构异常复杂,对精度、精度寿命和可靠性的分析如果直接从系统的整体出发,势必不知道如何下手。科学研究方法表明，对于复杂的系统，必须首先对其进行分解，将其分解为最基本的单元，通过对“基本单元”的分析，才能达到“由繁到简”“由简单到复杂”的目的。对数控机床的装配建模也是这样，需要通过“谱系—功能—运动—动作”的结构化分解模型，将复杂的系统分解为最基本的“动作”，然后在“动作”的层次(包括动作本身及其与外部的联系)上再进行精度、精度寿命和可靠性保障技术的分析，问题就简单多了。只要“动作”的精度、精度寿命和可靠性得到保障，也就为整机的精度、精度寿命和可靠性的保证打下坚实的基础。这种分析复杂事物的方法也符合人们认识事物的规律。

(3) 必须将精度、精度寿命和可靠性进行“一体化”解决。装配对产品质量的影响是综合性的，产品的性能最终都由装配过程来决定。传统的装配工艺只考虑精度问题，所采取的各种控制措施都是围绕精度展开的，我们称之为精度驱动的装配工艺。由于没有考虑可靠性、精度寿命等因素，使得装配出来的产品精度寿命短、各种故障频出。因此，只考虑精度的单因素解决方案无法满足要求，必须建立多因素(多质量特性)的“一体化”协同解决方案。此处的“一体化”包含三个方面的含义：①将精度、精度寿命和可靠性等因素进行综合考虑，要考虑各种措施之间的冲突和择优；②将多尺度耦合的概念引入建模过程，将机、电、液、控、光等结合起来，重点考虑它们之间的耦合对精度、精度寿命和可靠性的影响；③从数控机床的“谱系”研究入手，再根据“谱系”将机床的结构分解为各部件的功能，再将部件功能分解为运动，最后将运动分解为基本动作，这种分解模式是一体化的、结构化的。

分析：上面的案例从三个方面论述了数控机床装配建模理论的发展趋势，这三个发展趋势实际上也反映了本项目的创新点和拟解决的关键科学问题，即谱系的概念、元动作的概念和多质量特性一体化控制的概念。

4.3.4 参考文献(★)

1. 概念

参考文献是在论述研究意义和研究现状时所引用到的学术论文、报纸杂志、科技研究报告、政府文件等文献资料。

与进行研究工作一样，撰写基金类项目的申请书也是一件严谨的工作，申请书中所用到的数据和结论都要有出处，不能信口开河。列出参考文献的作用就在于使评阅专家能够快速查找到相关文献，评阅专家也能够一目了然地看到申请人引用了哪些刊物和哪些作者的文献，以及所引用文献的水平。

2. 引用原则和注意事项

(1) 遵循“三引三不引原则”。“三引”即：引用最新的文献、引用学术权威人士的论文、引用权威刊物的论文；“三不引”即：不要引用各类教材、尽量不要引用20世纪的文献(特殊情况例外)、尽量不要引用自己的文献。

(2) 国内外文献兼顾。不要全部引用国外的文献，要引用一些国内高水平的中文文献，以免专家认为申请人崇洋媚外或不了解国内的研究现状。

(3) 不要随意引用。所引用的文献一定是自己认真读过并且看懂了的，不要只看标题就引用。

(4) 参考文献排序与正文一致。参考文献的排列顺序与引用顺序保持一致。

(5) 引用格式要规范。对于参考文献的引用，在国家标准《文后参考文献著录规则》

(GB/T 7714—2015)中有明确规定，要按照该标准的规定标注所引用的参考文献。

(6) 数量要适中。随着科技的发展，各类文献的数量与日俱增，浩瀚如海。因此，要仔细选择所引用的文献，只引用直接相关的文献。文献的数量不是越多越好，数量要适宜，数量太少则难以分析归纳存在的问题，数量太多则不够简明扼要，建议参考文献的数量保持在25～40篇为宜。

4.4　研究内容和研究目标板块

4.4.1　研究目标(★★★)

1. 概念

研究目标是研究工作最终取得的研究成果和想要达到的目的。

在国家自然科学基金委给出的申请书模板中明确指出：研究目标、研究内容和拟解决的关键科学问题为整个申请书重点阐述的内容。

做任何一件工作都要有一个目标，研究工作也不例外。研究目标可以是解决一个关键科学问题，也可以是摸清一个科学现象的机理，还可以是建立一个数学或物理模型，也可以是提出一套理论体系和方法。在研究工作开始之前，预先确立研究目标非常重要，它决定了整个项目的研究内容和技术路线，也决定了项目的创新性和重要性。可以说，整个研究工作都是为了实现预定的研究目标而展开的。因此，研究目标对项目能否立项具有非常重要的作用，申请人必须认真对待。从往年的评审结果看，研究目标不具体、太大或太小都可能是项目被否决的原因。

2. 研究目标的写法和注意事项

(1) 研究目标要明确。研究目标是项目中所有研究内容完成后形成的整体结果。一个项目可能有若干个研究内容，但一般只有一个整体性的研究目标，要明确表达清楚这个目标。

(2) 不要混淆研究结果和目标。一个项目可能有几个研究内容，每项研究内容完成后都可能产生一个结果，有些申请人喜欢把每项研究内容的结果都作为项目的“子目标”对待，而且只描述这些“子目标”，但不对总目标进行描述。这种“只见树木、不见树林”的描述方式是不正确的。建议在写研究目标时，先不要考虑研究内容，而应该从立项依据和拟解决的关键科学问题两个方面来归纳总结研究目标，这样就可以避免将各项研究内容的结果作为研究目标。

(3) 不要列指标。研究目标不是成果，不需要列指标。因此，发表多少篇论文，培养多少研究生等都不是项目的研究目标，只能算作项目研究的副产品。

(4) 研究目标要具体。项目的研究目标不要太大，大则空。研究目标要具体，不要指望一个青年科学基金项目或面上项目能够解决很大的问题。

(5) 不要自我评价。研究目标中一般不宜写“独创”“填补空白”等字眼，交给评审专家去评价，以免引起专家的反感。

(6) 一气呵成。研究目标一般可以用一段话来描述，指出项目的研究对象、研究基础、科学问题、研究内容、研究方法，以及最终要实现的目标等。

(7) 保持一致性。研究目标的论述要与立项依据(研究意义、存在的问题和发展趋势)保持一致,要回答立项依据中提出来的问题。

(8) 篇幅要适中。研究目标的篇幅一般在半页纸以内即可,简明扼要,不要太累赘。

3. 案例分析

案例原文:

本项目以高档数控机床为研究对象,以机床的"谱系"研究和结构化分解技术研究为基础,系统研究数控机床装配过程的质量保证原理,建立机床装配过程的系统化模型,探索综合保证产品多关键质量特性的"一体化"协同控制机制,提出一套保障装配质量的结构化建模技术、求解算法和工艺保障方法,为提高我国高档数控机床及复杂机电产品的综合装配质量提供理论和使能技术支撑,最终全面提高我国机电产品的精度、精度寿命和可靠性三个关键质量特性的水平。

分析:这个案例用大约200字描述了项目的研究对象、研究基础理论和研究内容,通过这些研究内容的完成,形成一套系统的理论体系和方法,最终达到全面提升国产机电产品关键质量特性水平的目的。要注意,"谱系"和"结构化分解"的基础研究、提出质量保障原理、建立系统化模型、建立一体化协同控制体系等都是研究内容的研究结果,但单独来看都不是研究目的。本项目的研究目的是,通过以上内容的研究成果,提出一套保障装配质量的结构化建模技术、求解算法和工艺保障方法,为提高我国高档数控机床及复杂机电产品的综合装配质量提供理论和使能技术支撑,最终全面提高我国机电产品的精度、精度寿命和可靠性三个关键质量特性的水平。

4.4.2 研究内容(★★★★★)

1. 概念

研究内容是指为了实现预期的研究目标和解决关键科学问题而设立的研究任务,它是研究目标和研究方案之间的桥梁,也是整个申请书的"纲"。

在研究目标确定以后,需要将研究目标分解成一系列的研究任务,完成这些研究任务就可以实现预期的目标。另外,拟解决的关键科学问题也是通过研究内容去完成,项目的创新性也往往要体现在研究任务中。因此,在项目申请书中,正确地确定并清晰地描述研究内容是一项非常重要的工作,对项目申请的成败具有很大的作用。从国家自然科学基金委往年的评审结果看,由于研究内容撰写不好而被专家否决的比例很大。

2. 研究内容的撰写原则

为了帮助读者撰写好研究内容,我们总结归纳了描述研究内容必须遵循的十项原则(见图4-7)。

原则一:内容和目标的匹配性。要处理好研究内容和研究目标之间的关系。通过认真分析研究目标并将目标分解为若干项研究内容,仔细分析各个研究内容之间的关系,最重要的是,要保障研究内容圆满完成后,可以实现预期的研究目标。

原则二:研究内容和科学问题的关联性。要处理好研究内容与拟解决的关键科学问题之间的关联关系。基金项目就是研究并解决关键科学问题,而关键科学问题只有通过研究内容来完成。因此,在研究内容中一定要体现对关键科学问题的研究。

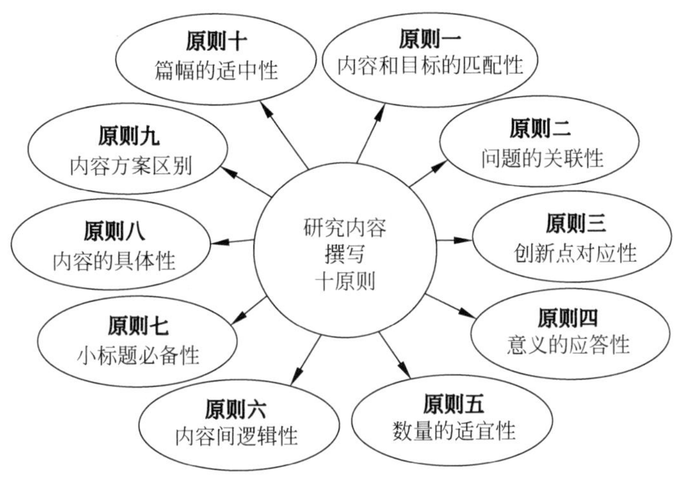

图 4-7 研究内容撰写十原则

原则三：研究内容与创新点的对应性。要解决好研究内容与创新点之间的对应关系。因为研究内容是申请书的"纲"，因此创新点必然应该在研究内容中有所反映。

原则四：研究内容与立项依据的应答性。要处理好研究内容与立项依据之间的关系。研究内容要涵盖并应答研究意义、存在问题和发展趋势的相关内容。也就是说，在研究内容完成后，在立项依据中所论述的问题就应该得到解决。

原则五：数量适宜性。研究内容的条款不要太多，对于青年科学基金项目三条即可，对于面上项目一般也不要超过五条。根据情况，每条研究内容下面还可以细分为若干个更具体的内容。

原则六：研究内容之间的逻辑性。一般情况下，各项研究内容之间是有先后逻辑关系的，即先研究完某一项内容后才能开展下一项内容的研究，要按照逻辑关系排列各项研究内容之间的顺序。

原则七：小标题是必需的(必备性)。每条研究内容都要给个小标题，小标题是对本项研究内容的高度浓缩，切忌让评审专家来帮你提炼小标题。

原则八：研究内容要具体。研究内容是描述"what"的，即本项目准备开展哪些研究工作，必须非常具体，要能够落到实处，不要很空洞的描述。

原则九：区分研究内容和研究方案(区别性)。研究内容只写"干什么(what)"，不要论述"如何干(how)"，"如何干"是技术路线和研究方案的事。

原则十：篇幅的适中性。研究内容的篇幅随内容多少而定，一般情况下保持在两页半以内为好。

3. 案例分析

案例的申请书共有五项研究内容，由于篇幅所限，这里只摘出研究内容一的内容。

案例原文：

研究内容一：数控机床的"谱系"研究

数控机床的"谱系"包括"零件谱""工况谱""载荷谱""功能谱"和"故障谱"等。"谱系"的建立是研究数控机床设计、加工、装配和使用的前提，通过"谱系"研究可以得到机床对精度、精度寿命和可靠性的需求，可以为装配建模及“一体化”控制机制的建立打下坚实的基础。主要研究内容如下。

(1)“谱系”的分类结构研究。探索为满足数控机床设计、制造和使用要求，应该如何合理确定“谱系”的结构以及五种“分谱”之间的边界划分原则。

(2)“谱系”的表达方式研究。“谱系”中五种“分谱”的内容差异较大，需要寻找一种比较通用的表达方式，以便于建立“谱系”的通用的数学模型。

(3)“谱系”中的耦合与解耦技术研究。“谱系”中各“分谱”之间存在大量的耦合交互关系，不满足设计的独立性原则，需要通过解耦技术消除它们之间的耦合。

分析：从研究内容一可以看出，不管是大内容还是小内容，都有一个很简洁但又能够体现创新性的题目。在大研究内容下，简单地解释了什么是“谱系”这一创新概念，并论述了“谱系”的意义。在三项小内容中，都简单地描述了具体的研究任务。

4.4.3 关键科学问题(★★★★★)

1. 概念

解决关键科学问题是基金项目的灵魂，因此，首先应该搞清楚究竟什么是科学问题。由百度百科给出的科学问题的概念如下。

科学问题是指一定时代的科学家在特定的知识背景下提出的关于科学知识和科学实践中需要解决而尚未解决的问题。它包括一定的求解目标和应答域，但尚无确定的答案，所以，我们可以尽最大的努力去寻找，去探索。其要素包括事实基础、理论背景、问题指向、求解目标、求解范围等。

这个概念理解起来有一定的难度，但至少我们可以明确一点：科学问题并不是技术问题。由于科学问题概念的复杂性，我们建议读者不要过分纠缠于“科学问题”的更科学的定义。本书作者的理解如下。

科学问题就是一类悬而未决的、具有创新性、原理性、基础性和共性特征的问题。

在这一理解下，下面的问题都可以定性为科学问题：提出一个新原理、发现一个新机理、建立一个新机制、探索一个新规律、建立一个新模型、形成一套新理论、开发一个新方法等。

下面我们再举个例子来说明科学问题和技术问题的区别。

从初中物理课程我们知道，用金属导体切割磁力线可以产生电动势。因此，只要有一个永磁线圈和一个金属导体，就可以得到一台“可以发电的机器”。但这样的机器并不能叫作“发电机”，因为人们并不知道机器的各种参数与所发的电性能之间的定量关系，这样发出的电基本上没有用处，对设计和制造发电机也没有用处。为了将“可以发电的机器”转化为真正的“发电机”，就必须解决一系列的理论和技术难题。

为什么用金属导体切割磁力线可以产生电流？这个问题就是一个机理方面的科学问题。

研究导体的形状、尺寸、移动速度、磁力线的强弱和分布对电流有什么影响，就是一个规律方面的科学问题。

将机理和规律用定量数学公式来描述，就是一个建模方面的科学问题。

如何快速、准确求解模型就是一个方法方面的科学问题。

而如何保证导体的精确尺寸和移动速度则是一个技术问题，因为只需要技师的经验和手艺就可以解决这个问题。

又如在金属材料热处理中，回火是一个重要的工艺。研究炉温和回火时间对金相结构的影响规律是一个科学问题，而研究如何控制炉温和如何保证回火时间则是一个技术问题。

解决关键科学问题是基金项目存在的根本，对关键科学问题的本质及其解决方案的描述，可以使评审专家更容易理解项目的研究意义和创新性。关键科学问题提炼得当，描述到位，也可以使专家对申请人的科研能力和水平建立信心。从以往的专家评语看，凡是被否决的项目申请，绝大部分都有一条，即：没有提炼出关键科学问题。因此，在撰写申请书时，花费精力提炼并论述好关键科学问题是申请能否成功的关键。

2. 关键科学问题的提炼方法

在提炼关键科学问题时，要从科学问题的本质特点去考虑问题。

(1) 从需求中提炼。要从国家的重大需求(当前的需求和未来的需求)方面提炼关键科学问题，所提炼的科学问题一定是必须解决而一直没有得到解决的科学难题。

(2) 从创新性上提炼。要从项目的创新性方面考虑问题，也就是说关键科学问题必然具有一定的创新性，没有创新性，说明这个问题已经得到解决，就不称其为关键科学问题。

(3) 从科学原理上提炼。关键科学问题往往涉及原理性的突破，因此凡是具有原理性突破的问题都可以提炼出关键科学问题。

(4) 从问题的属性提炼。要从对学科发展具有基础性和共性意义的角度提炼关键科学问题，需要考虑基金项目的四个科学属性。

(5) 从对象的本质方面提炼。针对研究对象的特征、特点和运行工况等方面去进行提炼。

3. 写法和注意事项

(1) 正确的描述方法。科学问题要从原理、机理、机制、模型、规律、理论和方法等方面去描述。也就是说，关键科学问题的小标题和描述中要包含这些代表科学问题的名词。

(2) 数量要适宜。关键科学问题的数量不要太多，太多就不“关键”了。对于青年科学基金项目，建议 1～2 个关键科学问题；对于面上项目，建议 2～3 个关键科学问题；对于重点项目，建议 3～4 个关键科学问题。

(3) 小标题是必需的。给每个关键科学问题提炼一个小标题，不要让专家去帮你提炼。连小标题都提炼不出来的申请书很容易被专家否决。

(4) 要描述原因和措施。描述关键科学问题时，不仅要说明为什么这个问题是关键科学问题，而且还要写清楚如何解决这个关键科学问题。

(5) 要与研究内容和研究方案相匹配。关键科学问题的解决方案必须在研究内容和研究方案中有所体现。

(6) 正确区分科学问题和技术问题。在基金申请书中，经常出现关键科学问题和关键技术这两个词，要正确区分这两个词的概念。关键科学问题是用机理、规律等词描述的问题，具有基础性和共性的特点；而关键技术是解决每项研究内容时所遇到的技术难题。

4. 案例分析

案例原文：

科学问题一：基于 PFMA 树的结构化动态分解机制

在进行数控机床的结构化分解时，需要建立一个“PFMA 树”，即，“谱系(pedigree)—功能(functions)—运动(movement)—动作(action)”树，伴随这一分解过程，需要分析各层次之间的映射关系并建立映射方程，对应“PFMA 树”的各个节点，还需要建立伴随矩阵。与传统的分解方法不同，传统的 FTA(故障树分析)分解只是个“静态”分解过程，是按照产品的组成结构分解的。本项目的结构化分解从“谱系”研究入手一直分解到基本运动部件的“元动作”，所建立的伴随矩阵和映射方程与“元动作”的出现频率、承受的载荷等有关，是个动态的分解过程。这一结构化动态分解过程不仅为“元动作”装配单元的多质量特性一体化控制打下坚实的理论基础，也为未来可靠性设计中可靠度指标的分配奠定了科学依据。

科学问题二：“元动作”多关键质量特性“一体化”协同控制机理

“PFMA 树”结构化分解的结果是“元动作”及其伴随矩阵，并进一步形成“元动作”的装配单元。对装配单元的装配质量进行控制时，精度、精度寿命和可靠性三大关键质量特性之间存在众多的耦合关系，耦合就意味着在采取质量控制措施时，必须进行“权衡”，通过采取一体化协同控制措施寻找问题的最优解。这一过程涉及“元动作”的质量影响因素分析、影响规律研究、耦合建模和解耦控制等规律性和机理性的研究。

分析：本项目是一个面上项目，申请人共提炼出两个关键科学问题，这两个关键科学问题同时也是本项目的创新点。可以看出，第一个关键科学问题是关于分解机制方面的研究，第二个关键科学问题是关于协同控制机理的研究，申请书还同时描述了这两个关键科学问题的解决方案(这个方案在研究内容和研究方案中也得到体现)，这会让专家确信这两个关键科学问题是可以得到解决的。

4.5 研究方案板块

4.5.1 研究方法(★★)

1. 概念

研究方法是指在科学研究中发现新现象、新事物，或提出新理论、新观点，揭示事物内在规律的工具和手段。研究方法是运用智慧进行科学思维的技巧，一般包括实地调查法、问卷调查法、文献研究法、观察法、思辨法、行为研究法、历史研究法、概念分析法、比较研究法、数据研究法、实证研究法，以及上述方法的综合应用。

科学研究必须遵循一定的方法，才能多快好省地完成研究工作，并取得预期的结果。在基金申请书中阐述研究方法的目的是使评审专家通过所描述的研究方法分析所申请项目完成的可行性。

2. 写法与注意事项

(1) 研究方法的写法是以技术路线为主线，对各个研究阶段和针对研究内容所采用的主要方法进行描述。

(2) 如果是比较一般的研究方法，只需简单论述即可。如果采用的研究方法非常特殊，属于全新的研究方法，可以适当展开进行描述。

(3) 一般情况下，在研究工作的各个阶段，根据所研究的具体内容会采用不同的研究方法，要注意研究内容与研究方法的匹配性。

3. 案例分析

案例原文：

本项目以高档数控机床的装配建模为主要研究内容，研究思路为，大规模调研→建立“谱系”→“top—down”结构化分解模型→元动作一体化质量控制模型→“bottom—up”质量特性综合模型→企业应用→修正模型的研究策略，研究思路共分为五步。

第一步：首先以“谱系”的研究作为切入点，通过对合作企业机床进行大量的用户调研和检测分析，系统全面地建立起机床的“谱系”结构，作为装配建模和分析的基础。

第二步：在“谱系”研究的基础上，通过“top—down”结构化分解方法将机床分解为基本的“元动作”，建立起PFMA分解树及关键质量特性的耦合解耦模型和映射模型。

第三步：研究“元动作”的装配关系，建立“元动作”的装配树，研究“元动作”的装配方法及其质量控制机理，建立关键质量特性的“一体化”协同控制方法、控制模型和求解算法。

第四步：在“元动作”装配质量控制模型的基础上，采用“bottom—up”方法建立装配过程质量控制的综合模型，建立装配质量控制树，研究同层之间和上下层之间的耦合关系，建立装配质量评价指标体系和评价算法，开发应用软件。

第五步：将上述理论研究成果应用到三家机床制造企业的典型产品上，针对高档加工中心、高精度磨齿机和高速冲床三种典型机床建立装配质量控制模型和工艺保障方法，通过应用结果对理论进行修正，最终形成一套系统化的理论和操作性强的使能技术。

分析：可以看出，本案例首先用一段话总结了本项目的研究思路，包括各个阶段的工作内容。然后分五步进一步描述了各个主要研究内容的研究方法。这种描述方式有助于评审专家快速了解本项目的整体研究过程，也有利于给专家留下一个良好的印象。另外也可以看出，所给出的研究方法实际上是本项目研究的技术路线和研究方案的简化版。

4.5.2 技术路线(★★★)

1. 概念

技术路线是指申请者对完成所有研究内容及要达到的研究目标准备采取的包括技术手段、实验手段、具体步骤及解决关键性问题的方法等在内的研究途径，技术路线应尽可能详尽并覆盖研究工作的准备、启动、进行研究、优化改进、取得成果的全过程，每一步骤的关键点都要阐述清楚并具有可操作性。

技术路线是研究方法和研究思路的拓展，也是制订研究方案的“纲”。因此，技术路线是研究内容和研究方案之间的桥梁。跟研究方法不一样，技术路线的形式与申请项目的关系更加密切。由于技术路线具有“纲”的性质，项目的创新性和可行性都在一定程度上反映在技术路线中，所以评审专家一般会花较多的时间去看，通过技术路线去判断项目的创新性和可行性。

2. 写法与注意事项

(1) 技术路线要与研究方法保持一致，并完全覆盖研究方法。

(2) 技术路线要覆盖全部研究内容，在排版方面要突出研究内容。

(3) 技术路线要反映研究内容之间的先后逻辑关系。

(4) 技术路线要反映拟解决的关键科学问题。

(5) 在必要时,技术路线可以进一步描述研究方法。

(6) 根据具体情况,进度安排也可以体现在技术路线中。

(7) 技术路线应该反映最终研究结果是什么。

(8) 在技术路线中一般要安排验证环节,包括仿真验证、实验验证等,最好是通过实际应用进行验证,通过验证才能发现问题并返回去修正完善理论。

(9) 技术路线图是体现技术路线和研究思路最好的方式之一,因此,技术路线最好用一张图来表现,再附以必要的说明。

3. 案例分析

案例原文:

本项目拟从对高档加工中心、高精度磨齿机、高速冲床三种高档数控机床的用户调研分析入手,首先研究数控机床的"谱系"结构。主要研究"谱系"中各分谱的划分原则、各分谱之间的耦合与解耦原理,并针对三种典型机床建立其"谱系",为进一步的研究打下坚实的基础。

在"谱系"结构研究的基础上,进一步研究从"谱系"到运动部件基本动作的结构化分解方法,主要研究基于"PFMA 树"的分解技术和模型,研究分解过程中的耦合解耦关系,研究从机床的整体功能到基本动作的映射机理,分析及建立各关键质量特性的层层映射关系,研究"PFMA 树"各节点的伴随矩阵,实现从整机到零件动作的"top—down"结构化分解。

以"PFMA 树"模型的底层"元动作"为基础,建立各"元动作"装配树,分析各装配树"叶"节点的关键质量特性,研究各关键质量特性之间的耦合关系、解耦原理和质量保证机理,从而建立起"元动作"关键质量特性的"一体化"协同控制模型;然后以"PFMA 树"模型分解过程中关键质量特性耦合解耦分析结果与"元动作"级的关键质量特性分析结果为基础,对整机质量特性进行"bottom—up"的结构化综合,实现从"元动作"层到整机层的综合"一体化"控制。

根据"机、电、液、控、光"等耦合关系,建立多尺度解耦模型,以上述研究过程为基础,建立整机装配质量的评价指标体系及算法,并开发应用软件,最终将成果应用在三种典型高档数控机床的装配质量控制过程中。

具体技术路线如图 4-8 所示,具体内容见研究方案。

分析:本案例用一张技术路线图归纳了整个研究工作的思路。从图 4-8 可以看出,调研分析是整个项目研究工作的基础和起点。在此基础上,按照五项研究内容之间的逻辑关系,用箭头表示了研究工作的先后顺序。技术路线图的最下面一个框是实证性研究和对研究成果的完善,最好还应该给出本项目的研究目的。本技术路线图的主要优点是建立了项目研究工作的整体规划,看上去非常简单明了;不足之处是没有明确表现出拟解决的关键科学问题和创新点。

4.5.3 研究方案(★★★★★)

1. 概述

研究方案是在技术路线的导引下,针对各项研究内容进行的研究过程策划,包括研究方法的选择、研究流程的设计、实验方案的设计、实验数据的处理等。

如果说研究内容解决的是"干什么(what)"的问题,那么,研究方案解决的就是"如何

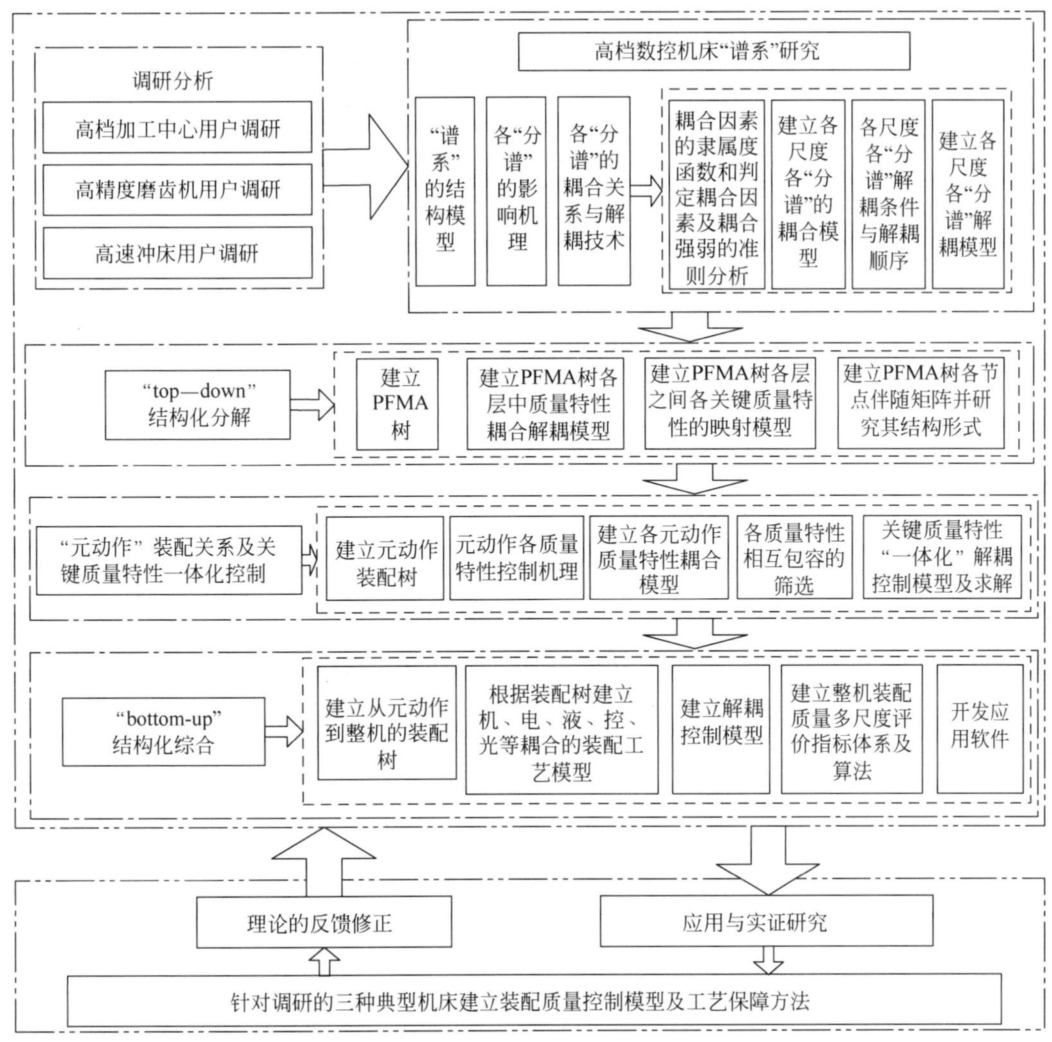

图 4-8 项目的技术路线

干(how)"的问题,这两者均是一项科研项目策划的主体内容。由于一个项目的可行性和创新性往往体现在研究方案中,因此评审专家一般都会高度重视研究方案部分。统计资料显示,对绝大多数被否决的申请书,专家给出的评语中,研究方案不够新颖、不够合理、不够科学和研究方案的可行性不够出现频率最高。

2. 研究方案的撰写原则

研究方案的撰写要遵循以下十项原则(见图 4-9)。

原则一:用流程图表达研究方案。正常情况下,用流程图表达研究方案优于纯粹的文字描述方式,专家更乐于看图。因此,除了技术路线图外,还可以给每一项研究内容的研究方案画个流程图。

原则二:与研究内容严格对应。研究方案要按照研究内容的顺序(当然也体现在技术路线中)来论述。也就是说,有几项研究内容,就应该有几个研究方案。本书作者在评审各类科技项目时多次遇到研究内容与研究方案不对应的申请书,或者研究方案中有的内容在研究内容中找不到，或者研究内容中的内容在研究方案中找不到，这样的申请书被否决的概率是非常高的。

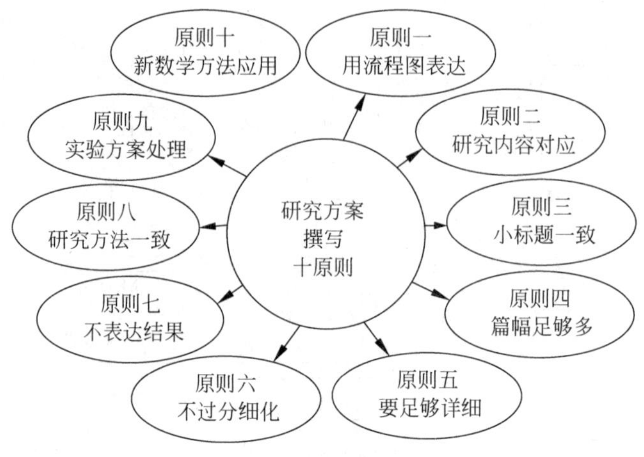

图 4-9 研究方案撰写十原则

原则三：与研究内容的小标题保持一致。每项研究方案的小标题要与研究内容的小标题保持一致，甚至完全照搬研究内容的小标题也是可以的。这样，专家在阅读时很容易对照"what"和"how"，很容易看出研究方案是否很好地覆盖了全部研究内容。

原则四：篇幅要足够多。由于研究方案要详细地向专家展示研究过程和方法，因此，在一份申请书中，研究方案的篇幅所占的比例最大，一般情况下应该在 4～5 页，篇幅过少则不易描述清楚研究过程和方法，但篇幅过多则显得啰唆，越啰唆就越容易被抓住问题。

原则五：研究方案要详细。在撰写研究方案时不要藏着掖着，要把研究过程展示给专家。判断细化度的标准是，在具备基本条件的情况下，同等水平的同行研究人员能按照所描述的研究方案开展研究工作，并取得同样的结果。

原则六：正确把握细化的度。研究方案的细化不是无限制的，只需要细化到大流程，不需要细化到小流程和具体的研究步骤，描述越细，漏洞可能就越多，研究过程就越僵化，专家也越容易找出问题。

原则七：研究方案不是研究结果。研究方案毕竟只是一种策划，表示未来准备按照所描述的方法和步骤开展研究，但研究方案不是研究结果，不要把准备建立的数学模型都展现出来。有些申请人为了向专家展示项目的可行性和研究基础，甚至连数学公式详细的推导过程和最终的数学模型都写在研究方案中，这样的写法往往效果会适得其反，专家会问，数学模型都有了，还需要研究什么？

原则八：研究方案不要与研究方法相冲突。不要在研究方法中描述了一种方法，但在研究方案中却没有出现该方法。

原则九：正确处理实验方案。如果项目中有比较有新意的实验或者实验在整个研究工作中的比例比较大，也可以在所有研究内容的研究方案都论述完后，专门加一个小节的实验方案。一般情况下，可以考虑将各种实验融合在各个研究内容的研究方案中。

原则十：新数学方法的应用。现代科学研究的基础是数学方法和模型。保尔·拉法格在《忆马克思》中谈到，马克思认为，"一种科学只有在成功地运用数学时，才算达到了真正完善的地步”。因此，在制订研究方案时，要注意数学方法的应用，采用新的数学方法去分析和建模，更容易体现项目的创新性。

3. 案例

本案例来源于案例申请书第三项研究内容的研究方案。

案例原文：

1）数控机床的“谱系”研究

“谱系”的分类结构研究

采用大量的调研和检测收集数据，利用统计分析技术对收集的数据进行统计分析，采用谱系聚类方法对数据进行离散化处理，根据数据内部结构特点，通过散点图和树状图建立分类结构和各“分谱”的划分原则。

利用聚类分枝法、粗糙集分类和成组技术的零件编码机制对数控机床经常加工的零件进行统计分析，得到零件类型及其出现频率，建立数控机床的“零件谱”；在“零件谱”的基础上，通过对典型加工工艺进行统计分析，采用改进遗传算法对数控机床的工步、工序进行排序，并通过数控机床基于加工特征的工步、工序规划，得到机床加工各种零件时某类工序或工步的出现频率，建立“工况谱”；在“零件谱”和“工况谱”的基础上，利用有限元分析、实验模态分析方法研究切削力下的动态性能，并采用运行状态变形（ODS）测试原理对机床的动态响应频谱进行分析，然后通过切削力实时测量和功率实时测量，得到机床在服役周期中各种载荷出现的频率即为“载荷谱”；在“零件谱”和“工况谱”分析的基础上，利用分形理论和工序分族理论对数控机床的功能进行统计分析，结合加工工艺采用统计法得到机床各部件的使用频率，即“功能谱”；对机床用户进行大量的跟踪调查并分析机床制造企业的售后服务数据，然后通过故障树中的最小割集和故障诊断技术得到各部件出现的故障模式、故障频率和故障原因，即为“故障谱”。

“谱系”的表达方式研究

基于“谱系”的分类结构，五种“分谱”所描述的数据信息具有较大差异。采用无量纲化方法对各“分谱”存在属性和数量级的差异进行归一化处理。根据各“分谱”数据具体属性可采用收益型、成本型、固定型和区间型方法进行标准化处理。根据数据处理结果，基于各“分谱”所包含信息属性，建立无量纲化通用的各“分谱”数学模型。

“谱系”中的耦合与解耦技术研究

利用模糊网络分析法（FANP）建立各“分谱”之间耦合关系的分析模型，应用模糊伯达方法和耦合强度综合判断矩阵对各“分谱”耦合方式和耦合强度进行分析，确定忽略耦合所造成的潜在“均值失准”和“方差收缩”效应，评估各“分谱”之间的耦合关系及强度；为分析各“分谱”之间可能存在的隐耦合现象，通过扩展信息熵理论，建立基于规模、难度和状态多样性的广义信息熵模型，按照“谱系”复杂性对时间的依赖关系，利用广义信息熵模型研究“谱系”复杂性的测度方法，从复杂性的角度给出“分谱”耦合性的定量测度方法。利用BP神经网络和最小二乘支持向量机对各“分谱”的耦合模型进行预测。并利用蒙特卡罗方法对模型进行可靠性仿真与分析。通过分析各“分谱”之间的耦合模型，确定解耦条件和解耦顺序，建立起解耦方法流程。

分析：对比研究内容的标题，可以看出，在研究方案中所采用的标题与研究内容的标题完全相同，这样便于专家对照阅读。也可以看出，在研究内容论述中，研究内容一包括了三个更小的研究内容,因此研究方案也是按照这三个小标题展开论述的。本案例的申请书以高分通过评审,这种一一对应的写法可能加分不少。此外,本研究方案不仅与研究内容的对应关系比较好,也与研究方法完全吻合。本案例研究方案的不足之处是小研究内容二("谱系"的表达方式研究)写得过于简单,对方法的描述不够细化,方法的创新性也不够。另一个可能的不足之处是没有给每项研究内容的研究方案都画个流程图。

4.5.4 关键技术(★★)

1. 概念

关键技术是指对圆满完成研究工作并取得预期成果起着重要作用且不可或缺的一类技术。换句话说,关键技术就是这样一类技术:不解决它研究工作就无法正常进行下去或者就得不到预期的成果。

在任何一项工作中,普遍存在"有些工作的技术难度不大,比较容易完成,有些工作技术难度大,不容易完成;有些技术对结果的影响更大,有些技术对结果的影响更小"这种现象。关键技术就属于"难度大且不容易完成"或者"对结果影响更大"的技术。在科学研究工作中,关键技术就是"牛鼻子",在进行研究方案策划时,首先要准确分析技术对结果的影响,然后正确评估技术的研究难度,将这两者结合起来,确定关键技术,并以关键技术为驱动开展研究工作。

2. 写法与注意事项

(1) 关键技术与关键科学问题是两个不同的概念。关键技术属于解决问题的技术手段,关键技术不解决,整个研究工作就无法正常进行,因此将关键技术放在研究方案板块中,关键技术属于研究方法的范畴。关键科学问题则属于应该解决的关键问题,属于研究内容和学术假说的范畴,因此将关键科学问题放在研究内容板块中。

(2) 一般情况下,每项研究内容的研究方案都有自己的关键技术,在这种情况下,可以将各自的关键技术放在所属的研究方案中。第 8 章中的重点项目申请书就是采用的这种处理方式。

(3) 如果关键技术涉及的范围比较广,解决的方法比较特殊,或解决的难度比较大,也可以将关键技术作为与其他研究内容的研究方案并列的一个小节来处理。

(4) 关键技术往往会被申请人所忽略,而有时研究方案中缺乏关键技术也可能成为项目被否决的理由。本章案例申请书也犯了这一错误,没有专门写关键技术的内容,尽管该项目通过立项,但这一缺陷可能在一定程度上影响了评审专家的打分。因此,作者建议,从保持申请书完整的角度看,申请人在写申请书时不要忽略对关键技术的描述。

(5) 在写关键技术时,除了要明确指出关键技术的名称和被列为关键技术的原因外,还要简要论述关键技术的解决方案。

4.6 可行性分析和创新性板块

4.6.1 可行性分析(★★★)

1. 概念

可行性分析是针对所申请项目的立项依据、主要研究内容、研究目标、关键科学问题、关键技术、创新性、研究方法、技术路线和研究方案等，从基础理论可行性、研究基础可行性、研究方法可行性、技术路线可行性等方面开展深入系统的分析，识别项目可能存在的风险以及采取的风险规避措施，全面论证所申请项目是否可行，研究内容是否可按照计划完成，是否可以达到预期的目标等。

简单地说，可行性分析的目的就是消除评审专家对申请人能否完成本项目存在的疑虑。因此，可行性分析是申请书的一项重要内容。一份好的可行性分析，要从多个角度入手，分析在哪些方面可能会引起专家的疑虑，充分论证本项目是可以按计划和进度完成所有研究内容，并肯定能够取得预期的研究成果，这样的可行性分析有助于消除专家的疑虑，并说服专家同意资助本项目，甚至可以使专家认为这个项目只有申请人才有能力完成。有些申请人不关注可行性分析，认为可有可无，写的可行性分析非常简单，不利于消除评审专家对某些问题的疑虑。根据作者的了解，有些申请书被否决的原因之一就是可行性分析不到位。

2. 写法与注意事项

(1) 整体结构布局。为了论证申请项目的可行性，建议从基础理论可行性、研究方案可行性和研究基础可行性三个方面进行分析。

(2) 基础理论可行性。基础理论可行性主要分析所提出的新理论为什么是可行的，是否存在“解决不了问题”的风险。分析时可以用课题组甚至其他研究者的研究成果说明已经有人采用过类似的方法，并成功地解决了问题，因此本项目在基础理论方面没有风险。

(3) 研究方案可行性。对研究方案的可行性分析主要是论证本项目采用的研究方法、技术路线和研究方案是合乎逻辑的、科学的，对于所采用的研究方法课题组曾经在类似场景采用过并证明是可行的，对于所采用的技术路线已经经过大量案例验证过，对于研究方案已与国内外专家进行过多次沟通，因此研究方案是可行的。

(4) 研究基础可行性。研究基础是顺利完成项目的重要保障，属于可行性分析的重要内容，目的是向专家表明项目团队有能力和有条件完成本项目。因此，对研究能力(往往反映在研究基础中)的阐述是主要内容。研究基础包括：项目团队的研究工作积累、曾经承担过的重要项目、发表过的高水平论文、在企业中的应用成效、课题组或依托单位的计算和实验条件等。但要注意，这里的研究基础不要与后面的“研究基础与工作条件”部分中的研究基础有大面积的重复，可行性分析中的研究基础概括性更强。要特别注意的是，对于科研实力总体偏弱的依托单位，专家们可能会对其完成国家自然科学基金项目的能力和条件产生更多的疑虑，这就需要在撰写研究基础和条件时论述得更清楚些，如果本校确实缺少某些昂贵的实验设备，可以采取就近租赁或合作研究的方式解决，千万不要避而不谈。

(5) 可行性分析不要太啰唆。有些申请人为了凸显项目的可行性，将可行性分析写得非常啰唆，概括性不强，甚至把以前完成的研究工作的细节全部照搬过来，对于这样的可行性分析专家读起来会非常头痛，抓不住要害。

(6) 新手更要重视可行性分析。科研成果丰硕、研究经验丰富的申请人，在行业内都有一定的知名度，评审专家对其科研能力或多或少都有一定的了解，可行性分析可以适当简化。但可行性分析对于科研实力比较弱的依托单位和刚入行(第一次申请项目，没有独立承担过重要课题的研究)的申请人尤其重要，要认真分析项目的可行性，至少态度要端正。

(7) 篇幅要适中。可行性分析的篇幅建议保持在一页半以内。

3. 案例分析

案例原文：

基础理论方面

(1) 机床的“谱系”是本项目提出的新概念，但各“分谱”的研究已有一定的基础，本项目采用大规模调研的方式，结合各种检测手段(如切削力检测、功率检测等)建立谱系，并研究分谱之间的耦合关系和解耦模型，这在理论上是可行的。

(2) “top—down”结构化分解是个比较成熟的技术，本项目采用“PFAM 树”分解模型将机床的功能分解到“元动作”级，不存在技术风险。

(3) “元动作”是机械系统的基本动作，从“元动作”粒度分析质量控制技术，针对性强，目标集中，分析的难度不大。“元动作”的三个关键质量特性之间存在的耦合关系复杂度大大降低，便于建立耦合与解耦模型，这在理论上是完全可行的。

(4) 对“元动作”的质量控制措施进行“bottom—up”综合，主要是进行各层内部和上下层之间的耦合与解耦分析，建立评价指标体系和评价算法，都有比较成熟的技术做支撑，理论上是可行的。

研究方案方面

本项目所确定的研究方案是项目组长期在企业从事装配工艺、可靠性、精度保持性研究的基础上制定的，该研究方案的主要内容已经在企业经过大量的考验，证明该研究方案具有很强的可操作性，在理论上和实践上都是完全可行的。结合本项目的具体研究内容，项目组也与相关企业的人员进行过对接，研究方案采用大量调研、实际测试、工程分析、理论研究、算法实现与应用验证相结合的研究方法，坚持理论研究的新颖性和应用研究的实用性并重的原则，这在研究技术和方法方面是切实可行的。

研究基础方面

本项目组主要研究成员长期与机床制造企业合作，与秦川机械发展有限公司、四川普什宁江机床有限公司等多家企业建立了良好的合作关系，项目组成员长期从事质量与可靠性、机床设计与制造等方面的研究，承担了大量的研究课题，具有丰富的实践经验和项目管理经验，积累了大量的研究成果。在“高档数控机床和基础制造装备”科技重大专项支持下，本项目组已经与普什宁江、秦川机床、沈阳机床、昆明机床、济南铸锻机床研究所等单位合作进行了可靠性、精度保持性等方面的研究工作，取得丰富的研究成果。所开发的“可靠性驱动的装配工艺设计”技术已经在企业得到成功应用，对普什宁江机床公司三个型号的机床和秦川机床两个型号的机床已经应用本方法制定了全新的装配工艺，对提高机床的可靠性已经取得明显的效果。项目申请人张根保教授在多个国内会议上进行了可靠性和装配工艺的主题演讲，得到很好的评价，所提的方法得到企业的高度关注。项目组成员已经在质量管理、可靠性、机床设计与制造等方面承担了大量的项目，发表上百篇研究论文，说明本项目的研究基础是非常扎实的。

分析：从本项目申请人的简介和研究基础可以看出，尽管本项目的依托单位属于排名全国前列的研究型大学，申请人在机械设计、制造和质量控制方面的研究基础均比较雄厚，但申请人仍然在可行性分析方面下了很大的功夫。首先，评审专家可能会对本项目的几个新概念产生疑虑，如谱系的概念、“top—down”结构化分解方法、元动作等，专家会问，这些概念有没有足够的理论支持？这些新概念是否科学合理？难度是否超过申请人的研究能力？其次，由于本项目的新概念比较多，专家可能会对研究方法和技术路线提出疑问。最后，所提的新概念是否有较多的研究基础去支撑？针对这些可能的疑虑，申请人在可行性分析中都给予了全面的回应，从而增强了专家对本项目的信心，对项目获得专家支持起到较好的作用。

4.6.2　特色与创新之处(★★★★★)

1. 概念

特色是指本项目在研究对象、研究内容、研究方法、技术路线、研究方案、实验方案、研究计划等方面与其他项目所不同的地方。可以看出，特色和差异是不同的，特色的比较对象是整体，差异的比较对象往往是个体。

创新是指本项目在研究内容、研究方法、技术路线等方面采用了与前人不同的新思想和新做法，即提出一个新原理、发现一个新机理、建立一个新机制、探索一个新规律、建立一个新模型、形成一套新理论、开发一个新方法等。

特色和创新两个概念之间的界限比较模糊，往往很难正确区分，因为特色是与别人不同，创新也是与别人不同(比别人更进一步)。但我们可以简单地认为，特色可以从研究对象和研究方法方面去论述；创新往往是与科学问题相结合的，可以从新原理、新机理、新机制、新规律、新模型、新理论等方面去论述。

例如，别人研究燃油汽车，我研究电动汽车，这就是研究对象方面的特色；大家都研究生产过程的优化问题，别人采用数字建模和仿真技术，我采用基于物理模型的数字孪生技术，这是研究方法方面的特色；别人研究农业机械的功能和效率问题，我研究农业机械的可靠性问题，这是研究内容方面的特色。

下面是来自网络的一篇小博文，博主以他们申请的项目为例，很好地解释了特色和创新的区别：

我们团队的项目特色在于从建筑物的结构设计出发，充分利用自然采光来降低建筑能耗。创新点在于以窗口和外墙的面积比为变量，参考照明、人员流动、供暖等因素来确定在无外遮阳时，窗墙比大小对室内温度和湿度的影响。

再例如，飞机上的纸质材料蜂窝状零件的加工一直是个大难题，传统的方法使用双面胶将零件粘贴在工作台上进行加工，效率低、变形大，加工质量差。后来，有专家采用磁粉作为中间介质，将零件放在磁性工作台上，在蜂窝中间填以磁粉，加磁后磁粉变硬，可以牢固夹持零件并进行加工，在加工完后对工作台退磁就可以轻易取下零件，比较好地解决了所存在的难题，这就是装夹原理的创新。进一步，还可以对磁粉夹持的稳定性和可靠性进行创新研究。

申请书的特色和创新是评审专家高度关注的内容，统计数据显示，在遭到专家否决的申请中，绝大部分都有“本项目创新性不够”的评语。事实上，只要项目的立项依据充分(说明本课题很重要)并具有很高的创新性，即使申请书的其他部分存在缺陷(当然我们也不希望出现这种情况)，专家也往往会手下留情。

2. 特色和创新的撰写原则

要写好特色和创新之处，可以参照以下原则。

原则一：创新性更重要。在特色和创新中，专家往往更关心创新性，因此，应该把论述的重点放在创新性方面。

原则二：增加小标题。特色和创新之处要分段描述，每段都给出一个小标题。有些申请人不喜欢或不善于提炼小标题，往往喜欢用一段话来论述特色或创新，这种方式是非常不可取的。要知道，小标题的作用并不仅仅是划分段落，更重要的是通过小标题归纳创新点，使专家一看小标题就知道你的创新性和特色是什么。总之，请专家帮你提炼小标题绝对是申请书撰写的败笔。

原则三：说明原因。每个小标题下面用一段话描述为什么是特色，为什么是创新，特色和创新的作用是什么。

原则四：从科学问题提炼创新点。要结合科学问题提炼创新点，因为科学问题的解决都会伴随着研究方法的创新、研究内容的创新、研究对象的创新等。

原则五：创新点要体现科学问题。创新点的提炼要采用体现科学问题的词汇，如新原理、新机理、新机制、新规律、新模型、新理论等。

原则六：要结合特色提炼创新点。一般情况下，只要是特色，就可以围绕特色提炼出创新点。

原则七：特色和创新的融合。特色和创新往往可以合在一起写，并不需要严格区分特色和创新两部分的不同。

原则八：特色和创新的区分。如果申请人认为项目的特色非常明显，也可以将特色和创新分开来写，先描述特色，再描述创新。

原则九：从数学方法方面提炼创新点。采用一个新的数学方法去解决问题，只要效率更高，效果更好，就可以认为是个创新。

原则十：从学科交叉方面提炼创新点。学科交叉容易出现创新，这已是公认的事实。因此，申请人要注意从学科交叉方面去提炼创新点。

原则十一：与立项依据相结合提炼创新点。创新点的提炼要与立项依据中的“存在问题和发展动态”结合起来。解决了存在的问题就是创新，发展动态中的关键科学问题的解决更体现了创新性。

原则十二：不要太高调。对于青年科研人员而言，在写创新点时最好把姿态放低点，尽量少用“国内外首创”“申请人创造性地提出”等说法，这些评语让专家去总结。

3. 案例分析

案例原文：

1）首次提出数控机床“谱系”的概念

数控机床的结构复杂，所面对的加工零件种类和工况多变，机床承受的载荷多变，造成故障的模式繁多，质量控制异常复杂。传统的处理方式是静态的，基本上不考虑零部件的工况、使用频率和承受的载荷，质量指标的分配和控制往往会偏离实际。尽管也有人提出“载荷谱”的概念，但“载荷谱”只应用于机床的刚度和强度分析。本项目提出“谱系”的概念，并将“谱系”扩展到零件谱、工况谱、功能谱和故障谱，形成一个完整的关于机床工作信息的系统结构。“谱系”的建立不仅可以为机床的设计、制造和使用提供一套全面的输入信息，而且还将质量控制从静态拓展到动态，可以有效提高质量特性控制的精确性。

2）提出基于“PFMA树”的结构化分解的概念

高档数控机床结构复杂、功能繁多、故障模式多，传统的FTA（故障树分析）方法只能针对可靠性，对精度和精度寿命则是无效的。况且FTA方法只按照产品的组成结构进行静态分解，会使得分析结果偏离实际。本项目提出的基于"PFMA树"的结构化动态分解的概念则完全不同，它分解的不再是产品的组成结构，而是功能、运动和动作，不仅实现了分解过程的结构化，而且可以将整机功能动态分解到"元动作"级，在建立"PFMA树"时，同时可将整机的质量特性通过映射分解到"元动作"的伴随矩阵中，为"元动作"质量的一体化协同控制打下坚实的基础。

3）提出"元动作"装配单元多质量特性一体化协同控制的概念

"元动作"的质量特性往往具有多个，例如精度、精度寿命、可靠性等，由于这些质量特性之间往往具有很强的耦合性，在装配时就需要进行权衡。传统的装配质量控制仅考虑精度，对可靠性和精度寿命基本上不做系统分析。本项目提出"元动作"装配单元多质量特性一体化协同控制的概念，通过分析耦合条件并建立耦合—解耦模型，可以通过一体化协同控制找到多质量特性的综合最优解。

分析：本案例采用了将特色和创新结合在一起的写法，从"谱系"概念的提出、"PFMA结构化分解"方法、基于"元动作"的多质量特性一体化控制三个方面提炼出本项目的创新点，且三个创新点都可以归结为研究方法的创新。读者可以比较一下科学问题与立项依据中的存在问题与发展动态，这三个创新点与它们都是密切相关的。但这个案例中存在的问题是创新点一的小标题中出现了"首次"这个词，显得有点不够低调。

4.7 研究计划与成果板块

4.7.1 年度研究计划（★★）

1. 概念

按照自然年度安排研究工作的相关内容和进度，称为年度研究计划。

年度研究计划是项目策划的重要内容。各类基金项目的持续时间都不相同，短的不超过一年，长的可达五年时间。在进行项目策划时，要把研究活动（包括学术交流、年度成果）的相关内容科学合理地安排到各个年度，以便于按计划开展研究，也便于对研究工作的进展情况进行监控。当然，计划只是预期的安排，在项目进行过程中，也可以根据实际情况适当进行调整。

2. 写法与注意事项

(1) 研究计划的时间特性。年度研究计划可以按年度进行计划，也可以按照季度进行计划。对于持续时间短的项目，建议按照季度进行计划；对于持续时间长的项目，可以按照年度进行计划。

(2) 研究计划的内容。年度研究计划的内容包括：研究内容、预期开展的学术交流活动、每年预期产生的成果等。在国家自然科学基金委给出的申请书模板中指出，除了研究内容外，年度计划中还必须包括拟组织的重要学术交流活动、国际合作与交流计划等。

(3) 要与研究内容相结合。在安排年度研究计划时，要注意研究内容之间的逻辑关系。一般情况下，各项研究内容之间具有先后关系，必须在前面的内容研究完成后，才能进行后面内容的研究，不要把这种逻辑关系搞颠倒。例如，调研活动一般放在最前面进行，撰写研究总结和结题验收必须放在最后一个环节。

(4) 计划的合理安排。安排研究计划时要避免“前松后紧”的现象。墨菲定律指出：一个项目实际所需要的时间远远大于计划时间。因此，要把工作往前安排，以免后期“赶进度”的被动现象发生。

(5) 研究计划的交叉性。一般情况下，项目各项研究内容之间的关系并不是严格的先后关系，有很多研究内容事实上可以交叉开展。例如，如果一个项目有四项研究内容，计划周期是四年，这并不意味着就必须严格按照这四项研究内容的先后关系简单地每年安排一项。正常情况下，这种安排方式是不合理的。

3. 案例分析

时间阶段	研究内容
2012-01—2012-12	• 用户调研、机床应用环境下的测试、获取各种数据、调研收据的分析和处理； • 典型数控机床“谱系”的分类结构、“分谱”的划分原则； • 研究“谱系”的表达方式，并建立通用的数学模型； • “谱系”中耦合与解耦技术研究； • 针对典型机床建立完整的“谱系”，包括各“分谱”的剖面图和频谱特征库
2013-01—2013-12	• 研究“top—down”分解流程，根据分解中的形式化定义、分解应遵循的原则、分解的步骤、分解“粒度”的判断准则等建立“PFMA 树”模型； • 分析分解过程中质量特性的映射关系，建立映射方程； • 研究“PFMA 树”伴随矩阵的结构形式
2014-01—2014-12	• 分析各“元动作”相关零件之间装配的逻辑关系，建立“元动作”的装配树，形成“元动作”的装配单元； • 结合“故障谱”研究“元动作”装配单元中每个装配动作对关键质量特性的影响规律； • 建立“元动作”装配中精度、精度寿命和可靠性三大质量特性质量控制模型，利用统计技术研究“元动作”装配的成功率
2015-01—2015-12	• 研究“bottom—up”质量控制模型，研究装配树中各“元动作”装配单元之间以及各层之间的耦合关系，建立装配树的耦合模型，结合“谱系”研究“一体化”协同控制技术； • 建立整机多尺度、多层次评价指标体系，研究评价算法，开发评价应用软件； • 数控机床装配建模方法和工艺保障技术在三家企业的应用研究和验证，修正模型和方法； • 整理研究报告，结题

分析：这个案例的研究周期是 4 年，共有五项研究内容。首先，这个案例是按照年度进行计划的，并没有细化到季度或月。其次，需要将五项研究内容分解到四个年度，这就要参照技术路线图中每项小研究内容进行计划，要注意各个小研究内容之间的逻辑关系。最后，按照年度研究计划的写法，调研类工作安排在第一年，应用验证和结题放在最后一年。但这个案例的主要问题是，没有反映学术交流活动的计划安排（从基金委提供的申请书模板看，

这不可谓不是个遗憾),同时也没有年度成果产出的计划。

4.7.2　预期研究成果(★★)

1. 概述

预期研究成果是项目结束时所产生的各类成果,一般情况下包括理论成果、应用成果、技术成果和人才成果。预期研究成果实际上也是一种预期性的计划,是项目的成果性计划。

任何一项研究工作都是有目的性的,而研究成果就是研究目标的指标性体现。因此,研究成果可以大致反映项目的完成情况,也是项目结题验收的重要依据。在专家评审时,预期研究成果也可能成为专家否决本项目的理由。例如,发表的高水平论文的数量不够,就是评审专家常给出的评语。

2. 写法和注意事项

(1) 理论成果。产生创新性的理论成果是设立基金类项目的主要目的,理论成果主要聚焦在关键科学问题上,项目将会提出什么样的新原理?会发现什么样的新机理?会建立什么样的新机制?要探索清楚什么样的新规律?会建立什么样的新模型?会形成什么样的新理论和新方法?

(2) 应用成果。基金类项目一般属于基础研究和应用基础研究,并不非常强调成果的产业化(根据国家科技计划的整体安排,技术成果的产业化通过其他科技计划项目进行资助)。但作为一个科研项目,纯基础的研究外,只有理论成果往往是不够的,仅仅进行计算机仿真和实验也是不够的,至少要通过实际应用对理论成果进行验证。所谓的应用成果,就是本项目形成的理论将会在哪些产品的实际生产和管理中得到具体应用?应用的预期效果如何?

(3) 技术成果。技术成果一般包括学术会议的主题报告、学术论文、科技报告、各类专利、软件成果、实验平台、原型样机等。技术成果的数量要与项目的类型和资助金额相吻合,一般情况下,青年科学基金项目的技术成果可以少些,重点项目的技术成果就要多得多。另外,国家正在采取措施强力纠正"唯论文""唯职称""唯学历""唯奖项"的四唯现象,强调"要把论文写在祖国大地上",因此,要提高论文的质量而不是数量,不要过分强调国外期刊。此外,对专利成果也更强调转化应用,不以数量取胜。

(4) 人才成果。人才成果指的是项目进展过程中产生了哪些人才,包括:为协作企业培养的高层次复合型人才数量,为项目参与高校培养的博士后、博士、硕士研究生数量等。另外,人才培养类型和数量要与团队成员结合起来。要注意的是,有些依托单位如果没有博士或硕士研究生授权培养资格,一般就不能写博士和硕士人才的培养成果。

3. 案例分析

案例原文:

(1) 面向高档数控机床的装配过程,以精度、精度寿命和可靠性三个关键质量特性的保证为核心,提出一套面向装配质量的结构化建模技术、求解算法和工艺保障方法,为提高高档数控机床的综合装配质量提供理论和使能技术支撑。

(2) 在国内外重要学术期刊上发表一批有影响力的论文,包括,被国内外重要期刊录用,发表学术论文 20 篇左右,被 SCI/EI 收录 8 篇左右。

(3) 取得具有自主知识产权的成果3项，其中包括，提出高档数控机床装配质量控制相关标准，申请国家专利和国家软件著作权登记等。

(4) 培养博士研究生3名、硕士研究生10名左右。

(5) 为相关企业培养一批高级应用人才。

分析：第一条属于理论成果，第二条和第三条属于技术成果，最后两条属于人才成果。本案例存在的主要问题是，忽略了应用成果的内容，在理论成果中省略了所解决的关键科学问题，因为不解决这些科学问题，就不能形成一套成体系的理论和方法。

4.8 其他内容板块

4.8.1 研究基础(★★)

1. 概念

基金申请书包含研究基础的主要原因是，要向评审专家表明申请人及其团队具有从事科学研究工作的能力和潜力，能够完成所申请的课题。国家自然科学基金委提供的申请书模板中对研究基础的注释为：与本项目相关的研究工作积累和已经取得的研究工作成绩。

可以看出，研究基础包括两部分内容，第一部分是研究工作积累(包括针对项目进行的预研)，第二部分是已取得的研究工作成绩。研究工作积累指的是曾经从事过的与本项目相关的研究工作，包括主持过的项目、以研究骨干身份参与过的项目，或以一般成员身份参与过的项目等，研究工作积累主要是面向项目本身的。研究工作成绩是指申请人和团队成员作为主要完成人和参与人所产出的科技成果，包括出版的学术专著、发表的学术论文、获授权发明专利、登记注册的应用软件、搭建的试验台、研制的新产品、提出的创新概念、解决的关键科学问题、获取过的奖项、获得的人才称号等，研究工作成绩主要是面向项目申请人和整个团队的研究能力的。

2. 撰写注意事项

(1) 研究基础可以是整个团队的。一般情况下，如果项目申请人本身的基础不够好，可以多找几个基础好的团队成员参加，对提高项目团队的整体实力很有好处。

(2) 给出尽可能全面的项目清单。很显然，参与过的项目越多，表明申请人和团队成员的科研能力越强，知识面越广，也越容易完成研究工作，这是评审专家很乐于看到的。

(3) 列出相关成果。如果申请人曾经从事过的科研项目不多(特别是对于新手而言)，则可以将曾经从事过的项目中自己所干过的研究工作(即使与本项目的关系不大)适当展开描述，向专家展示自己的科研能力。

(4) 对于青年科学基金项目不要过分纠结研究基础。对于青年科学基金项目而言，并不要求很雄厚的研究基础，这样的要求事实上也是不可能的，专家更看重的是项目的创新性、申请人的研究能力和发展潜力等。因此，申请青年科学基金项目的申请人，不必过分纠结于已有研究基础，要把申请书的重点放在创新性、关键科学问题和研究方案上。有时为了弥补研究基础不够的问题，申请人可以在项目的预研方面多下功夫。

(5) 正确罗列成果清单。一般情况下，在罗列研究成果清单时，建议把重要的成果放在前面，把次要的成果放在后面。

4.8.2 工作条件(★)

1. 概念

完成一个研究项目,总是需要一定的工作条件或手段,包括设计分析软件、大型仿真分析计算机工作站、实验设备、检测仪器,甚至包括大型精密加工设备等。国家自然科学基金委提供的申请书模板中对工作条件的进一步解释如下。

包括已具备的实验条件,尚缺少的实验条件和拟解决的途径,包括利用国家实验室、国家重点实验室和部门重点实验室等研究基地的计划与落实情况。

对于科研实力雄厚的老牌高校,一般完成青年科学基金项目和面上项目的基本工作条件都是具备的,评审专家一般不会提出太多的疑问。但对于科研基础比较薄弱的依托单位,就要特别向专家表明所研究项目的工作条件是完全具备的,对于缺乏的工作条件,可以采用租赁和合作的方式去解决。

2. 撰写注意事项

(1) 基本条件不需要专门说明,是申请项目必备的条件,如个人计算机、打印机、复印机、小型绘图软件、小型计算软件等,都是开展正常研究工作必不可少的手段,在论述工作条件时不需要专门提及。

(2) 所缺少的工具和手段应与经费预算结合起来,杜绝"工作条件中已有,而经费预算中还需要购置"的现象,这种情况经常出现。

(3) 工作条件的论述要与研究方案和实验方案紧密结合,必须是与项目研究工作密切相关的,不应是依托单位仪器设备清单的简单罗列。

(4) 研究工作中需要的工具和手段绝大多数都应该是项目依托单位所具备的,只有对于极个别的高精尖设备,可以租赁借用外单位或合作单位的设备。

(5) 工作条件撰写的顺序一般为:已具备的实验条件,尚缺少的实验条件和拟解决的途径(要提供证据)。

(6) 已具备的实验条件是指本单位所拥有的,且与本项目密切相关的工具和手段,一般情况下,只列最重要的。

(7) 尚缺少的实验条件是指完成本项目必需的,但依托单位和协作单位都没有的工具和手段,需要通过外协的方式去解决。一般情况下可以利用其他单位的国家实验室、国家重点实验室和部门重点实验室等研究基地的仪器设备,但要给出计划与落实情况(例如租用设备或委托实验的合同书)。

(8) 需要指出的是,对于尚缺少的实验条件可以自行研发,但一般不能整体购买。

4.8.3 在研项目(★)

1. 概念

在研项目指的是尚在研究过程中而未结题的项目,判断项目是否在研一般是根据项目的结束时间来判断的。在国家自然科学基金委提供的申请书模板中,对在研项目的进一步解释如下。

申请人和项目组主要参与者正在承担的与本项目相关的科研项目情况,包括自然科学基金的项目和国家其他科技计划项目,要注明项目的名称和编号、经费来源、起止年月、与本项目的关系及负责的内容等。

这里需要指的是，所列的在研项目一定是与所申请的项目相关的项目，不需要列出无关项目，否则有害无益。

2. 撰写注意事项

(1) 在研项目既包括申请人本人的项目，也包括项目团队主要成员承担的项目。

(2) 在研项目指的是申请书提交国家自然科学基金委时(一般是每年的 3 月中旬)仍然没有结题(或没到结题时间)的项目。

(3) 在研项目要与申请的项目具有研究内容(甚至关键词)上的延续性，如果项目没有延续性可以被排除。

(4) 这里的在研项目指的是国家自然科学基金项目和其他国家级的科技计划项目，而不是指其他类型的项目。

(5) 如果有与本项目相关的在研项目，则要详细说明该在研项目与本项目的关系及其负责的内容。

(6) 在研项目最好有与所申请项目相关的内容(也可以在选择项目组成员时考虑这一因素)，不然会给专家留下不好的印象。

(7) 设置在研项目这一项内容的目的是为了使专家了解申请人是否正在承担其他国家级项目。对于青年科学基金项目申请人，建议不要同时参与和承担多个国家级项目，这不利于集中精力深入研究一个主题。

4.8.4 已完成的基金项目(★)

1. 概念

已完成的国家自然科学基金项目情况指的是项目申请人在提交本项目申请之前已经完成的国家自然科学基金项目。在国家自然科学基金委提供的申请书模板中，对已完成基金项目有以下解释。

对申请人负责的前一个已结题科学基金项目(项目名称及批准号)完成情况、后续研究进展及与本申请项目的关系加以详细说明。另附该已结题项目研究工作总结摘要(限 500 字)和相关成果的详细目录。

2. 撰写注意事项

(1) 已完成国家自然科学基金项目情况是针对项目申请人的，不涉及课题团队其他成员。

(2) 如果申请人承担过多个国家自然科学基金项目，则针对的是最新结题完成的项目。

(3) 已完成国家自然科学基金项目情况的说明包括三部分内容：项目完成情况、后续研究进展及与本申请项目的关系。

(4) 项目完成情况可以从已完成项目的研究工作总结中进行提炼，主要涉及已完成项目的创新点、解决了哪些关键科学问题、产生了哪些主要成果、实践中的应用情况如何等。

(5) 后续研究进展指的是，在已完成项目结题后围绕该项目继续开展的研究工作，以及取得的后续成果。这项内容是评审专家所乐见的，专家希望申请人能够围绕某个方向长期开展研究，不希望见到项目结题后研究工作就完全终止的现象。

(6) 正常情况下,申请人承担的各个项目之间是有一定关联性的,不可能毫无延续性关系。因此,要讲清楚前后两个项目之间的关系,特别是延续性非常重要的项目。专家希望看到申请人长期围绕一个研究主题持续不断地进行研究,不断改进完善,不希望申请人"猴子掰苞谷","打一枪换一个地方",这样非常不利于形成自己的主导研究方向,也不利于完成的成果真正在实践中得到应用。

4.8.5　善后工作(★★★)

(1) 反复读。在申请书的全部内容都完成填写后,就有了一份申请书的雏形稿,但雏形稿与提交稿之间还是有很大差距的,雏形稿肯定还存在很多问题,如词不达意、语句不通顺、错别字、太啰唆、太精简,甚至大架构都不合理等。下一步的工作就是要反复读申请书,反复推敲,反复修改,这个过程可能要持续两个月以上。

(2) 发声读。在重新读申请书时建议采用发声读的方式,发声读时更容易发现语句不通顺、逻辑不连贯等问题。

(3) 间歇读。根据作者的经验,将完全写好的申请书放一段时间(例如一个月),再去读,可能会更容易发现新的问题。

(4) 自查读。在反复读申请书时,要结合附录A和附录B中给出的"管理类自查表"和"技术类自查表"进行逐项对照,认真检查。

(5) 打印读。一般情况下,在计算机上读文件的效果都不如读纸面文件的效果,读纸面文件时更容易发现问题。因此,在申请书撰写完成后,最好打印一份纸质文件,对纸质文件再多读几遍,会发现一些意想不到的问题。

(6) 研讨读。严格地说,研讨读属于申请书早期的构思阶段,在申请项目的题目、创新点、拟解决的关键科学问题和研究内容都基本确定之后,聘请本领域具有撰写基金申请书经验的专家,以与专家讨论的方式对项目的总体构思进行把关。聘请专家的方式可以是由申请人聘请自己熟悉的专家,也可以是由依托单位的科研管理部门出面聘请。研讨读是基金申请书撰写的重要环节,对提高所申请项目的成功率非常有好处。

(7) 把关读。在申请书基本定型后,将完成的申请书提交给专家(最好是请在研讨读环节聘请的专家),专家在对申请书进行通读的基础上,再与申请人进行更深入的交流和沟通。要注意的是,专家的意见往往只能作为修改申请书时的参考,最终的决策人是申请人本身,因为只有申请人对申请书的内容才更熟悉。对于青年科技人员而言,把关读对于提高申请书的质量是非常重要的。

第5章 基金项目的再申请

青年科学基金项目、面上项目和重点基金项目的会评时间大约都集中在每年的7月份，一般可以在8月份得到最终评审结果。在忐忑不安中等待半年时间后，最后得到的评审结果无非是两种(几家欢乐几家愁)：项目被通过或被否决。基金项目的申请被通过是正常的，最主要的原因是立项依据充分、研究意义重大、创新性明显、申请书的撰写符合要求等。申请的项目被通过是皆大欢喜的事，下一步的工作就是与基金委签署项目协议书，并按照研究计划按部就班地开展研究工作，力争取得预期的研究成果，为国家的科技事业添砖加瓦。但大概率是所申请的项目被否决，这种事情是经常发生的，不必太过失望。因为各类科研项目，特别是基金类项目的竞争往往都是异常激烈的，例如，近几年国家自然科学基金面上项目和青年科学基金项目的资助率一般都低于总申请数量的20%。例如，2019年基金项目的平均资助率为18.10%，其中面上项目的平均资助率为18.98%，青年科学基金项目的平均资助率为17.90%，地区基金项目的平均资助率为14.88%；2020年基金项目的平均资助率为15.88%，其中面上项目的平均资助率为17.15%，青年科学基金项目的平均资助率为16.22%，地区基金项目的平均资助率为14.30%。2021年基金项目的平均资助率为16.8%，其中面上项目的平均资助率为17.43%，青年科学基金项目的平均资助率为17.29%，地区基金项目的平均资助率为14.47%。这意味着，每年绝大多数申请者最终都会以失败告终，申请五次成功一次已经高于平均水平了。对基金项目申请而言，失败是常态，而成功反而带点“偶然性”，况且这种偶然性还是建立在创新思路好、申请书精益求精的基础上的。因此，在申请基金项目时，应该对可能遭遇的失败做足思想准备，成功固然可喜，失败也不要气馁。况且，失败一次就会取得一点进步，就距成功更近了些，“失败乃成功之母”，这句话用在基金项目申请中是再贴切不过了。

对于基金类项目申请而言，由于竞争异常激烈，不可控因素很多，申请失败是寻常事，但是这并不意味着以后就没有成功的希望，问题的关键在于申请者本人。申请者不能因为写了一次项目申请书但没得到资助而气馁，而应将失败化作动力，以积极平和的心态重新思考并开始下一轮申请。实际上，绝大部分的成功者都是这样走过来的，没有经历过失败的成功者是少之又少的。基金项目再申请的策略如图5-1所示。

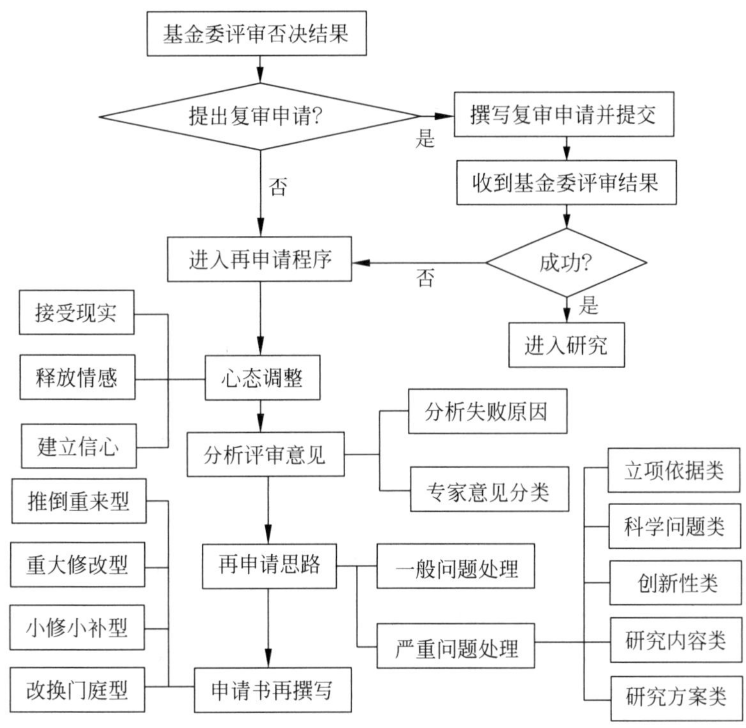

图 5-1　基金项目再申请策略

5.1　提出复审申请

申请书失败后是否具有挽救的机会？理论上是可以挽救的。申请人得到项目没有通过的通知后，可以认真分析原因，如果认为专家的评审出了重大差错，就可以提出复审申请。但由于基金项目评审的过程得到严格控制，出错的机会很少，因此通过复审申请把项目挽救回来的机会是微乎其微的。下面的一段是复制自基金委网站的内容。

按照《国家自然科学基金项目复审管理办法》(以下简称《办法》，详见自然科学基金委官方网站首页"政策法规"栏目)规定，申请人如对不予资助的决定有异议，可向自然科学基金委提出不予资助项目复审申请。相关注意事项如下：

一、提出复审申请

1. 不予资助项目复审申请接收工作自 8 月 18 日开始，9 月 7 日 16 时截止。

2. 不予资助项目复审申请人登录科学基金网络信息系统(以下简称信息系统)，在线填写不予资助项目复审申请表(以下简称申请表)。登录用户名和密码如有遗忘，可向本单位科研管理部门索取。

3. 不予资助项目复审申请人打印 1 份复审申请表，确认纸质与电子复审申请表内容一致，并在纸质复审申请表上签字后，以快递方式寄送(以邮戳日期为准)相关科学部综合与战略规划处。

二、受理复审申请

自然科学基金委各科学部负责受理复审申请。请注意，具有《办法》第八条所列以下情形之一的复审申请将不予受理：

（一）非项目申请人提出复审申请的；

（二）提交复审申请的时间超过规定截止日期的；

（三）复审申请内容或者手续不全的；

（四）对评审专家的评审意见等学术判断有不同意见的。

对不予受理的复审申请，由科学部告知复审申请人不予受理决定和原因。

三、审查复审申请

1. 自然科学基金委各科学部负责审查受理复审申请，审查依据是《办法》、国家自然科学基金相关类型项目管理办法和《2021 年度国家自然科学基金项目指南》。

2. 自然科学基金委相关科学部将在 11 月 1 日前，将复审审查结果书面通知申请人。

3. 依托单位科研管理部门可通过信息系统随时查看本单位复审申请人复审申请的提交情况与处理结果。

非集中接收期受理项目的不予资助复审工作参照上述程序进行。

5.2 以正确心态对待失败

如果申请人经过考虑不提出复审申请，那就意味着本次申请终结了，可以开始准备下一次申请工作了。由于申请失败总是会令人沮丧，因此，再申请工作的第一件事就是摆正心态，以笑脸面对，以积极的态度进入下一轮申请。

1. 勇于接受现实

首先，要接受“基金申请成功的概率是极低的”这一客观现实，自己只不过是那 80% 失败者中的一员。其次，基金申请失败并不意味着对自己科研能力的否定，相反，应该将失败作为科研历程中的一座里程碑。一方面，它记录我们曾经追忆的过往和经验教训；另一方面，它也是一个新的起点，应抛开悲伤的过往，在科研道路上更加努力地去奔跑。所以我们应该好好正视基金失败这一高概率事件，在不断跌倒中吸取教训，增长经验，在不断打磨的过程中逐渐成长。那种“一朝被打倒、永远不爬起”的态度在科研工作中是非常不可取的。最后，基金申请失败说明自己还有不足之处，或者是没有瞄准需求，或者是没有找准创新点，或者是申请书撰写的套路不对，或者是文笔不够精细，只有勇于接受现实，才能勇敢面对现实，使接受现实成为再申请的动力。

2. 释放挫败感

与其他类型的失败一样，基金项目申请的失败往往会让人失落，尤其是对于初次申请基金项目的青年学者，此时也许会感到科研道路迷茫，会有深深的挫败感。然而，此时的你应当放下包袱，尽快使自己的心态恢复正常。因为本轮基金申报结果已成定局，抱怨太多，走不出失败的阴影，那就很难以正常心态进入下一轮申报。你可以这样想：即使本轮基金项目未中，也只是多辛苦了几个月而已，对自己并没有实质性的损失。相反，经过这几个月的思考和对申请书的打磨，申请人对自己的研究方向和目标一定有了更加深刻的理解，这也是一次科研经历上的升华。事实上，没有失败的人生就不是完美的人生，关键是要尽快从失败中爬起来，重新开始。

3. 建立重新启程的信心

失败了不要灰心，不要轻易否定自己，很多时候失败往往是考验和增强我们承受力的一次绝佳机会，只要我们咬咬牙坚持下去，就会取得成功。很多的成功来自于坚持，困难的时候需要坚持，挫折的时候更需要坚持，只有坚持才能获得最终成功。千万不可灰心丧气，对自己丧失信心，而要坚定再次申请的信念，继续奋斗，直至成功。事实上，在申请基金项目中，有不少申请人是在经历连续多次失败后才最终成功的。但每次失败后都要善于总结经验教训，找出失败的原因，在新的申请中进行改进，才能获得最终成功。

5.3　对评审意见进行分析和反省

1. 认真解读评审意见，分析失败原因

当我们投入了大量心血准备的项目申请书被否定时，确实很难接受申请被拒的事实。但经过一段时间的心态调整后，还是应该积极准备下一年的申报。首先要做的事是要保持清醒的头脑，以虚心的态度对待同行反馈意见，对同行反馈意见进行字斟句酌的解读和客观的分析，反省本次申请失败的主要原因。建议仔细分析思考以下问题：

(1) 专家抓住了我什么弱点？要承认，基金委的函评和会评专家都是有一定水平的，都是认真负责的，所申请的项目被专家否决肯定意味着申请项目在某一方面出了问题，或者说被专家抓住了申请书的“漏洞和岔子”。那么，专家所提的否决意见是什么？这些否决意见是否一语中的？专家意见是否切中申请书的要害？是专家没有完全理解你的申请书，还是你自己的申请书确实没有写好？

(2) 失败的原因是什么？基金委在发送函评资料时，会要求专家明确给出支持或否决的意见。因此，在接到专家评审意见后不能置之不理，而应该认真分析专家的意见，看看究竟是因为什么被专家否决。通常情况下，专家的否决意见是多方面的，但主要集中在以下几个方面：研究意义不够重要、创新性不够、立项依据不充分、研究内容设置不合理、关键科学问题凝练不够、技术路线缺乏创新性、研究方案不合理、项目的可行性无法判断等。为了找准失败的原因，需要逐条分析专家对申请书的否定意见，结合第 3 章中的各类失败原因分析以及附件中的两类自查表，判断失败的具体原因。

(3) 将专家意见进行分类。通常可以将专家的意见分为两大类：严重问题和一般问题。严重问题，常常表现为创新性不足、研究意义不大、科学问题凝练不到位、技术路线不可行等；一般问题，常常表现为研究内容过多或过泛、研究方案不具体、团队组成不合理、研究基础不扎实、缺乏关键技术问题的提炼、研究方案与研究内容不对应、国内外研究现状掌握不够、缺乏小标题、经费预算不合理等。通过这样的分类，基本上可以明确下一轮申请的修改策略：严重问题大都是原则性的问题，必须认真深入的思考，甚至可能对整个项目“打翻重来”；一般问题则应该进一步研究申请书的撰写套路，根据第 4 章实战部分的内容对申请书进行精益求精的修改。

2. 正确对待专家评审意见

应该承认，大部分评审专家的评审是认真的，意见是中肯的，值得细细品味和认真分析，对改进申请书乃至提高自身的科研能力是有很大帮助的。因此，申请人应该为自己的申请能收到同行专家的评审意见而感到庆幸，因为它可以帮助我们了解自身的不足，有助于我们找准方向。当然，任何事情都不能一概而论，专家的评审意见也可能是良莠不齐的，有时甚至会出现专家意见相矛盾的情况。此时，我们需要重新通读申请书，仔细分析评审人的评审意见，并自行判断(当然也可以找本单位或你自己熟悉的专家一起进行分析)，在判断的基础上重新制定再申请策略。

一般情况下，可以把专家的否定意见分为三大类：必须接受的意见(专家说的确实有道理)、可以接受的意见(专家说的有一定道理)、忽略不计的意见(专家的意见没有抓住要害，这也是可能的)。

(1) "必须接受"类意见。对于那些确实切中要害，真正指出了申请书中在选题、项目的意义、拟解决的关键科学问题、技术路线、研究方案、特色创新、研究基础等方面的不足之处，确实点出申请书的"硬伤"和"软肋"的真知灼见，我们要采取"必须接受"的态度，考虑对申请书进行大的修改(见修改策略部分)。

(2) "可以接受"类意见。对于指出申请书中存在的一些枝节性问题或弱点的评审意见，如"参考文献过于陈旧""引用申请人自己的文献过多""研究基础不够扎实"、"研究方案与研究内容不匹配""研究内容的逻辑关系混乱""可行性分析不到位"之类的问题，我们应当抱着中肯的态度加以接受，并在下一次申报中规避相应的问题。

(3) "忽略不计"类意见。对于那些言不及义，没有真正读懂申请书，否决的论据不甚充分，甚至是信口开河的评审意见，申请者应当忽略不计。

但倘若你认为所有的意见都属于"忽略不计"类，那说明你并没有虚心接受专家的意见，这种态度是不行的。如果专家的意见主要是后两类，说明你已有个好的开端。另外，当你难以吃透反馈意见的精神实质，最好征询一下周围的资深同行，让他们帮助你解读。

5.4 重新制订申请书的撰写思路

申请书被拒的原因很多，为了在下次申请时能得到更好的结果，申请人需要根据评审意见重新确定申请书的撰写思路，并认真、仔细地修改申请书，找到申请书中哪些部分最需要修改，针对上述几类问题分别采取恰当的处理方式。

1. 对"严重问题"的处理方式

如果评审专家对基金申请书提出了严重问题，申请人必须在下一次申报之前对申请书"动大手术"，在大量阅读文献的基础上，结合专家意见有针对性地理顺申请书的创新点，并凝练关键科学问题，调整申请书的研究思路、技术路线和研究方案等内容。特别要重视创新点的提炼和关键科学问题的凝练。由于基金项目的要害是创新，如果专家意见是"本项目的创新性不明显"，则应该参照本书第1章的内容，重新提炼创新点。

(1) 立项依据类意见：本项目研究意义不大。评审专家意见如："项目研究意义过于平淡，研究意义不大，应该结合国家重大需求重新凝练研究意义。"针对这类评审意见，申请人应当重新确定研究方向，根据国家重大需求寻找意义重大的课题进行研究。对于没有表达出重要性的申请书，则应该下功夫找依据把研究意义写得更重要些。研究意义要充分说明研究的必要性并突出研究的理论意义和潜在应用价值。

(2) 科学问题类意见：关键科学问题不够精练，凝练不到位。评审专家意见如："项目申请人提出的×××××是一个×××××过程，具有较强的新颖性，研究内容丰富，设计的研究路线及研究工作进度安排合理。但拟解决的关键科学问题太宽泛，不够精练”。面对这样的专家评语，申请人应当结合研究现状进行分析，找出现有研究中存在的问题，分析产生问题的原因(机理不清，机制不明，规律没有掌握，没有合适的模型等)，重新凝练科学问题，为下一次申报做好准备。

(3) 创新性类意见：创新性不够突出。评审专家意见如：“申请书中研究内容的创新性不够突出，对所在研究领域的贡献有限。”创新性是基金申报中的关键要素之一，收到这样的评审意见时，申请人应当仔细反思，为何评审专家会认为所撰写的申请书创新性不够？所撰写的申请书是否具有机理上的创新、方法上的创新、实验手段上的创新、研究内容上的创新或研究目标上的创新等。对于青年科学基金项目，提炼1～2个创新点即可，对于面上项目、重点项目等其他基金，则凝练3～4个创新点就够了。

(4) 研究内容类意见：研究内容不具体。评审专家意见如：“作者具有开展×××××学研究的经历和成果，有益于完成本研究项目。但是有关研究内容部分逻辑上有些不清楚。”再如“申请书研究内容和研究目标不够清晰明确，‘开展国际合作’是科学研究中常有的途径，申请者把此作为项目的两个特色和创新点之一，显然不恰当。”当评审专家认为申请书中研究内容不清晰时，申请人应当再静下心来琢磨整个项目的研究思路，理顺各项研究内容之间的逻辑关系，以及研究内容的论述方式，争取下一次申报成功。

(5) 研究方案类意见：研究方案不具体、可行性差。评审专家意见如：“虽然申请书中的研究内容比较多，但是对每个研究内容的关系作者没有理清楚逻辑关系且没有给出描述和解决方案。”对于这样的评审意见，则需要重新整理技术路线，围绕研究内容，一步步把研究过程和研究方法详细地写出来，必要时针对每个内容增加研究方案的详细流程图。所采用的研究方法不能模棱两可，也不能是众多新研究方法的罗列。

2. 对“一般问题”的处理方式

对于“一般问题”，申请书的大思路不需要改变，可以针对专家说得对的意见进行修改，但修改时要通读全稿，避免前后说法不一致，特别是在删减或增添新内容时。

评审专家提到的作者发表论文之类的相关问题，则属于一般性问题，如专家的评语为：“申请人也在×××××分析方面做过一些研究。具备完成本项目的基础，不过，在此前发表的论文中，申请人多为参加者之一，第一或通信作者论文偏少。”抑或“项目申请人具有与本项目相关的前期研究成果比较薄弱。”对于这样的评审意见，申请人则只能在未来的研究中多积累，凑齐拿得出手的5篇代表性论著，向专家展示自己具有潜在的研究能力和水平。

对于初次申请基金项目的青年学者，通常容易犯一些低级错误，例如，有评审专家指出：“申请书全文缺少参考文献，个人简历也不完整，缺少发表文章列表，错别字多。”一般出现这种情况会直接给评审专家一种申请人做事马虎、基金申请书撰写粗糙的感觉。申请人一定要避免出现这种情况，尽最大努力给评审专家留下良好的印象(自己是认真的、下了功夫的)。当申请人遇到上述评审意见时，必须按照专家的意见逐一进行修改，确保申请书格式无误。

另外，评审专家也会提出各种各样的其他意见，如：“项目预期成果中发表论文有些偏多，但支持研究的基础显示不出申请人具备这样的能力。”

当然，评审专家有时候的评语显得不太客气，例如：“从申请书来看，拟开展的研究内容牵强附会，故弄玄虚，罗列的研究内容杂乱无章，不知道要解决什么问题，相互之间没有什么关联。"若遇到这种"纯批评、无建议"的情况，且只有一位评审专家如此评价，那么申请人可以直接忽略。

5.5 重新撰写申请书

当收到评审专家的意见后，申请者应多方征询内行的意见，特别是自己的导师以及学术上经验丰富的同事，听取他们有益的建议，同时还要加强研究基础的沉淀，进一步聚焦研究方向，通过大量阅读文献更深入地了解研究方向的进展和动态，凝练出更有创新性的科学问题，撰写出质量更高的申请书。

当获知提交的申请书被拒绝并认真解读评审意见后，就可谋划再申请的对策。再申请的对策不外乎有以下四种情况。以下部分内容主要参考了戴世强教授的博文。

1. "推倒重来"型

如果大部分同行评审专家从根本上否定了原申请书，而且意见正确，例如，没有创新性，选题陈旧或与别人重复；研究目标不可实现；研究路线不正确或不可行，不能验证科学假说；研究基础薄弱；等等，就必须另起炉灶，在仔细考虑这些要点后，做出新的抉择。

创新性不足是最难弥补的，申请者需要加倍努力，从选题方面找出更好的切入点（见第 2 章）。若评审专家认为申请书的研究方向陈旧，申请者必须予以仔细考虑，倘若接受评议意见，就需要改弦更张了。在同一研究方向上连续落榜，也应该考虑换选题了。

2. "重大修改"型

如果同行专家肯定了申请书的选题，但在若干方面提出重大的意见或建议，例如，研究方案不具体；关键科学问题提炼不清晰；技术路线有缺陷；等等，就必须予以慎重考虑，对原来的申请书做重大修改。

申请者要认真对待评议意见中的合理部分，必须对所提及的薄弱环节，特别是其中被击中"软肋"的那些意见，有针对性地加以改进。例如，进一步调研分析，确定选题的先进性和前沿性；对项目的创新性做进一步凝练；注重日常积累，夯实研究基础；制定更为切实可行的研究方案等。

3. "小修小补"型

如果同行专家仅仅提出了不带有原则性的意见，那么，只要对专家提出的具体问题做一些小修小补就行了。

如果评审意见基本上是枝节性的，说明此项申请离成功只有半步之遥（可能是你今年的运气太差，申请书被分派到实力很强的一组中），只需要针对这些意见对申请书进行适当的调整。

4. "更换门庭"型

有的申请可能选错了学部或填错了亚类，评审意见中明确指出该研究不属于本学科的研究范畴，就更应在专家指导下"改换门庭"，重新选择学科代码。

不管采用上述四种"再申请"思路中的哪一种，都要结合第 4 章的实战部分，一步一步、脚踏实地地重新撰写申请书。

青年科学基金项目申请书范本点评

6.1 青年科学基金项目概述

青年科学基金项目属于国家自然科学基金委资助体系中的人才类项目，设立青年科学基金项目的目的是支持青年科学技术人员在科学基金资助范围内自主选题，开展基础研究工作，培养青年科学技术人员独立主持科研项目、进行创新研究的能力，激励青年科学技术人员的创新思维，培养基础研究后继人才。

青年科学基金项目和面上项目是国家自然科学基金委每年资助数量较大的两类项目，以 2021 年为例：青年科学基金项目共资助 21072 项，总资助金额为 628250 万元，每项定额资助 30 万元，资助率 17.29%，但其申请难度依然非常大。

6.2 范本背景

本范本是一份获得资助的青年科学基金项目的成功案例，项目的申请类别为：工程与材料科学部(E)、机械设计与制造学科(E05)、传动与驱动方向(E0502)。项目的执行期为：2018-01—2020-12，也就是说，项目的申报和获批年度是 2017 年。

项目申请人于 2016 年博士研究生毕业后受聘到依托单位工作，第二年就获批青年科学基金项目，这从一个方面说明申请人的研究基础扎实、学术思想活跃、创新能力强；从另一个方面看，所撰写的申请书在整体结构、文字表达、精细化等方面都应该是不错的。但尽管项目最终获得批准立项，并不说明申请书是“无懈可击”的，从精益求精的观点看，本章的点评尽管带点“鸡蛋里面挑骨头”的意味，但对于申请人写出高质量的申请书还是有帮助的。

6.3 范本点评

为了保持申请书范本的原貌，我们对范本中各项内容的编号都没有进行改变(有可能与前面几章的编号方式不太一致)。另外，为了便于读者对照阅读，我们将点评的内容直接穿插到范本中间，并使用了“【点评】”的字首方式与范本予以区别，希望读者注意这一点。

【案例】

一、题目

机电复合传动转子界面多维多场耦合作用下非线性振动与主动调控

【点评】这个题目总体上是不错的。首先表达了研究对象是机电复合传动；其次，既然是机电复合传动，那么传动转子界面必然是多维多场耦合的，表达了项目研究的特点；第三，研究内容是耦合作用下的非线性振动与主动调控；最后，项目的创新点是“复杂耦合作用”和“主动调控”。题目的总长度29个字，字数不算太多，读起来也比较顺口。

二、摘要

车用机电复合传动系统涉及机、电、磁、力等多场与多维动态过程，转子界面在多源扰动作用下使得振动异常复杂，严重影响振源定位和制约传动系统的性能提升。该项目围绕“机电复合传动系统转子界面多维多场耦合机理”与“多约束条件下传动系统耦合振动主动调控”2个基础科学问题展开。采用Lagrange－Maxell理论构建多维多场耦合非线性振动模型，探究转子界面多维多场耦合的力学机理与耦合动力学行为演变规律；基于耦合振动模型-动力学特性-稳定性控制的多层次分析方法探讨耦合参数与复杂边界条件对奇异点动态稳定性的影响，明确多维多场耦合失稳机制；在多源扰动与参数不确定性约束条件下，以机电复合传动多维多场耦合作用下主动减振与系统鲁棒性为目标，探索利用电机系统进行多目标、多参数优化主动调控方法，获取满足稳定裕度、载荷能力和抗扰动要求的耦合参数空间分布曲面。该研究对于车用机电复合传动系统的优化设计、稳定性和可控性具有重要的理论和应用价值。

【点评】这个摘要开门见山地用一句话点明机电复合传动系统的复杂性及其对传动系统性能的影响。紧接着指出本项目是围绕“机电复合传动系统转子界面多维多场耦合机理”和“多约束条件下传动系统耦合振动主动调控”两个关键科学问题展开研究。随后说明了研究内容、研究方法和技术路线，最后给出项目的研究目的。从整体上看，这个摘要写得还是不错的，如果非要“从鸡蛋里面挑骨头”，还存在以下可以进一步改进的内容：其一是把关键科学问题写成基础科学问题；其二是对主动调控中如何实现主动的没有讲得很清楚；其三是对项目的目标总结不够到位。

三、报告正文

（一）立项依据与研究内容（4000～8000字）：

1. 项目的立项依据（研究意义、国内外研究现状及发展动态分析，需结合科学研究发展趋势来论述科学意义；或结合国民经济和社会发展中迫切需要解决的关键科技问题来论述其应用前景。附主要参考文献目录）

1.1 立项背景和意义

由于电机功率密度和电池能量密度的限制，重型或非道路车辆采用纯电驱动不能满足动力性和行驶里程要求[1]，而机电复合传动（**electro-mechanical transmission，EMT**）作为混合动力的一种形式，既能够满足调速范围宽、驱动功率大、辅助系统和特定功能系统用电等特殊需求，还可降低对车用电机和电池的功率要求，是实现重型车电驱动的可行技术途径[2]。

【点评】在立项背景的第一段直接点明项目研究对象的重要性，值得表扬。

机电复合传动系统是一种典型的耦合系统，由机械系统、电气系统和耦合磁场三部分组成，如图 1-1 所示，**机电复合传动系统多维动态过程同时存在，涉及机-电-磁-力多参数耦合，其实质是耦合磁场通过转子界面将机械系统与电、磁系统联系在一起，从而达到能量传递和转化的目的**。可以说，“耦合”已成为机电系统的一个根本特征，它一方面决定了机电传动系统的功能生成，另一方面，它也决定着传动的运行性能[3]。**因此需要探索耦合对传动系统的运动约束机制，分析耦合参数与传动系统功能及性能的多维耦合机理，进行奇异工况的预测和调控。**

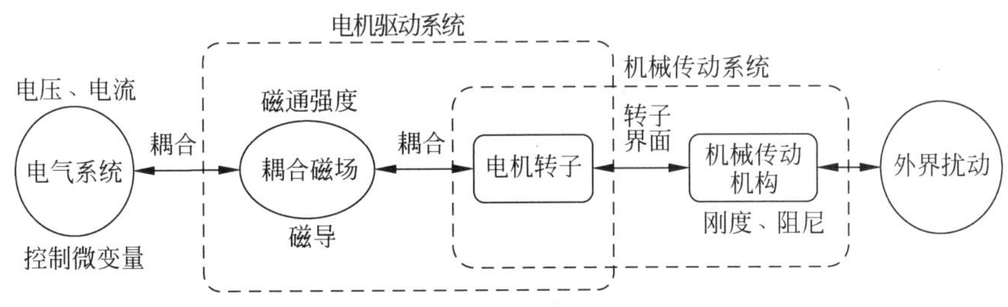

图 1-1　机电复合传动系统界面耦合关系

目前，重载车辆传动装置向高速、大功率、高精度和高可靠性方向发展，使得机构动力学及控制成为决定其性能的关键。**机电复合传动系统的发动机、电机多动力源和动力耦合机构共轴连接，车辆多变工况亦使负载变化频繁和剧烈进而产生多源扰动，在多维度与多场耦合作用下机电复合传动转轴动力学行为发生非线性演化**，主要表现为转矩、转速的间歇振荡（比如低速时的低频振荡）、控制性能不稳定、转子不规则振动等，严重时还可能导致断轴等严重事故。目前国内外对车用机电复合传动多场耦合动力学与主动控制的研究尚未形成完善的理论分析方法，本项目申请是在这样的背景下提出的。

【点评】第二段和第三段指出机电复合传动系统的耦合特征及其因耦合带来的理论问题和实际效果，表述方式简明扼要。却没有表达清楚为什么要实现主动控制。

1.2　国内外研究现状分析

科技的迅速发展将机、电、磁、力和信息技术越来越多地融合在一起，显著改变了传统机械系统的结构和功能，出现了越来越多的高度集成机电耦合系统，并且运行工况与边界条件越来越复杂，因此多场耦合问题变得愈发突出[4]，国内外学者围绕着机电系统耦合的相关问题研究也在广泛开展。

机电系统耦合关系方面的研究

机电系统一般包括了驱动系统、传动系统、控制系统、负载系统等子系统，各子系统之间存在着多物理过程、多参数量的复杂耦合关系，针对这种复杂的耦合关系有学者将一般机电系统的耦合关系划分为三类[5]：①电机定子-电磁场-转子；②原动机-发电机-电网及控制；③原动机-工作机-控制系统。根据三类机电耦合关系可以将机电系统划分为若干子系统分别进行研究，但针对复杂机电系统，各个子系统之间既有相对独立的，同时又有相互联系共同作用实现的功能，因此需要运用系统科学的理论和方法来进一步研究多重耦合机理与规律[4]。钟掘等[6-8]以大型轧钢机为研究对象，提出了一种全局耦合的设计理论和方法，并基于复杂机电系统动力学的特点构建了一种约束函数递推组集法的全局建模方法。此外，针对机电系统的局部与全局耦合关系，也有学者[3,9]分别以高速电主轴与永磁精密驱动系统为研究对象，归纳了其中存在的多物理过程、多参数耦合现象，提炼了耦合系统全局和局部的机电耦合关系。

机电系统耦合机理与振动特性方面的研究

针对机电系统耦合机理与振动特性的研究，一个核心问题是电磁激励的建模问题。电磁激励的建模方法主要包括有限元法(finite element method，FEM)与解析法，其中FEM能够较精确计算电机的电磁激励，但是处理过程复杂，计算时间较长，且不能提供解析解，在耦合机理与动力学分析中不便采用[10]。英国谢菲尔德大学Zhu等[11]建立的气隙磁场解析模型为电磁激励的解析建模奠定了基础，之后研究人员考虑永磁同步电机的空间谐波[12]、时间谐波[13]、饱和效应[14]、转子偏心[15]等因素，针对不同边界约束条件建立了永磁同步电机电磁激励的解析模型。项目申请人针对车用永磁同步电机的解析模型分别构建了考虑饱和因素的谐波电磁激励[16]与偏心条件下的不平衡磁拉力解析模型[17]。以上电磁激励模型的研究为机电系统耦合机理与振动特性的研究奠定了基础。

很多学者针对各种机电系统的耦合动力学展开了研究，如邱家俊等[18]研究了大型发电机组在三相对称、不对称运行时同步发电机转子轴系的耦合参数共振，并通过Park方程和机械运动方程建立了发电机转子轴的机电耦合方程，指出电机电磁参数变化是引起耦合自激振动的主要因素[19]；Ran等[20]采用双质量转子模型研究了双馈感应电机飞轮转子系统的机电耦合振动与控制问题，结果显示通过合理设计电机控制器可以减小负阻尼，避免转子共振；鞠立华等[21]针对永磁悬浮-机械动压轴承混合支承式飞轮储能系统分析了阻尼系数与永磁体剩余磁感应强度对机电耦合共振频率与幅值的影响；Xu等[22]研究了机械参数和电参数对机电集成超环面传动电系统非线性振荡的影响规律。总的来说以上机电系统运行工况和边界条件相对较单一。

此外机电耦合问题在电动车辆驱动领域的研究也在开展着。如有学者[23-24]针对轮毂电机驱动电动汽车非簧载质量增加、载荷不均、不平路面激励下轮胎跳动等引起电机气隙不均匀，从而使得电机产生垂向电磁激励作用于悬架系统，对路面-电磁复合激励下电动车辆悬架耦合振动响应特性进行了研究；还有学者[25]对机电耦合作用下混合动力系统轴系动力学特性进行了理论仿真和实验的定性研究。同时项目申请人在前期的研究对机电复合传动系统机电耦合单维度振动特性做了初步探索，研究结果显示机电耦合作用使得车辆电机转子具有一定的负刚度效应[17,26]。以上研究对于认识机电复合传动系统耦合振动具有重要意义，但对于车辆传动系统及其在复杂运行工况和边界条件下的多维耦合振动研究有待进一步深入。

机电传动系统稳定性与控制方面的研究

机电复合传动系统由发动机与电动机提供动力，发动机与电动机实际运行中发生的机、电、磁噪声不规则、转矩和转速低频振荡和控制性能不稳定等失稳现象直接影响车辆传动系统的性能品质。针对电机转子系统，Niu等[19]采用Hopf分岔理论研究了电磁参数变化引起的转子系统失稳振荡，指出电机定转子电阻或电感的变化会导致系统失稳。有学者[27]研究了电机传动系统参数不确定产生的不规则运动，这类不规则运动与非线性系统中的混沌现象所体现的特征非常类似，如在一定的参数变化范围内对于初始条件非常敏感、运动不可预测以及运动轨迹有界等[28]；相关研究人员还研究了具有外界负载波动产生的永磁同步电机混沌动力学，指出当外界负载扰动在一定范围之内，机电系统将发生失稳震荡现象[29]。此外，电机转子偏心产生的不平衡磁拉力使得转子系统在一定的运行条件下转子运动震荡加剧，导致转子失稳现象的产生[30]。以上研究主要针对的是单耦合通道引起的系统失稳，实际上对于机电复合传动系统复杂工况与运行边界条件使得机-电-磁-力参数之间存在交叉耦合现象，因此，对其稳定性需要进一步展开深入研究。

为了避免机电系统发生失稳现象，可以在机电系统设计阶段对机、电、磁参数进行合理设计或匹配，但很多学者依然致力于稳定性控制的研究。例如，刘爽等[31]针对轧机轴系中存在的低频扭振的失稳现象，设计了 H_∞ 鲁棒控制器进行抑制；另外，针对机电驱动系统参数估计误差与参数不确定引起的混沌现象，研究人员分别采用了自适应鲁棒非线性反馈控制[28]与直接自适应神经网络滑模控制[32]以抑制电机系统的混沌振荡；同样针对外界负载扰动引起的非线性失稳震荡，神经网络控制被应用于控制器以抑制失稳[29]。对于车辆传动系统，发动机的工作特性决定了其输出转矩必然存在波动，很多学者正在研究利用机电复合传动系统的耦合效应对发动机进行主动减振控制。例如，针对电机直接与发动机飞轮轴连接的弱混驱动系统，Nakajima 等[33-34]在试验台上测试通过控制电机与发动机反相位角来减小发动机的转速波动和减振；Cauet 等[35]以中度混合动力系统为对象，通过试验测试了当发动机转速变化时采用 LPV 控制能有效抑制发动机的低阶转速波动。此外，还有学者研究利用电机主动抑制电动车辆变速器换挡产生的动力传动系统振动，如 Walker 等[35]基于电机的快速响应的特点，采用优化 PID 控制永磁同步电机输出扭矩抑制 DCT 换挡产生的转速波动。以上控制方法在一定程度上抑制了机电传动系统失稳震荡的产生，然而对于车用机电复合传动系统多源扰动与复杂运行工况引起的参数不确定性条件，需要进一步研究多目标与多参数耦合的主动控制方法。

【点评】分三个部分对国内外研究现状进行了分析，总的看来，对现状的分析基本上覆盖了研究内容和拟解决的关键科学问题。唯一的小缺陷是三个部分的标题缺乏编号。另外，从研究现状分析的整体看，对现有研究工作存在的问题归纳不够，对引出本项目研究内容的支持作用不大(因为后面也没有涉及这部分内容)。

1.3　研究的必要性

机电系统的非线性转子动力学及其控制已成为机电耦合领域的重要研究内容，其交叉了多个学科的基础理论，包括机械传动学、转子动力学、电磁学和现代控制理论等。

从国内外研究现状可以看出，针对机电耦合振动的研究主要集中于异步电动机或电励磁同步发电机，本项目申请机电复合驱动电机主要采用高速高功率密度永磁同步电机，这方面的文献则比较少；另外，针对机电耦合振动控制的研究仍处于试验分析和数值模拟阶段，对于失稳振荡产生的力学机理及控制方法的研究尚需进一步完善。本项目研究的必要性主要是基于以下几点：

- ◆ 大功率高速机电复合驱动系统具有多工况、变负载、调速范围宽的特点(例如发动机启停、换挡及空载和满载交替运行、负载变化频率高、幅度大)，这与在某一固定转速或者转速范围变化小运行的机电系统有很大区别；
- ◆ 机电复合系统采用高速大功率密度永磁同步电机，不同类型的电机由于结构差异与不同的运行工况，电机气隙磁场不同，磁场能量函数也不同，振动方程和电压方程有所区别，因而其振动规律与耦合机理存在差异；

◆ 车辆传动系统多转子同轴连接使得转轴易产生扭转与横向偏心运动诱发电磁激励，与发动机气体爆发力、往复惯性力联合作用下，多源扰动使得机械振动参数、电磁参数控制微变量与负载扰动之间存在复杂的多重耦合关系。

以上各因素相互影响、相互耦合，使得车用机电复合传动存在多源扰动与参数不确定性的特点，在复杂运行工况下多维耦合振动将呈现出新的特点。

本项目申请将Lagrange-Maxwell理论与电磁学理论、非线性振动方法及现代控制理论相结合，探讨机、电、磁、力参数之间的多维多场耦合机理，探究非线性多重耦合振动特性，分析耦合参数的演变规律与多重耦合失稳机制，探索多源扰动与参数不确定性约束条件下机电复合传动系统多目标、多参数优化主动控制方法，为机电复合传动系统的参数设计、故障诊断与稳定运行提供理论指导。

【点评】与第3章和第4章介绍的思路不同，这个范本增加了“研究的必要性”这部分内容。这种处理方式并非不可以，但应该首先介绍研究思路，再在介绍思路的基础上讨论重要性。另外，也没有明确提出拟解决的关键科学问题(模板提示要分析存在的问题和发展趋势)。因此，如果将这部分的小标题改为“研究思路及必要性”，再从“存在的问题、发展趋势、研究思路、研究的必要性”这个技术路线来论述，则效果会更好。

主要参考文献：

[1] 王伟达，项昌乐，韩立金，等．机电复合传动系统综合控制策略[J]．机械工程学报，2011，47(20)：152-158.

[2] 郑海亮，项昌乐，王伟达，等．双模式机电复合传动系统综合控制策略[J]．吉林大学学报：工学版，2014，44(2)：311-317.

[3] 林利红，陈小安，周伟，等．永磁交流伺服精密驱动系统机电耦合振动特性分析[J]．振动与冲击，2010，29(4)：48-53.

[4] 国家自然科学基金委员会工程与材料科学部．机械工程学科发展战略报告(2011—2020)[M]．北京：科学出版社，2010：42.

[5] 廖道训，熊有伦，杨叔子．现代机电系统(设备)耦合动力学的研究现状和展望[J]．中国机械工程，1996，7(2)：44-46.

[6] 钟掘，陈先霖．复杂机电系统耦合与解耦设计——现代机电系统设计理论的探讨[J]．中国机械工程，1999，10(9)：1051-1054.

[7] HE J J，YU S Y，ZHONG J. Harmonic current's coupling effect on the main motion of temper mill set [J]. Journal of Central South University of Technology，2000，7(3)：162-164.

[8] 唐华平，钟掘．一种复杂机电系统的全局建模方法[J]．中南工业大学学报，2002，33(5)：522-525.

[9] 孟杰，陈小安，合烨．高速电主轴电动机—主轴系统的机电耦合动力学建模[J]．机械工程学报，2007，43(12)：160-165.

[10] BARRIERE O D，AHMED H B，GABSI M，et al. Two-dimensional analytical airgap field model of an inset permanent magnet synchronous machine，taking into account the slotting effect [J]. IEEE Transaction on Magnetics，2013，49(4)：1423-1435.

[11] ZHU Z Q，HOWE D. Instantaneous magnetic field distribution in brushless permanent magnet DC motors，Part Ⅳ：Magnetic field on load [J]. IEEE Transaction on Magnetics，1993，29 (1)：152-158.

[12] PLOTKIN Y，STIEBLER M，HOFMEYER D. Sixth torque harmonic in PWM inverter-fed induction drives and its compensation [J]. IEEE Transaction on Industry Application，2005，41(4)：1067-1074.

[13] 马琮淦，左曙光，杨德良，等．电动车用永磁同步电机的转矩阶次特征分析[J]．振动与冲击，2013，32(13)：81-87.

[14] KWAK S Y，KIM J K，JUN H K. Characteristic analysis of multilayer-buried magnet synchronous

motor using fixed permeability method [J]. IEEE Transaction on Energy Conversion,2005; 20(3): 549-555.

[15] DORRELL D G,HSIEH M F,GUO Y G. Unbalanced magnet pull in large brushless rare-Earth permanent magnet motors with rotor eccentricity [J]. IEEE Transaction on Magnetics, 2009, 45(10): 4586-4589.

[16] CHEN X,HU J B,PENG Z X,et al. Modeling of electromagnetic torque considering saturation and magnetic field harmonics in permanent magnet synchronous motor for HEV [J]. Simulation Modeling Practice and Theory,2016,66: 212-225.

[17] CHEN X,YUAN S H,PENG Z X. Nonlinear vibration for PMSM used in HEV considering mechanical and magnetic coupling effects [J]. Nonlinear Dynamics,2015,80(1-2): 541-552.

[18] 邱家俊. 电机的机电耦联与磁固耦合非线性振动研究[J]. 中国电机工程学报,2002,22(5): 109-115.

[19] NIU X Z,QIU J J. Investigation of torsional instability,bifurcation,and chaos of a generator Set [J]. IEEE Transaction on Energy Conversion,2002,17(2): 164-168.

[20] RAN L,XIANG D W,KIRTLEY J L. Analysis of electromechanical interactions in a flywheel system with a doubly fed induction machine [J]. IEEE Transaction on Industry Application,2011,47(3): 1498-1506.

[21] 鞠立华,蒋书运. 飞轮储能系统机电耦合非线性动力学分析[J]. 中国科学 E 辑:技术科学,2006, 36(1): 68-83.

[22] XU L Z,GAO Y X. Bifurcation and chaotic vibration in electromechanical integrated toroidal drive [J]. Journal of Vibration and Control,2013,21(8): 1556-1565.

[23] LUO Y T,TAN D. Study on the dynamics of the in-wheel motor system [J]. IEEE Transaction on Vehicular Technology,2012,61(8): 3510-3518.

[24] WANG Y Y,LI P F,REN G Z. Electric vehicles with in-wheel switched reluctance motors: Coupling effects between road excitation and the unbalanced radial force [J]. Journal of Sound and Vibration, 2016,372: 69-81.

[25] 岳东鹏,苗德华,张峻霞. 机电耦合作用下混合动力系统轴系动力学分析[J]. 汽车工程,2008,30(3): 211-214.

[26] CHEN X,HU J B,PENG Z X. Nonlinear torsional vibration characteristics of PMSM for HEV considering electromagnetic excitation [J]. International Journal of Applied Electromagnetic and Mechanics,2015,49(1): 9-21.

[27] 张波,李忠,毛宗源等. 电机传动系统的不规则运动和混沌现象初探[J]. 中国电机工程学报,2001, 21(7): 40-45.

[28] HU J,QIU Y,LU H. Adaptive robust nonlinear feedback control of chaos in PMSM system with modeling uncertainty [J]. Applied Mathematical Modelling,2016,40(19-20): 8265-8275.

[29] WANG L B,FAN J,WANG Z C,et al. Dynamic analysis and control of a permanent magnet synchronous motor with external perturbation [J]. Journal of Dynamic System,Measurement,and Control,2016,138(1): 1-7.

[30] XIANG C L,LIU F,LIU H,et al. Nonlinear dynamic behaviors of permanent magnet synchronous motors in electric vehicles caused by unbalanced magnetic pull [J]. Journal of Sound and Vibration, 2016,371: 277-294.

[31] 刘爽,刘彬,时培明. 基于 H_∞ 性能指标的旋转机械鲁棒控制器设计[J]. 仪器仪表学报,2009,30(2): 313-317.

[32] YU J P,YU H S,CHEN B,et al. Direct adaptive neural control of chaos in the permanent magnet synchronous motor [J]. Nonlinear Dynamics,2012,70(3): 1879-1887.

［33］ NAKAJIMA Y,UCHIDA M,OGANE H,et al. A study on the reduction of crankshaft rotational vibration velocity by using a motor-generator [J]. JSAE Review,2000,21(3)：335-341.
［34］ MORANDIN M,BOLOGNANI S,FAGGION A. Active torque damping for an ICE-based domestic CHP system with an SPM machine drive [J]. IEEE Transaction on Industry applications,2015,51(4)：3137-3146.
［35］ CAUET S,COIRAULT P,NJEH M. Diesel engine torque ripple reduction through LPV control in hybrid electric vehicle powertrain：experimental results [J]. Control Engineering Practice,2013,21(12)：1830-1840.
［36］ WALKER P D,ZHANG N. Active damping of transient vibration in dual clutch transmission equipped powertrains：a comparison of conventional and hybrid electric vehicles [J]. Mechanism and Machine Theory,2014,77(7)：1-12.

2. 项目的研究内容、研究目标，以及拟解决的关键科学问题。（此部分为重点阐述内容）

2.1 研究目标

该项目围绕“机电复合传动系统转子界面多重耦合机理”与“多约束条件下传动系统耦合振动主动调控”2个基础科学问题展开，确立以下三个研究目标：

◆ 构建转子界面多重耦合多维非线性动力学的数学描述模型，揭示机-电-磁-力耦合参数在复杂运行工况与边界条件下的多维耦合机理。

◆ 探讨多重耦合转子动力学行为随耦合参数的演化规律，明确机电传动系统转子界面多维度多重耦合失稳机制。

◆ 探索利用多维耦合机制进行发动机主动减振，建立多源扰动、参数不确定性约束条件下转子界面耦合振动主动调控方法。

【点评】这个研究目标的写法与第4章介绍的写法有很大的差异性，主要是将一个项目的研究目标分成三个，笔者认为，一个项目要达到三个研究目标是不合理的。事实上，这三个研究目标都仅仅是三项研究内容的研究结果，针对机电复合传动系统的抑振，这些中间结果最终实现一个什么样的目标？因此，笔者建议还是参照第4章关于研究目标的写法，用一段话一气呵成地论述研究目标。另外一个“吹毛求疵”的小问题是，“2”用的是阿拉伯数字，“三”用的是中文。

2.2 研究内容

围绕车用机电复合传动转子界面非线性耦合振动与主动控制研究，本项目拟开展以下研究工作。

2.2.1 多维多重机电耦合非线性转子动力学模型及其耦合的力学机理

机电复合传动系统是高维数、多变量、非线性、强耦合、不确定性系统，同时车辆运行工况复杂多变，如果仍采用近似线性系统的分析方法，将不可避免地“过滤”掉许多系统本身固有的非线性耦合特征。本项目拟以拉格朗日分析力学和麦克斯韦电磁场理论为基本理论，探究多维度与多重耦合下转子界面非线性因素的诱发机制，构建力学问题与电路、电磁场问题相耦合的动力学微分方程组，采用非线性振动理论中的近似解析解法、数值计算、仿真以及实验等方法，揭示机电复合传动转子界面多维多重机电耦合力学机理。为此开展以下具体的研究内容：

(1) 复杂运行工况与边界条件下多维多重耦合非线性因素的诱发机制

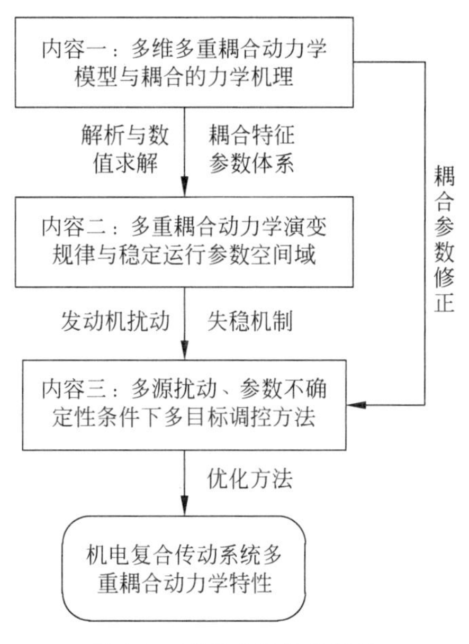

图 1-2　研究内容关系框图

(2) 转子界面多维度与多重耦合非线性动力学数学模型

(3) 转子界面多维度多重耦合的力学机理

2.2.2　机电复合传动系统转子界面多重耦合动力学演变规律与失稳机制

车辆具有运行工况复杂多变的特点，使得机电复合传动系统经常在高速与低速之间、轻载与重载工况之间运行，机-电-磁-力耦合特征参数通过多维耦合机制发生非线性变化，因此转子界面多维耦合动力学行为产生丰富的非线性现象，在一定运行工况与边界区域内甚至发生失稳震荡。基于前述多维度多重耦合的机制，建立多维度耦合分析特征参数体系，从定性与定量两个方面分别研究多重耦合动力学随特征参数的演化规律，并分析机电复合传动系统的稳定工作范围及不稳定因素对系统的影响机制，提出机电耦合系统稳定运行的机、电、磁参数空间边界域。为此开展以下具体的研究内容：

(1) 多维度多重耦合动力学特性随特征参数的演化规律

(2) 多维度多重耦合失稳机制与稳定性调控方法

(3) 机电复合传动系统转子界面多维稳定运行空间域

2.2.3　多源扰动与参数不确定性约束条件下多目标、多参数优化耦合振动主动调控

机电复合传动系统存在发动机与电动机两个动力源，并具有多运行工况与复杂边界条件、变负载的特点，转子界面在多维耦合机制的作用下存在多源扰动与不确定性参数的现象，而多源扰动与不确定性参数之间往往具有交叉耦合关系。本项目基于机电复合传动系统转子界面的多维耦合机制，以多重耦合动力学稳定性与传动系统主要振源之一的发动机主动减振为目标，构建多源扰动与参数不确定性约束条件下多目标协调优化控制模型，通过数值模拟分析多目标主动控制的可行性，为转子轴系统振动与发动机主动控制提供理论基础和设计参考。为此开展以下具体的研究内容：

(1) 发动机主动减振方法及其与稳定性运行条件的交叉耦合关系

(2) 基于状态反馈的多目标协调控制机制及优化数学模型

(3) 多目标、多参数协同优化控制算法研究

【点评】用一个流程图的方式给出研究内容之间的关系,这种写法是可以的,但存在以下一些问题:第一个问题是没有体现“主动调控”中的“主动”概念;第二个问题是图中的研究内容与两个关键科学问题没有挂起钩来;第三个问题是图中形成的结果与题目不相符;第四个问题是三个小标题与图中的研究内容不一致,且对研究内容小标题提炼得有点啰唆;第五个问题是小的研究内容没有加分号。

2.3 拟解决的关键问题

(1) 复杂工况与边界条件下机-电-磁-力参数耦合机理及其演变过程的描述问题

由于机电复合传动系统的运行过程涉及多物理过程、多参数之间的耦合,永磁同步电机气隙磁场随运行工况与边界条件不同而复杂多变,因而**表现出机-电-磁-力参数之间的多重交叉耦合,耦合参数演变过程较复杂,需要在模型描述中考虑运行工况与转子边界条件对机-电-磁-力等耦合参数的影响**,利用耦合模型揭示多维耦合的力学机理,并分析耦合动力学行为的演变过程。

(2) 多源扰动与参数不确定性条件下多目标、多参数优化目标的数学描述问题

由于机电复合传动系统涉及多动力源与复杂的内、外参数与扰动的耦合机制,**发动机等多源扰动与不确定性参数互相影响、互相耦合,需要综合考虑转子界面多维耦合动力学稳定性与参数演化和发动机主动减振控制的相关性**,利用多重耦合机制进行多目标优化主动控制,实现设计对象的优化目标由物理层面到数学范畴的跨越,并且找到求解数学模型的优化方法,在约束框架内完成对目标函数最优边界的求解。

【点评】首先,2.3 节的小标题应该是拟解决的关键科学问题,范本中忽略了“科学”二字,这点忽略可能是致命的;其次,在第一个关键科学问题中,包括了两个事情:耦合机理和演变过程描述,但把两个问题合成为一个科学问题的处理方式是错误的;另外,把演变过程改为演变规律显得更高大上一些;再其次,第二个关键科学问题中使用了“数学描述”,数学描述算什么科学问题?建议将描述二字改为表征可能更好些;最后,对两个关键科学问题提炼得不够精练。

3. 拟采取的研究方案及可行性分析(包括有关方法、技术路线、实验手段、关键技术等说明)

3.1 研究方法

机电复合传动系统多维多场耦合振动是一个复杂的多动态过程,其中非线性耦合振动与控制涉及多个学科与领域,包括机械传动学、非线性转子动力学、现代控制理论、测试计量与仪器等。

(1) 利用 Lagrange-Maxwell 理论模拟电机复杂电磁环境与转子运行边界条件,实现电路与电磁激励之间的双向耦合数值模拟,在理论研究上解耦分析机-电-磁-力等耦合参数对机电耦合振动的影响规律,明确各个因素对多重耦合振动的影响机制,以期获得多维多重耦合机理与规律,并建立其耦合动力学分析参数体系。

(2) 搭建耦合机理与动力学特性研究试验装置。针对多维多重耦合振动的高频特征,不仅在测试手段保证数据的同步性,在数据后期处理上改善数据采集的同步精度,并且要保证试验装置所有传感器的测试精度满足高频动力学的要求。

(3) 针对多维度多重耦合非线性失稳震荡问题,利用非线性振动近似解析法求解耦合共振时响应的特征方程并进行奇异性分析,采用 Melnikov 法对耦合振动失稳路径进行解析预测,对传动系统的不同工况研究多重耦合振动随耦合参数体系的演变规律,并基于状态反馈线性化理论设计合理的控制算法,进行稳定性控制。

(4) 根据非线性动力学行为演变规律与失稳震荡特征确定优化设计参数,依据转子界面几何边界与性能边界确定边界约束与性能约束,基于多维多重耦合动力学机制构造目标函数与设计变量之间的数学描述,采用基于遗传算法的 Pareto 优化方法进行归一化的多目标优化,在约束条件所确定的设计空间域中搜索最优的耦合特征参数集。

3.2 技术路线

本项目总的技术路线如图 1-3 所示,它是对图 1-2 研究内容之间关系的详细扩展。

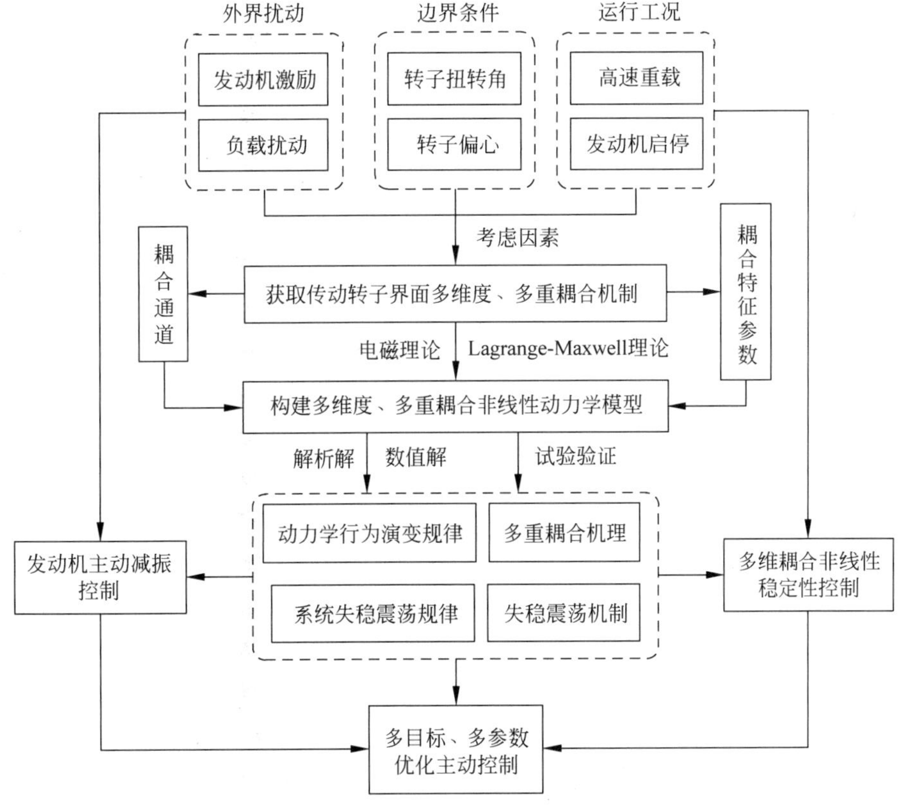

图 1-3 项目技术总路线流程图

(1) 多维度多重耦合非线性转子动力学模型及其耦合机理

机电复合传动系统涉及复杂的运行工况、边界条件、外界扰动,使得机-电-磁-力参数之间存在复杂的多维度与多重耦合关系。例如,当车辆大功率运行时,电机处于高负荷运转状态,高功率密度电机磁路发生饱和,使得永磁同步电机的磁链产生非线性变化。因此,本项目根据电机系统的结构特征与运行工况等,将机械转子激励、电磁激励与控制微变量产生的激励进行解耦,对单维度耦合机制有了充分认识后,对耦合关系进行分层与分解,明确耦合关系的强弱属性,再综合考虑耦合关系的多维度与多重耦合属性,明确多维度多重耦合机制；接着针对转子界面不同运行工况与边界条件，采用 Lagrange-Maxwell 原理建立电磁能与机械能耦合的多维多场耦合非线性动力学方程，对转子界面具有刚度或阻尼特征的非线性项进行等效处理，采用多尺度和谐波平衡法求解高维非线性系统的近似解析解，分析位移、速度和加速度归一化变化规律，进而通过固有频率变化揭示多重机电耦合的力学机理。

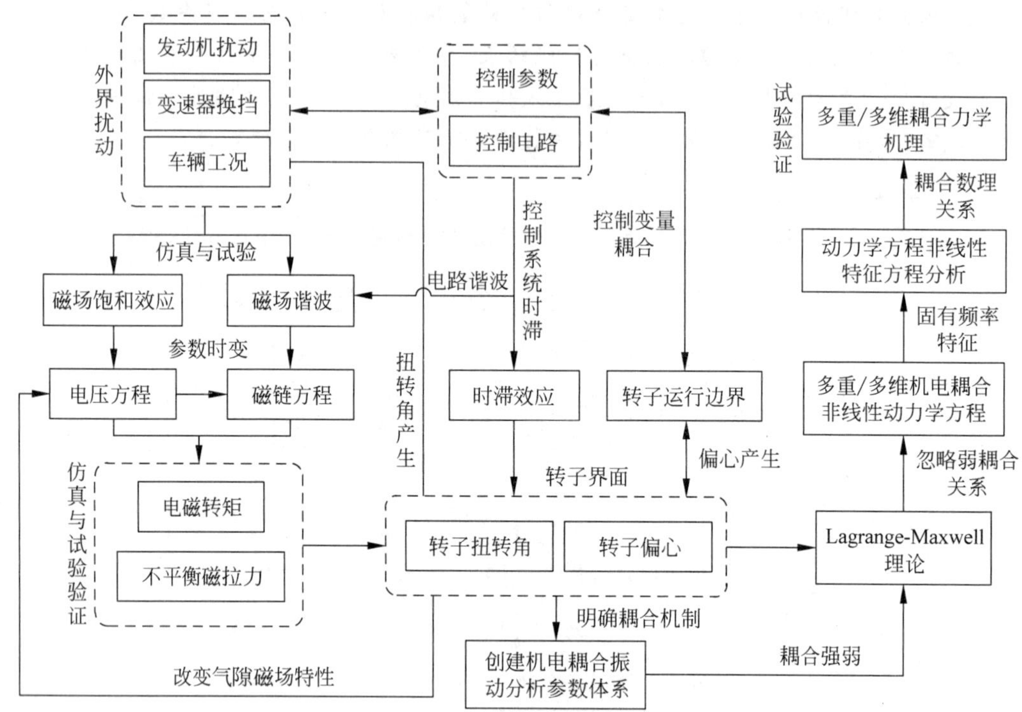

图 1-4 多维度多重耦合非线性转子动力学模型及其耦合机理研究技术路线图

（2）多重非线性耦合动力学特性演变规律与失稳机制研究

机电复合传动系统发动机等多源扰动与耦合特征参数的非线性变化是导致耦合动力学失稳震荡产生的重要因素，因此需要进一步明确耦合特征参数与多源扰动变化因素。本项目采用非线性振动近似解析法与数值解法对多重非线性耦合动力学模型进行求解，基于耦合振动分析参数体系，考虑运行工况与多源扰动的影响，分析多重耦合非线性动力学演变规律，从耦合强弱两个维度提取耦合影响因素与特性。针对非线性特征中的失稳震荡，运用强非线性振动奇点稳定性和奇异性原理研究系统在自治和非自治条件下的失稳行为，根据 Melnikov 函数获取同/异宿轨道参数方程，从而给出系统发生 Smale 马蹄变换意义下混沌的临界条件，给出稳定运行空间边界域。最后，基于失稳震荡的特点，拟采用状态反馈控制，设计非线性状态反馈控制，对耦合非线性系统进行主动调控，并通过快速代码生成和半实物仿真技术验证控制算法的效果，实现机电复合传动系统复杂运行工况的稳定性运行控制。

（3）多源扰动与参数不确定性条件下多目标、多参数优化控制研究

机电复合传动系统发动机等扰动是影响机电传动系统性能与稳定性的重要因素，本项目基于多维度多重耦合机制，采用状态反馈的 H_{∞} 控制算法对发动机等机械部件进行主动减振控制。但由于复杂运行工况使得转子界面的多源扰动与不确定性参数之间存在交叉耦合影响，从而使得多重耦合系统的稳定性与发动机主动控制性能存在着诸多不确定性，因此

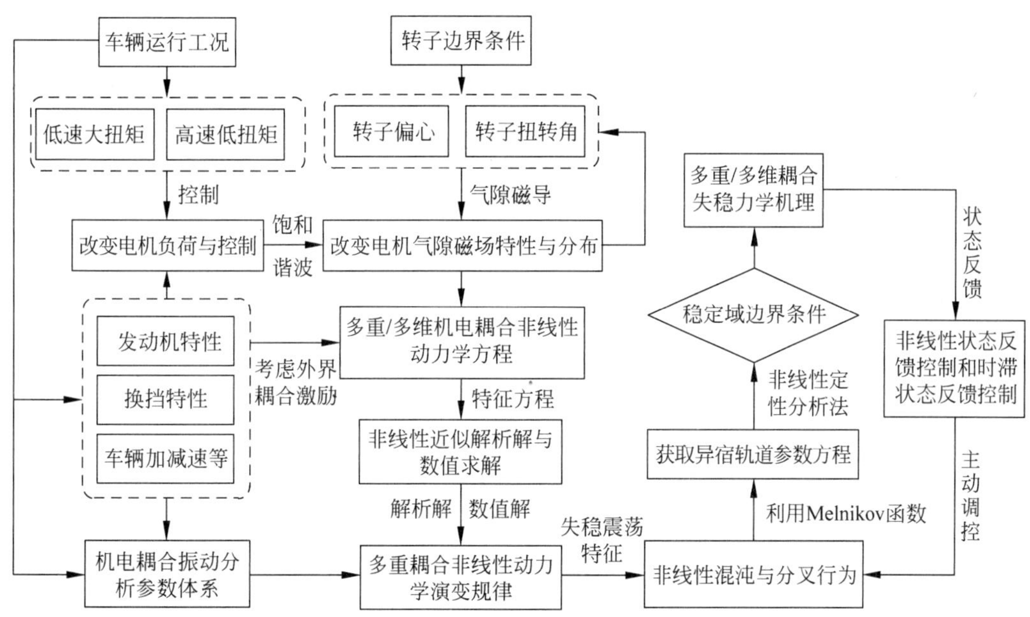

图 1-5　多重非线性耦合动力学特性演变规律与失稳机制研究技术路线图

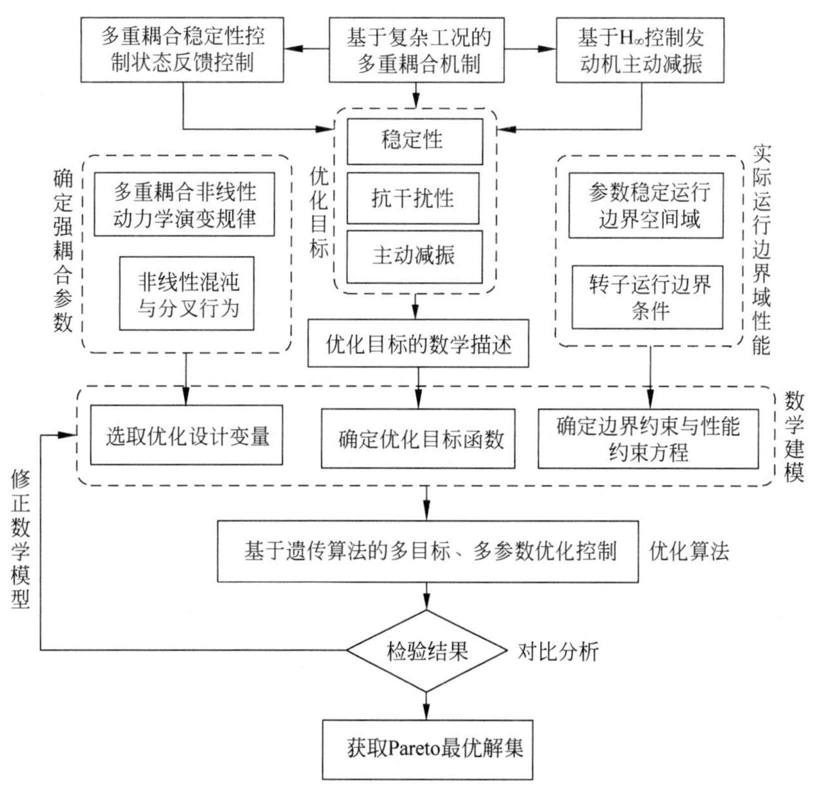

图 1-6　多源扰动与参数不确定性条件下多目标、多参数优化控制研究技术路线图

对机电复合传动进行主动减振控制需要兼顾稳定性、主动减振与系统抗干扰性等目标。拟采用多目标、多参数优化的遗传算法对以上三个目标进行优化设计，一方面根据非线性动力

学演变规律与失稳震荡规律确定优化设计参数，另一方面根据机电复合传动转子界面几何运行边界与性能边界确定边界约束与性能约束，从而构建优化目标与约束方程的数学描述，以非支配排序遗传算法作为优化策略来进行多目标优化，同时，以多岛遗传算法作为优化方法，编制非线性遗传算法来进行多目标、多参数算法程序，通过对比分析获取 Pareto 最优解集，从而获取满足稳定裕度、载荷能力和抗扰动要求的耦合参数空间分布曲面。

3.3 实验方案

（1）试验平台

对于本项目的一些关键参数和理论研究结果，我们都将进行实际的试验测试与验证工作，以确保结果能够在第一时间得到试验的检验，保证项目研究工作的顺利进行。机电耦合试验验证平台如图 1-7 所示，包括高功率密度永磁同步试验电机、负载电机、动力耦合传动箱，联轴器以及各型传感器等。

① 试验电机为额定功率 60kW 的高功率密度永磁同步电机，通过自主开发的车用永磁同步电机控制器进行控制，电机转子通过外端轴承支撑，利用薄垫片将电机基座垫高以产生静偏心，同时利用偏心块使转子产生动偏心，模拟转子偏心的运行边界条件；

② 负载电机为额定功率 90kW 的三相异步电机，通过 ABB 变频柜调速控制，以模拟车辆不同运行工况；

③ 扭转激振器采用 Xcite System Corporation 公司的 1300T-1 扭振激振系统，利用系统的主控制器、激振头以及信号发生器，可以进行振幅最大为 1692nm、频率最大为 1200Hz 的扭矩激振，以模拟发动机等外界激励信号；

④ 传动箱为动力耦合机构，连接被试电机、负载电机以及扭矩激振器（特性参数 $k=1.8$）；

⑤ 各类高精度传感器：电压传感器、电流传感器、旋转变压器、电涡流位移传感器、转矩仪以及三向力传感器等，用于采集需要的各种系统参数并传输到服务器上进行分析处理。

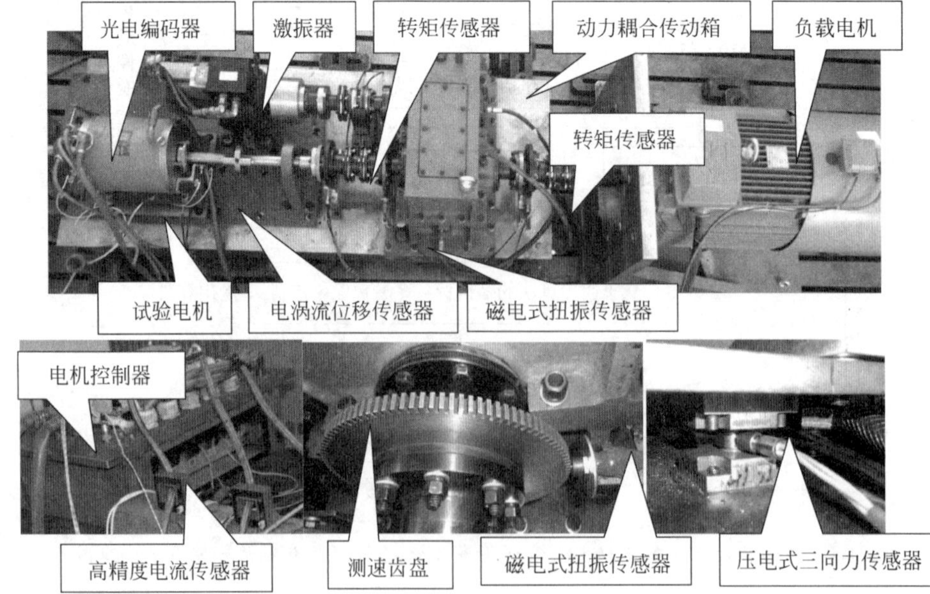

图 1-7　机电耦合验证试验平台

数据采集方案：各类传感器由直流开关电源供电后，可将永磁同步电机定子电压与电流、转子相位、轴心位移以及扭矩、支撑反力等参数转换成示波器可接收并显示的电压信号，示波器再将这些电压信号捕获至工控机上，由工控机进行后期分析处理，保证了高频动力学数据的实时同步。

（2）测试内容与方案

◆ 机电复合传动涉及的电磁特性及电磁参数演变规律对多重耦合振动机理的揭示至关重要，因此不但要对机电转子的振动进行测试，还要对电机系统的电流、电压与磁特性进行测试，磁场的特性反映在电机的电压与电流上，试验台采用高精度的LEM电压与电流传感器进行测试。

◆ 永磁同步电机的电磁转矩、转速采用HBM T12数字扭矩传感器，具有高精度和高动态响应的特点，符合本项目的高频动力学的需求，通过示波器多通道数据采集还保证了与其他传感器采集数据的同步性。

◆ 转子界面的扭转振动特性的测试主要通过非接触式磁电转速传感器进行测试，再通过LMS扭振系统的频谱分析模块进行后处理。

◆ 永磁同步电机转子偏心时横向振动原理如图1-8所示。试验电机转子为一特制加长转子，该转子由外部两个固定于试验平台上的电机轴承座支撑，而电机原先端盖拔出并与电机定子固定。电机定子总成通过一个力测试小平台与试验底座连接(如左图虚线所示部分)，该力测试小平台由四个力传感器连接上下两个小平板整体落座于试验台，上、下两个平板由两个预紧螺丝紧固(如右图所示)。通过在下平板添加薄垫片使得电机定子总成向上产生偏移，从而使得电机定子和转子产生静偏心，而动偏心则通过偏心质量块产生。**电机运行时，横向不平衡磁拉力通过四个三向力传感器的合力测试，而横向振动位移由电涡流位移传感器测试。**

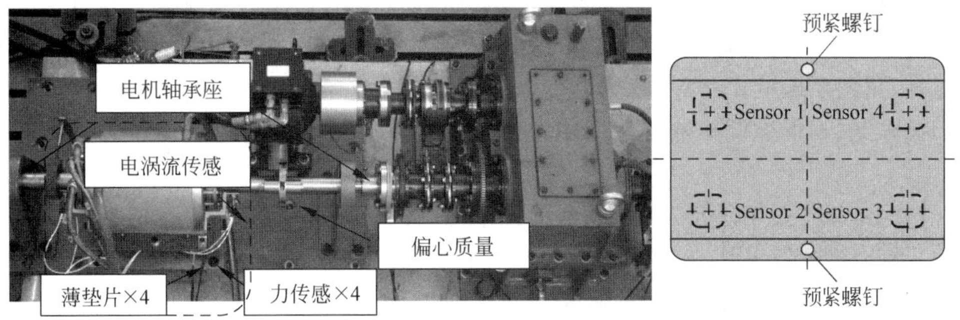

图1-8　转子横向振动测试平台与原理图

3.4　关键技术与可行性分析

（1）关键技术

复杂运行边界条件与多参数耦合影响下主动调控试验方法是本项目的关键技术。

本项目拟采用理论与试验相互辅助、相互印证的研究手段。理论上通过机电耦合动力学推演运行边界条件与机、电、磁、力参数的数理关系，试验上在耦合机理验证试验台，采用高精度电压、电流、转矩、位移传感器测得相应物理量的变化，并通过多通道高频示波器采集电压信号，保证了高频动力学数据采集的一致性。另外，对于多源扰动与参数不确定性条件下多目标多参数主动调控的研究以理论研究为基础，耦合电机系统稳定性控制，提出全局主动调控的实现手段。通过快速代码生成和半实物仿真技术验证控制算法的效果，实现机电复合传动系统复杂运行工况的稳定性运行控制。

（2）可行性分析

研究目标明确：前人的研究成果已经表明，机电系统基于转子界面存在着复杂的多参数多场的耦合关系，但大多研究都是针对单维度的耦合动力学研究，其原因在于没有考虑机电系统中机-电-磁-力耦合参数之间深层次的多维度多重耦合机制，当前的模型与研究方法还无法解释复杂工况与多源扰动条件下车辆机电复合传动的多维度耦合机理。因而，高速重载车辆机电复合传动的失稳调控与振动的主动控制还缺乏理论指导。本项目的研究正是针对这个问题提出的。

技术路线切实：本项目的研究遵循继承发展的原则。针对机电复合传动转子界面多维耦合动力学，考虑不同车辆边界条件下机、电、磁、力参数耦合机制和变化规律，构建多重非线性耦合动力学模型，基于固有频率变化规律从力学的角度揭示多重耦合机理，并通过试验进行定性和定量的验证；然后采用非线性近似解析解和数值求解非线性耦合动力学模型，分析动力学特性随特征参数的演变规律，推导耦合系统稳定运行的边界域特征方程，再结合Hopf分叉理论与状态反馈控制研究系统失稳机制与主动调控；最后，利用多重耦合机制进行发动机的主动减振控制，结合前面的研究结论，考虑车辆边界约束与性能约束设定耦合系统稳定性、抗扰性和主动减振为优化目标，基于遗传算法进行多目标、多参数优化控制。根据以上分析，本项目所采用的研究方法与技术途径具有较为明确的针对性、逻辑性以及实际操作性，是合理可行的。

研究条件充分：多维耦合动力学的试验测试技术在本项目中占有重要地位，是本项目的关键技术。在“十二五”期间项目组已经初步建立了机电复合传动转子振动测试试验台，并开展了部分的试验研究工作，目前对试验平台只要稍加改进就可以满足本项目的其他试验测试要求。在相关试验参数的测试和分析上，项目组已经建立了一套较成熟的高速数据采集系统，满足了本项目中高频采集的需求。

由此可见，本申请项目研究内容可在国家自然科学基金资助的强度和资助的时间内完成。

【点评】本范本关于研究方案的写法有三个优点：

（1）画出技术路线图。

（2）对每一项小的研究内容的研究方案都给出一个流程图。

（3）专门用一个小节论述了实验方案，值得表扬！

但尽管如此，范本也存在以下一些问题。

（1）没有对总体技术路线图进行文字解释。

（2）技术路线图中没有突出三项研究内容。

（3）技术路线图中没有给出两个拟解决的关键科学问题。

（4）最终得到的结果是“多目标、多参数优化主动控制”，这个似乎与前面的研究目标不对应，另外，“进行优化主动控制”确定是本项目的研究目标？研究目标不是“为实现高性能复合机电传动系统性能的提高方法”？

（5）研究方案的小标题与研究内容的小标题之间的对应性不够好。

(6) 进行了关键技术的分析，但一般情况下，关键技术应该与研究内容结合起来，但范本似乎不是这样处理的。

(7) 没有突出的研究方案(隐含在技术路线中)，根据第3章和第4章的内容，研究方案的总体架构应该是：研究方法—技术路线—研究方案—关键技术。

(8) 缺乏对研究基础的可行性分析。

4. 本项目的特色与创新之处

4.1　本项目的特色

机电耦合研究是一个既传统又前沿的领域，其传统在于人们关注机电耦合问题已经很久了，其前沿在于合理揭示多维机电耦合振动及其失稳引起的诸多现象需要进一步应用新的研究方法和交叉学科理论，为此，**本项目基于 Lagrange-Maxwell 理论与永磁同步电机电磁理论，针对大功率重载车辆复杂运行工况与边界条件产生的多源扰动与参数不确定性，引入非线性动力学方法与现代控制理论来研究此问题**，以期理论和方法上有所突破。

4.2　本项目的创新之处

(1) 不同于传统的单维度机电系统转子耦合动力学，考虑机电复合传动系统机-电-磁-力耦合参数之间在复杂运行工况与边界条件下的多维度耦合关系，构建转子界面多维度非线性耦合动力学模型，揭示多重非线性耦合振动的耦合机理与失稳机制。

(2) 有别于传统的传动系统主动减振控制，考虑复杂运行工况条件下机电复合传动系统转子界面存在的多源扰动与耦合特征参数不确定性，提出兼顾耦合系统稳定性、抗扰性和发动机主动减振控制的多目标、多参数优化主动控制。

【点评】范本采用的是把特色和创新分开表达的方式，这种表达方式是可行的。但存在的问题是，特色部分的论述不够到位，没有很好地体现本项目在研究对象、研究内容、技术路线等方面与其他研究工作的区别。另外，对于本项目的创新之处，范本没有提炼出小标题，最后只好依赖评审专家来提炼，对创新性的描述也不是很到位。

5. 年度研究计划及预期研究结果

5.1　年度研究计划

2018年度

◆ 整理存量资源，制定具体实施计划。

◆ 针对高速大功率车用机电复合传动系统的运行工况与边界条件特点，分析单维度机电耦合机制，并通过试验进行定性与定量验证。

◆ 耦合电机的电压方程、磁链方程、转子运动方程，构建多维度多重非线性耦合动力学模型，分析传动系统多重耦合对转子界面刚度属性的影响，揭示机电耦合的力学机理。

◆ 分析转子界面多重耦合动力学固有频率特征随耦合参数的变化规律，提出车用机电复合传动系统多维耦合非线性振动分析的耦合特征参数体系。

◆ 撰写阶段报告和学术论文1～2篇。

2019年度

◆ 对不同运行工况与边界条件下的电机进行试验，修正与完善多重耦合动力学模型。

◆ 研究非线性耦合动力学模型的近似解析解和数值求解方法，分析转子界面的耦合共振特性与动力学行为随特征参数的演变规律。

◆ 总结非线性动力学特征及其演变规律，确定引起多维度多重耦合振动失稳运动的参数集与失稳类型。

◆ 采用 Melnikov 理论对多维度多重耦合振动的失稳问题进行解析计算，揭示转子界面多重耦合振动失稳机理。

◆ 针对机电复合传动失稳运动的机、电、磁参数集，提出机电复合传动的稳定运行空间边界域。

◆ 撰写阶段报告和学术论文 2～3 篇。

2020 年度

◆ 研究利用电机系统对发动机等机械部件进行主动减振的控制方法。

◆ 探讨发动机主动减振控制与多重耦合稳定性控制的耦合关系。

◆ 根据非线性动力学演变规律与失稳震荡规律确定优化设计参数，根据机电复合传动转子界面几何运行边界与性能边界确定边界约束与性能约束。

◆ 构建优化目标与约束方程的数学描述。

◆ 以非支配排序遗传算法作为优化策略来进行多目标优化，以多岛遗传算法作为优化策略，编制非线性遗传算法来进行多目标、多参数算法程序，通过对比仿真获取最优解集。

◆ 撰写结题报告和学术论文 2～4 篇。

【点评】范本的年度研究计划写得很好，但缺乏学术合作与交流的内容。此外，年度研究计划中不能很明确地看出与三项研究内容的关系。

5.2 预期研究成果

理论成果：

◆ 构建机电复合传动系统转子界面多维非线性耦合动力学的数学描述模型，揭示多维度多重耦合机理。

◆ 获取复杂运行边界条件下耦合特征参数对转子界面动力学行为的演变规律，提出机电传动系统转子界面多重耦合稳定运行边界空间域。

◆ 提出兼顾多重耦合稳定性、抗扰性和发动主动减振控制的多目标、多参数优化控制算法。

学术成果：在国际国内本领域有影响力的核心刊物发表学术论文 5～8 篇，其中 SCI 检索论文 3～5 篇，EI 检索论文 2～3 篇。

人才培养：培养研究生 2～3 人。

【点评】范本中预期研究成果部分写得不错，但缺乏对三个理论成果的集成化表述，获得“机理”“空间域”和“控制算法”不应该是最终成果（当然更不可能是项目的研究目标），只能算中间研究结果。那么，本项目最终得到的研究成果（或目标）是什么呢？是不是得到一套系统的抑振方法体系？另外，如果理论成果可以以研究结果的方式去描述，一个青年科学基金项目产生三个理论成果就显得太多了。

（二）研究基础与工作条件

1. 工作基础

本项目负责人自 2011 年起便开展车用电磁复合无级传动与机电耦合动力学相关基础理论

与技术研究，本项目申请所提出内容创新和方法是基于前期项目研究。近些年来，一直跟踪国内外机电复合传动与机电耦合研究的最新进展，不断创新，提出了具有自身特色的研究思路与方法，并在转子动力学、电机控制方法、实验技术等领域开展了较深入的研究。另外，本项目核心成员长期从事混合动力传动技术的研究，曾参与了多项国家级、省部级研究项目等，积累了丰富的项目实践经验。部分研究成果已经在 Nonlinear Dynamics，Simulation Modeling Practice and Theory，International Journal of Applied Electromagnetic and Mechanics 等期刊上发表。

电磁激励建模方面：考虑车用永磁同步电机的空间谐波、时间谐波磁场与机械负荷的增大会使得电机磁路产生饱和的影响，建立了电磁转矩动态解析模型；同时考虑电机转子静态偏心和动态偏心对气隙磁场的影响，基于 Maxwell 应力应变法建立了不平衡磁拉力的解析模型。图 2-1 是动态电磁转矩解析计算结果与 FEM 仿真结果的对比及 FFT 分析结果，图 2-2 为不平衡磁拉力的解析计算结果与试验结果对比。

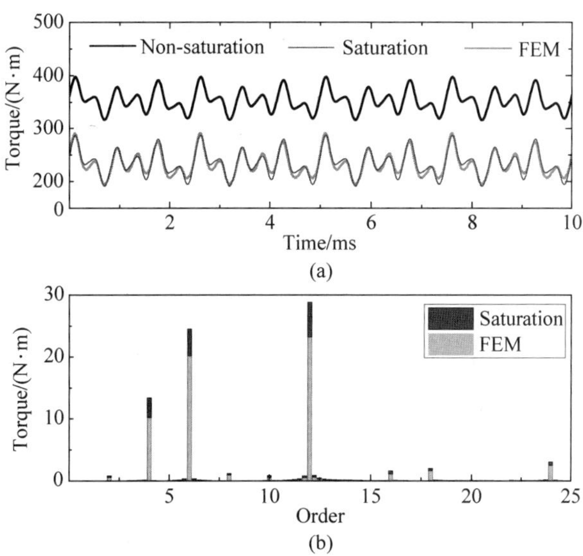

图 2-1　动态电磁转矩解析计算结果与 FEM 仿真结果的对比及 FFT 分析结果

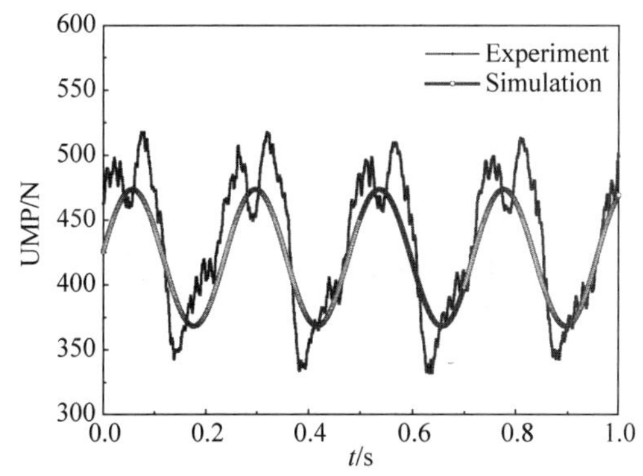

图 2-2　不平衡磁拉力的解析计算结果与试验结果对比

单维度机电耦合动力学模型与耦合机理方面：车用永磁同步电机转子扭转角对磁动势的影响诱发的电磁激励是产生非线性扭转振动的主要原因，考虑机电耦合效应后，转子扭转振动系统的固有特性不仅与电机的运行状态有关，与电机的结构参数也有关系。对于车用机电复合传动系统，为了增大调速范围，电机控制通常采用弱磁控制，考虑机电耦合后，机电复合传动转子界面固有频率在某些过载工况的下降幅度很大。图 2-3 反映了无量纲扭振固有频率随内功率因数角 $\psi(-\pi\sim\pi)$ 的变化，图 2-4 为内功率因数角对幅频响应的影响，反映了功率因数角使得转子界面共振区左移。

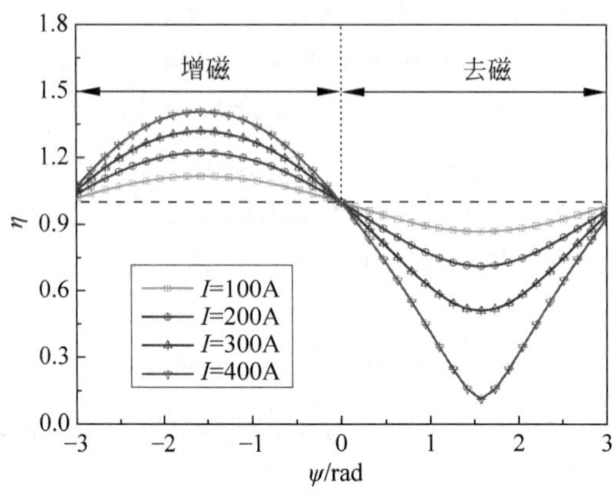

图 2-3　固有频率随内功率因数角的变化

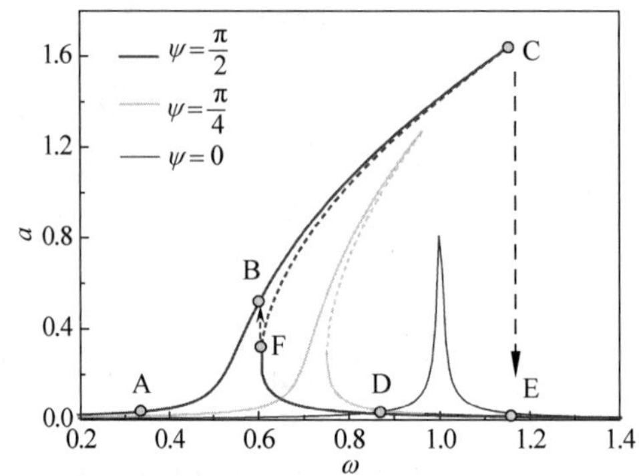

图 2-4　内功率因数角对主共振幅频响应的影响

至于电机转子偏心产生的机电耦合，是由于考虑机电耦合后机电耦合横向振动系统的电磁刚度使得电机转子系统产生了“负刚度”效应，改变了转子系统的刚度属性，刚度属性的改变导致转子系统固有频率下降与系统失稳，使得电机的工作区易进入共振区而发生共振现象，如图 2-5 所示。

申请人这些研究经历和成果的取得，为本项目的研究提供了可靠的基础保障。因此，开展本项目研究的前期理论探索和技术准备工作已经完成，具备进一步深入研究的条件和基础。

【点评】范本的研究基础总体上写得不错，但显得有点啰唆，可以更简化一些。另外，作为研究基础部分，应该比较系统地介绍两篇代表作。

2. 工作条件

申请人所在的×××实验室为重庆市重点实验室，具有较为先进、全面的科研软硬件条件，与本项目研究相关的主要实验设备和测试仪器包括便捷式多功能功率分析仪、测功机与

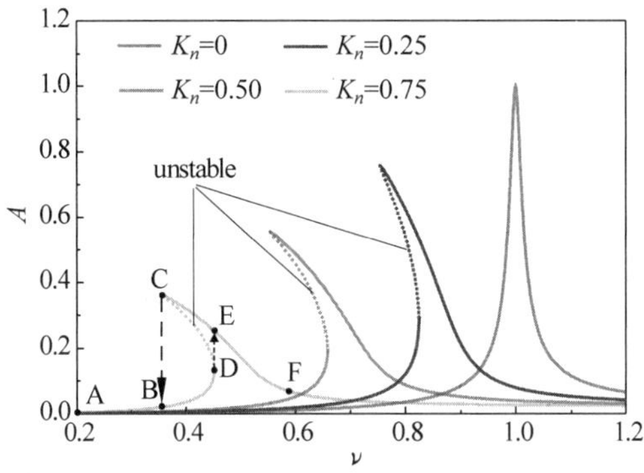

图 2-5　相对刚度系数 K_n 对频率响应曲线的影响

控制设备、Labview 数据采集系统、多功能示波器等，能够有力保障本项目试验工作的进行。同时实验室还拥有多种性能仿真与控制模拟软件，如 dSPACE、Matlab/Simulink、Ansoft、Flux 等，可以有效支撑本项目研究工作中的数字建模、数值计算及仿真控制的高效实施。

总之，在结合科学界最新理论研究成果进行机电系统耦合动力学基础理论与工程实践研究方面，本项目组已开展了大量系统、深入的前期工作，积累了丰富的研究经验，具备了较为扎实的工作基础和先进的硬件研究条件，具备进一步开展研究的条件。

近年来发表的论文与授权的发明专利如下：

[1]　** 等. Nonlinear vibration for PMSM used in HEV considering mechanical and magnetic coupling effects [J]. **Nonlinear Dynamics**，2015，80：541-552.

[2]　** 等. Modeling of electromagnetic torque considering saturation and magnetic field harmonics in permanent magnet synchronous motor for HEV [J]. **Simulation Modeling Practice and Theory**，2016，66：212-225.

[3]　** 等. Nonlinear torsional vibration characteristics of PMSM for HEV considering electromagnetic excitation [J]. **International Journal of Applied Electromagnetic and Mechanics**，2015，49(1)：9-21.

[4]　** 等. bifurcation and chaos analysis of torsional vibration in a PMSM-based driven system considering electromechanical coupled effect [J]. Nonlinear Dynamics. **DOI：10. 1007/s11071-017-3419-z.**

[5]　** 等. Transmission characteristic analysis and parameter match for mechanical-electro transmission based on dual-rotor motor[C]. IEEE Transportation Electrification Conference and Expo，Asia-Pacific，2014，1-5.

[6]　** 等. 考虑电磁激励的车用永磁同步电机转子扭振特性[J]. **东北大学学报(自然科学版)，2016**，37(7)：95-100.

[7]　** 等. 采用分体式双转子电机的混合动力系统控制研究[J]. **华南理工大学学报(自然科学版)**，2012，40(7)：95-100.

[8]　** 等. 采用直线电机的馈能悬架控制系统设计与馈能分析[J]. **振动与冲击**，2012，31(8)：124-129.

[9]　** 等. 主动悬架的直线电机作动器控制系统研究[J]. **系统仿真学报**，2012，24(7)：1537-1542.

[10]　** 等. 采用双转子电机的轮式载重车辆用机电复合无级传动装置. **ZL 2012 1 0306365. 8.**

[11]　** 等. 一种城市公交车用混合动力传动装置. **ZL 2013 1 0176218. 8.**

【点评】作为工作条件部分，主要围绕课题的实验和分析计算需求论述课题组可以动用的软硬件资源，范本的这部分内容还有改进完善的余地。此外，所发表的论文只能算研究基础，而不应是工作条件。

3. 承担科研项目情况（申请人和项目组主要参与者正在承担的科研项目情况，包括自然科学基金的项目，要注明项目的名称和编号、经费来源、起止年月、与本项目的关系及负责的内容等）

无

4. 完成自然科学基金项目情况（对申请人负责的前一个已结题科学基金项目（项目名称及批准号）完成情况、后续研究进展及与本申请项目的关系加以详细说明。另附该已结题项目研究工作总结摘要（限 500 字）和相关成果的详细目录）

无

面上项目申请书范本点评

7.1 面上项目概述

面上项目支持从事基础研究的科学技术人员在科学基金资助范围内自主选题，开展创新性的科学研究，促进各学科均衡、协调和可持续发展。

作为基金资助项目的主体类型，为了调动广大科技人员从事科学研究工作的积极性，面上项目是国家自然科学基金委每年资助数量最大的资助类别。以 2021 年为例，面上项目共资助 19420 项，直接费用为 1108703 万元，直接费用平均资助强度为 57.09 万元/项，平均资助率 17.43%，在各种费用和资助率方面都与 2020 年基本持平。由于面上项目的申请人一般都承担过青年科学基金项目或其他科技计划项目，申请人的整体水平(科研能力、创新能力、写申请书的能力等)都比申请青年科学基金项目的要高得多，因此申请面上项目的难度一般也比申请青年科学基金项目要大很多。

7.2 范本背景

本范本是一份获得资助的面上项目的成功案例，项目的申请类别为：工程与材料科学部(E)、机械设计与制造学科(E05)、制造系统与智能化方向(E0510)。项目的执行期间为：2016-01—2019-12，也就是说，项目的申报和获批年度是 2015 年，项目的准备工作则是从 2014 年就开始了。

项目申请人长期从事机械制造企业的质量管理和可靠性方面的研究工作，为国内多家机械制造企业(特别是机床制造企业)服务，应用成果获得企业的高度评价。范本申请的课题来源于企业的生产实际，与第 6 章中的范本一脉相承。项目申请人在为企业服务过程中发现，对于机电产品质量的预测控制技术缺少科学适用的方法，建模粒度或者是部件级，或者是零件级。部件级的建模粒度太粗糙，难以实现精细化建模，零件级的建模精度太具体，且难以同时考虑零件之间的相互作用关系。因此，需要寻找一种粒度介于部件和零件之间的新结构单元。

意识到这个问题后，项目组在前一个项目研究成果的基础上，对所提出的元动作理论进行了拓展，提出基于元动作单元的质量预测控制技术，在此基础上形成本范本的面上项目申请书。

范本申请书整体概念的构思经过多次反复，前后花了大约三个月的时间。也就是说，从2014年4月份开始进行构思，大约到2014年6月底，本项目的题目、研究内容、创新点、拟解决的关键科学问题等关键内容基本定型；申请书初稿的撰写基本上花了四个月，到2014年10月底基本形成申请书初稿，这中间对题目、研究内容、创新点、拟解决的关键科学问题等又进行了反复斟酌和提炼；从2014年10月到2020年12月，申请人又对申请书的整体架构进行进一步的思考，对一些关键内容又进行了改进和完善，形成基本可以提交的版本。这意味着，申请书的架构已经定型，不需要再进行“推翻重来”的改变。从2015年1月份开始，一直到2015年3月份提交申请书，主要工作就是反复阅读、逐字逐句斟酌，结合“管理类自查表”和专家可能产生的疑虑对申请书进行精细化的修改和完善。通过近一年时间(2014年4月到2015年3月)的努力，申请人对自己完成的申请书基本达到95%以上的满意度，已经建立了必胜的信心。项目评审完成后，从基金委反馈的专家评审意见可以看出，专家对本项目给予较高的评价，认为本项目选题意义重大、创新性突出、关键科学问题凝练到位、研究内容具体、技术路线科学合理、项目整体的可行性高，项目顺利地得到资助。

7.3 范本点评

项目负责人长期从事机电产品质量和可靠性技术的研究，到撰写本范本申请书时已经承担过30余项国家级和企业的委托项目，发表了上百篇学术论文，授权10余项发明专利，培养了上百个博士和硕士研究生，研究成果非常丰富，企业口碑非常好。本范本项目的基本理论从2011年立项(详见第4章实战部分的内容)的基金面上项目就已经确定，本项目主要是将上个项目提出的元动作理论拓展应用到产品质量的预测控制中，项目的创新性非常明显，研究工作的继承性强，研究基础很好。更重要的是，本项目申请书的准备工作非常充分，从概念构思到提交申请书前后差不多花了一年的时间，准备充分在一定程度上就意味着申请书的撰写质量高。

【案例】

一、题目

基于元动作单元建模的机电产品质量预测控制技术研究

【点评】这个题目总体上是很不错的，它表达了以下几个基本意思：研究对象是机电产品，研究内容是质量预测控制技术，研究方法是基于元动作单元的建模，创新点是基于元动作单元建模的产品质量预测控制。这个题目总共24个字，表达方式简洁、清晰，读起来朗朗上口，不容易产生误解。

二、摘要

随着社会进步和科技发展，人们对机电产品质量的要求越来越高，而机电产品作为我国第一大类消费和贸易商品，其质量已经上升到了国家战略的高度。针对我国机电产品质量长期存在的精度差、精度寿命短、性能波动大、故障频出等诸多问题，本项目以机电产品为研究对象，以四大关键质量特性的预测控制为核心，以元动作单元的系统定义和全方位建模为基础，系统研究元动作单元的关键质量特性形成机理、综合试验技术、融合控制机制、评估模型和评估方法，以及基于元动作单元的整机质量预测控制技术等关键科学问题，以数控机床作为典型案例进行理论验证和应用，面向机电产品提出一套基于元动作单元的整机关键质量特性分析与预测控制方法，为从本质上保障机电产品整机质量提供理论和技术支撑，最终达到全面提升我国机电产品整体质量水平的目的。

【点评】正如本书中多次指出的，摘要是评审专家最早接触到的内容，使得专家能够全面快速了解课题的全貌。因此，对摘要的撰写要求是很高的。本范本的摘要是完全按照第4章实战的摘要撰写套路撰写的。首先论述了产品质量问题的重要性，接着提出了国产机电产品存在的质量问题，然后以机电产品为研究对象，从拟解决的关键科学问题切入，论述了研究工作的技术路线和研究内容，最后论述了本项目的研究目的。可以看出，申请人在摘要撰写方面是下了很大功夫的，摘要条理清晰，读起来非常顺畅。

三、报告正文

（一）立项依据与研究内容（4000～8000字）

1. 项目的立项依据（研究意义、国内外研究现状及发展动态分析，需结合科学研究发展趋势来论述科学意义；或结合国民经济和社会发展中迫切需要解决的关键科技问题来论述其应用前景。附主要参考文献目录）

1.1　项目的研究意义

机电产品作为我国进出口贸易的第一大类产品，其技术水平直接决定了国民经济的发展水平，同时也直接反映了国家的制造能力、科技实力、经济实力和国际竞争力等综合国力。机电产品质量差不仅会给企业带来很大的经济损失，还严重影响产品的国际市场竞争能力，更严重的是会影响国家的整体形象和经济实力。因此，加快发展机电产品，提高产品的质量档次，对于我国的经济建设、国防安全和社会稳定都有着至关重要的意义。

2014年我国机电产品出口总额8.05万亿元人民币，占出口总值的比重为56%，作为我国第一大类消费和贸易商品，机电产品质量已经上升到了国家战略的高度。为落实中央关于"中国制造向中国创造转变、中国速度向中国质量转变、中国产品向中国品牌转变"的重要精神，2014年9月15日，以"质量、创新、发展"为主题的首届中国质量大会在北京召开，主要国家领导人都出席了大会，会议强调要紧紧抓住提高产品质量这个关键，推动中国社会经济发展迈向中高端水平。在众多产品当中，又以机电产品的质量提升最为迫切与关键。

机电产品的质量指标很多，而用户最关心的是精度、精度寿命、性能稳定性及可靠性这四项指标，这四者共同构成了机电产品的关键质量特性，对机电产品的市场竞争力具有决定性的影响。其中，精度直接决定了产品的用途与档次，例如数控机床的精度不够会严重影响加工产品的质量，据统计，国内机电产品的精度普遍比进口产品低一个数量级以上；精度寿命体现了产品精度的保持能力，一般情况下，国内产品的精度寿命只有国外同类型产品的1/10；在性能稳定性方面，国内产品在使用过程中的性能波动大，用户的反应非常强烈；最后，可靠性一直是国内机电产品的短板，使用过程中故障频出，严重制约了产品的竞争力。以数控机床这类典型机电产品为例，国产机床的平均无故障时间MTBF普遍在600h左右，而国外同类型产品的MTBF普遍在2000h以上，差距非常大。

造成国内产品与国外产品质量差距巨大的主要原因是国内企业的质量控制技术普遍落

后，仍然采用传统的事后检验和ISO9000质量体系的方式控制质量，还缺乏一整套成熟的、符合国情的、系统的、具有预测功能的质量控制理论和方法。

随着科技发展和社会进步，人们对产品质量的要求越来越高，产品向高端化发展要求必须首先提升精度、精度寿命、性能稳定性和可靠性这几项关键质量特性的水平。因此，开展机电产品质量预测控制技术的研究，特别是尽快提高关键质量特性的水平具有非常重要的理论意义和实用价值。

【点评】这个范本的研究意义共包括5个段落的内容。第1段主要论述了机电产品及其质量的重要性，特别是国家对质量强国战略的高度重视，因而研究意义重大，尽管这些内容是众所周知的，但从申请书完整性的角度看，还是应该论述一下。第2段主要论述国家对产品质量的高度重视。第3段论述了国产机电产品与进口产品质量之间的差距，这段论述的主要特点是采用数据说话，权威数据最有说服力。第4段简单分析了造成差距的原因，归结为缺乏一整套成熟的、符合国情的、系统的、具有预测功能的质量控制理论和方法，这就点出了本项目的研究目的。第5段论述了保障产品质量的意义，这就点出了本项目研究的必要性。本范本的研究意义占了一页半纸的篇幅，总体上看，篇幅不算多，但充分强调了本项目的研究意义和研究目的，相信会给专家留下很深的印象。

1.2 国内外研究现状分析

1.2.1 机电产品关键质量特性及其控制技术

机电产品的固有特性很多，但关键特性是精度、精度寿命、性能稳定性和可靠性，综合反映了产品的可用程度。国内外对机电产品精度的研究比较多[1-3]，企业对机电产品的精度也比较重视，机电产品的精度包括几何精度、运动精度、传动精度和定位精度等，其中几何精度是其他精度的基础和保障；对精度寿命的研究集中在机电产品运行阶段，而且研究对象主要集中在机电产品伺服进给系统精度寿命的研究上(如丝杠副和导轨副等)，韦富基和谭顺学[4]对数控机床伺服进给系统的误差与影响因素的定量关系进行了研究，胡敏等[5]提出了一种振动时效工艺参数的选择方法，以提升数控机床基础大件的精度保持性；对性能稳定性的研究主要集中在性能指标和参数设计的研究上，Saitou等[6]总结归纳了机械产品结构设计、优化的发展史，曾建春和蔡建国[7]提出了面向产品生命周期的多指标评价体系，并在综合指数法的基础上提出了以矢量投影法作为评价方法；对可靠性的研究则主要集中在可靠性设计和装配可靠性控制技术上，Suzuki等[8]提出了一种装配可靠性评价方法(assembly reliability evaluation method，ARME)，通过设计因素和车间因素对装配故障率进行定量研究，本项目申请人[9]提出了可靠性驱动的装配过程与技术，采用动态贝叶斯网络对装配过程进行建模和控制。

1.2.2 机电产品结构分解方法

对于复杂的机电产品，直接从整机出发进行研究一般比较困难，甚至无从下手，常用的方法是化繁为简，首先采用“top-down”的方式自上至下地将系统分解成相对简单的子系统、部件、组件，甚至基本零件，在零部件的层面研究质量，然后采用“bottom-up”的方式自下至上地逐层综合各组成部分来分析整机的综合性能[10]，机电产品常用的分解方法有三种：ACP法、FBS法和CSP法。EPPINGER和刘建刚等[11,12]提出基于产品结构的ACP分解方法(assembly unit-component-part，ACP)，这种分解方法是根据产品的组成结构，自顶向下按照系统结构逐层分解，从整机到部件，然后到组件，再到零件，从而构建"整机—部件—组件—零件"的分解和分析体系，这种方法主要适用于产品设计和零部件加工的需要；STONE和高飞等[13,14]提出基于产品功能的FBS分解方法(function-behavior-structure，FBS)，这种分解方法是将产品的功能逐步展开为"产品—功能—行为—结构"体系，主要面向模块化设计与制造；王永和LAMBERT等[15,16]提出基于装配工艺的CSP分解方法(component-suite-part，CSP)，为了零件装配的需要，基于装配工艺将复杂产品通过以物理结构为基础的方式进行分解，按照装配工艺构建"整机—部件—套件—零件"分解体系。

1.2.3　机电产品质量特性预测及控制模型

国内外现有研究工作中，对机电产品质量特性预测控制大多数是采用回归分析模型[17]、灰色预测模型[18]、模糊智能模型[19]、状态空间法[20]及这些方法的组合模型，基于偏差流的预测建模方法[21]也得到了重视并取得了一定的成果。另外，WANG等[22]提出了一种数据驱动的建模方法，利用当前工序的有效过程信息，获取最终质量和当前工序的时变关系，最终实时预测产品质量；杨静萍等[23]在分析多工序多阶段产品质量预测控制特点的基础上，基于PSO-SVM建立了预测控制模型并进行了求解，实现了多阶段产品质量预测和相关过程参数的全局优化；本项目申请人[24]结合公理设计原理，提出复杂机电产品质量特性解耦设计的思想，给出复杂机电产品质量特性映射过程中的解耦控制模型；孙利波等[25]综合运用质量基因、质量管理理论和技术构建了制造企业产品质量基因控制模型。

【点评】这个范本对本项目的国内外研究现状从三个方面进行了分析：机电产品关键质量特性及其控制技术、机电产品结构分解方法、机电产品质量特性预测及控制模型。为什么要从这三个方面进行研究现状分析呢？首先，本项目的研究内容与这三个方面密切相关；其次，本项目拟解决的关键科学问题与这三个方面密切相关。因此，这三个方面的分析结论有助于引出研究内容，也有助于凝练拟解决的关键科学问题，使设置的研究内容和凝练的科学问题有据可依，而不是凭"拍脑袋"。

1.3　存在问题及发展动态分析

经过多年在质量控制领域的研究，我们发现目前机电产品质量特性控制存在以下主要问题：①单纯研究精度的多，而研究精度寿命、性能稳定性和可靠性的成果少，同时实现四个关键质量特性耦合控制的研究基本没有见到；②从分解方法看，现有的分解方法虽然目标和出发点不同，但都是以产品结构(或零部件)体系为基础的分解方式，主要用于模块化设计、零件加工和装配工艺，缺乏面向四大关键质量特性同时进行控制的分解方法；③从预测控制模型角度看，缺乏多质量特性相互作用下的机电产品质量特性解耦及预测控制方法的研究，目前质量特性预测控制对质量特性与影响因素耦合关联分析不足，忽视质量特性影响因素的相互作用，忽视影响因素与质量特性的关联关系与映射规则，忽视质量特性间的耦合关系，势必无法预测和控制过程单元的质量特性状态，无法实现对机电产品系统级质量波动的预测和控制。

【点评】上面这部分主要是关于存在问题的分析，通过1.2节国内外研究现状分析的结果，可以得到的基本结论是：在机电产品质量控制方面还存在三个方面的问题，而这基本上就是本项目的研究内容和拟解决的关键科学问题。需要指出的是，在这段话的最开头，申请人使用了一段话：经过多年在质量控制领域的研究，我们发现目前机电产品质量特性控制存在以下主要问题。严格地说，这段话是不准确的，存在的问题应该来自于对研究现状的分析，而不应该来自于申请人的研究经验。

为了解决上述问题，必须对以下几个关键科学问题展开研究：

(1) 机电产品的质量控制策略研究

机电产品的结构异常复杂、对象和工况多变、载荷多变、故障模式繁多、质量特性波动影响因素繁多，因此直接从整机入手建模必然会忽略很多因素，从而使得控制结果偏离实际。另外，传统的质量控制主要是以零部件的质量控制(主要是精度)为主，与零部件的功能结合不够。事实上，一般机电产品都是为实现某一运动功能而存在的，产品的整体功能失效都是因为基本运动功能(动作)不能实现而造成的。因此，质量控制应该放在基本运动层面，只要基本运动的功能正常，产品的整体功能就有了保障。从元动作单元层的质量控制入手，通过控制单元级的质量实现对整机质量的控制，这种控制模式简单、有效，不需要进行模型的简化，有利于实现精细化的质量控制。因此，必须研究从运动功能到元动作的分解方法。

(2) 元动作单元关键质量特性的形成机理研究

与传统的以结构为基础的研究方法不同，在元动作单元层面研究质量，就应该以单元的定义和表征为基础，从动作级分类研究单元设计、制造和运行过程中关键质量特性的形成机理、耦合关系及解耦机制，为元动作单元的质量控制建模打下坚实的基础。

(3) 元动作单元的全方位建模技术研究

在元动作层面，为了实现精度、精度寿命、性能稳定性和可靠性等关键质量特性的协同控制，需要建立单元质量的全方位模型，包括设计模型、装配模型、试验模型、运行状态模型和多质量特性的融合模型，并通过这些模型的求解对单元质量进行精细化控制，同时为整机的质量预测控制奠定基础。

(4) 基于元动作单元的整机质量特性预测控制技术研究

由于一台整机是由多个元动作单元组成的，这些动作单元之间存在各种不同的结合方式，要控制整机质量，除了控制各个元动作单元的质量外，还需要控制单元之间的结合质量。因此，在解决了单元级的质量问题后，还要研究单元和单元之间的结合质量，才能建立起整机的质量控制模型，实现对整机质量的预测控制，达到提高机电产品整机质量的目的。

【点评】这部分是关于发展动态的分析，申请人将其作为拟解决的关键科学问题来论述。严格地说，可以将拟解决的关键科学问题作为本研究领域的发展动态，因此，这种写法是没有问题的，但可能会与后面的相关内容产生重复。综合考虑，还是从发展动态的角度切入更合理。

1.4 课题的研究思路

为了解决上述问题，本项目在国家自然科学基金项目“面向多质量特性一体化控制的数控机床装配过程建模理论研究”成果的基础上，从关键质量特性的控制策略入手，通过对整机运动功能分解得到最基本的元动作，形成元动作单元。然后对元动作单元的质量特性形成机理进行研究，并建立全方位质量控制模型，实现单元级的质量控制。然后对单元的连接关系进行研究，建立起整机的质量控制模型，实现对整机质量的预测控制。通过本研究对已有的研究成果实现三个方面的拓展：①将研究对象从数控机床拓展到一般机电产品；②将建模范围拓展为“精度、精度寿命、性能稳定性和可靠性”这四个必须得到控制的关键质量特性；③将控制方法从装配过程拓展到产品设计、制造、试验及运行全过程。通过本项目的研究，将会面向机电产品形成一套系统的质量控制理论和方法，对提高我国机电产品的质量，实现产品的提档升级具有重要的理论意义和实用价值。

【点评】在立项依据部分增加课题的研究思路从概念上讲是合理、可行的。因为在找出存在的问题并分析了发展动态后，评审专家可能会问：究竟应该怎么解决这些问题呢？作者的建议是在此处增加一段简明扼要的研究思路（可以是技术路线的简化版），引导专家思考问题的连贯性。当然，专家也可到研究方案部分去找技术路线，但这中间增加了参考文献、研究目标、研究内容、拟解决的关键科学问题等内容，增加了专家阅读的复杂性。

主要参考文献：

[1] SATA T，TAKEUCHI Y，OKUBO N. Improvement of working accuracy of a machining center by computer control compensation[C]//Proceedings of the 17th International Machine Tool Design and Research Conference. London，UK：Macmillan，1976：93-99.

[2] 王恒. 产品装配精度预测分析技术[D]. 北京：北京理工大学，2005.

[3] 仇健，张凯，李鑫，等. 国内外数控机床定位精度对比分析研究[J]. 组合机床与自动化加工技术，2013，8：1-3.

[4] 韦富基，谭顺学. 高精度数控机床伺服进给系统精度研究[J]. 制造业自动化，2012，34(9)：69-71.

[5] 胡敏，余常武，张俊，等. 数控机床基础大件精度保持性研究[J]. 西安交通大学学报，2014，48(6)：65-73.

[6] SAITOU K，IZUI K，NISHIWAKI S，et al. A survey of structural optimization in mechanical product development. Journal of Computer Information Science Engineering，2005，5：214-226.

[7] 曾建春，蔡建国. 面向产品生命周期的环境、成本和性能多指标评价[J]. 中国机械工程，2000，9.

[8] SUZUKI T，OHASHI T，ASANO M，et al. AREM shop evaluation method. CIRP Annals - Manufacturing Technology，2004，53(1)：43-46.

[9] 张根保，刘佳，葛红玉. 装配可靠性的动态贝叶斯网络建模分析[J]. 中国机械工程，2012，23(2)：211-215.

[10] 姜帆，杨振宇，何佳兵. 自动化装配设备的总体设计[J]. 机电工程技术，2011，40(7)：131-133.

[11] EPPINGER S，WHITNEY D，SMITH D，et al. Organizing the task in design projects[C]//Proceedings of，ASME second International Conference on Design Theory and Methodology，1990，27：39-46.

[12] 刘建刚，王宁生，叶明. 基于遗传算法与DSM的产品结构分解聚类方法[J]. 南京航空航天大学学报，2006，38(4)：454-458.

[13] STONE R B，WOOD K L，CRAWFORD R H. A heuristic method for identifying modules for product architectures [J]. Design Studies，2000，21：5-31.

[14] 高飞，肖刚，潘双夏，等. 产品功能模块划分方法[J]. 机械工程学报，2009，45(10)：29-35.

[15] 王永，刘继红. 面向协同装配规划的装配单元规划方法[J]. 机械工程学报，2007，43(5)：172-178.

[16] LAMBERT A J D，SURENDR A M G. Disassembly modeling for assembly，maintenance，reuse，and recycling [M]. Florida：CRC Press，2005.

[17] LAWLESS J F，MACKAY R J，ROBINSON J A. Analysis of variation transmission in Manufacturing Processes-Part I[J]. Quality Technology，1999，31：131-142.

[18] 亓四华，费业泰. 应用灰色模型预测加工误差的研究[J]. 农业机械学报，2001，1：89-91，94.

[19] 龚文，机械加工误差源模糊智能诊断系统建模研究[J]. 机械设计与制造，2003，10：36-38.

[20] 洪军，郭俊康，刘志刚，等. 基于状态空间模型的精密机床装配精度预测与调整工艺 [J]. 机械工程学报，2013，49(6)：114-121.

[21] FAN K G，YANG J G，JIANG h，et al. Error prediction and clustering compensation on shaft machining[J]. The International Journal of Advanced Manufacturing Technology，2012，58 (5-8)：663-670.

[22] WANG D. Robust data-driven modeling approach for real-time final product quality prediction in batch process operation [J]. Industrial Informatics, IEEE Transactions on, 2011, 7(2): 371-377.

[23] 杨静萍,王万雷,康晶,等. 基于PSO-SVM的多阶段产品质量预测控制方法研究[J]. 大连民族学院学报,2013,15(1): 37-41.

[24] 张根保,曾海峰,王国强,等. 复杂机电产品质量特性解耦模型[J]. 重庆大学学报,2010,05.

[25] 孙利波,郭顺生,李益兵. 基于产品质量基因的质量控制理论研究与应用[J]. 中国机械工程,2013,21.

2. 项目的研究内容、研究目标,以及拟解决的关键科学问题(此部分为重点阐述内容)

2.1 项目的研究目标

针对我国机电产品质量长期存在的精度差、精度寿命短、性能波动大、故障频出等诸多问题,本项目以机电产品为研究对象,以四大关键质量特性的预测控制为核心,以元动作单元的系统定义和全方位建模为基础,系统研究元动作单元的关键质量特性形成机理、综合试验技术、融合控制机制、评估模型和评估方法,以及基于元动作单元的整机质量预测控制技术等关键科学问题,以数控机床作为典型案例进行理论验证和应用,面向机电产品提出一套基于元动作单元的整机关键质量特性分析与预测控制方法,为从本质上保障机电产品整机质量提供理论和技术支撑,最终达到全面提升我国机电产品整体质量水平的目的。

【点评】这个研究目标基本上是按照第4章实战中的写法撰写的,给出了开展本项目研究的原因和研究对象,说明了拟解决的关键科学问题和研究内容,最后论述了项目的最终研究目的。研究工作的技术路线隐含在论述中,指出以数控机床作为理论验证和应用的对象。从整体上看,这个研究目的写得还可以,存在的主要问题是研究目标与摘要的写法有点类似,没有体现出两者之间的区别。

2.2 项目的研究内容

研究内容一:元动作单元建模及其质量特性形成机理研究

在对机电产品质量特性进行研究时,将机电产品按"功能—运动—动作"(function-movement-action,FMA)的原理进行分解,得到最小运动单元——元动作,结合对产品的结构分析建立元动作结构单元,结合装配工艺分析建立元动作装配单元。对元动作单元的建模方法及质量特性形成机理进行研究,为后面的整机质量预测控制奠定基础。

主要研究内容如下:

(1) 元动作单元及其质量特性表征技术研究:从设计和装配的角度对机电产品元动作单元进行定义、分类,并对其寿命周期质量特性表征技术进行研究,提取出元动作结构单元的关键质量特性。

(2) 元动作单元的质量特性形成机理研究:对元动作单元的精度、精度寿命、性能稳定性和可靠性四个关键质量特性的形成机理进行深入研究,从结构设计、装配工艺和产品运行方面入手,找出引起质量特性波动的主要因素,并进行建模分析。

(3) 元动作单元的质量不确定建模技术研究:元动作单元的质量不确定是由各种异常因素和偶然因素引起的,具有"渐进不确定性"和"突发不确定性"两类不确定性的特点,在考虑元动作单元这两类质量不确定的情况下对其进行建模和分析。

研究内容二:元动作单元的质量特性综合试验模型研究

机电产品出现质量缺陷的直接表现形式是机电产品不能够完成规定的运动功能,然而通过溯源分析发现，整机质量缺陷归根结底却是由于各元动作单元的质量缺陷引起的。如果直接对整机进行试验，在发现问题和解决问题方面的难度都很大，因此，首先需要对各个元动作单元进行单独分析，研究它们的质量特性综合试验技术，建立试验模型，这是一个更科学合理且更易实施的方法。主要研究内容如下：

(1) 元动作单元质量缺陷定义及分类研究：对元动作结构单元的质量缺陷、质量波动进行定义及分类研究，确定元动作单元质量缺陷及其严重度等级，分析元动作单元的质量缺陷与精度、精度寿命、性能稳定性和可靠性之间的关系。

(2) 元动作单元关键质量特性关联性研究：分析影响元动作单元的四个关键质量特性的影响因素，研究影响因素之间的相互耦合作用，确定元动作单元关键质量特性之间及其与影响因素之间的关联关系，进行关联性的定量化建模。

(3) 基于质量关联性的综合试验模型研究：在考虑质量特性关联性的基础上，对元动作单元进行综合试验技术和模型研究，验证元动作单元关键质量特性的关联关系模型，找出影响元动作质量缺陷的主要因素，分析质量缺陷源并追溯到设计和制造过程。

研究内容三：元动作单元的质量特性融合控制机制研究

机电产品质量特性的耦合不仅给其质量特性的分析、控制带来了很大的困难，也使得其设计过程和制造过程的质量更难以保障。对元动作单元进行多质量特性融合控制机制研究，并将其映射到设计、制造、试验、运行等过程中，对元动作单元的精度、精度寿命、性能稳定性和可靠性进行控制，为从根源上保障机电产品质量提供理论和技术支撑。主要研究内容如下：

(1) 元动作单元质量特性的耦合机理研究：每个元动作单元都涉及四个关键质量特性，它们之间往往都不是独立存在的，而是有着千丝万缕的关系，研究元动作单元质量特性的传递机理和映射关系，建立元动作单元关键质量特性的耦合模型。

(2) 元动作单元质量特性的解耦机制研究：对元动作单元的精度、精度寿命、性能稳定性和可靠性四个关键质量特性的耦合强度进行分析，建立耦合强度评估模型，然后对多质量特性解耦控制技术进行研究。

(3) 元动作单元质量特性的优化控制技术研究：元动作单元质量特性的优化控制包括设计优化、制造优化和运行，分别针对设计过程、制造过程和运行过程质量特性的优化控制进行相应的建模和分析。

研究内容四：元动作单元的质量特性评估模型研究

不同元动作单元质量特性的表征值是不一样的，单元结构对各质量特性的敏感度也不一样，以元动作单元精度、精度寿命、性能稳定性和可靠性四个关键质量特性为基础，建立综合评估指标体系，构建评估模型，研究评估算法并进行评估，为进行元动作单元的质量控制提供理论依据。主要研究内容如下：

(1) 元动作单元的质量特性指标体系研究：以元动作单元的精度、精度寿命、性能稳定性和可靠性四个关键质量特性为基础，遵从指标体系构建原则，全面考虑，精细筛选，对元动作单元建立科学合理的、针对性强的评估指标体系。

(2) 元动作单元的质量特性评估模型研究：将元动作单元的质量波动与经济损失联系起来，利用数学建模技术将元动作单元的关键质量特性目标值与实际值映射为质量损失，对元动作单元的质量进行评价。

(3) 元动作单元的质量特性评估算法研究：综合评估是一项复杂的统计活动，基于经济指标的质量损失统一了各项指标评估的量纲，然后研究模型的求解算法，使得求解过程更快，求解结果更精确。

研究内容五：基于元动作单元的整机质量特性预测控制

要控制产品整机的质量首先要控制元动作单元的质量，然而仅仅保证元动作单元的质量并不能完全保证整机的质量，需要全面考虑各元动作单元之间的关联关系，由下至上建立整机质量预测与控制模型，实现综合控制，即整机质量特性控制是建立在元动作单元质量特性分析与控制的基础之上。主要研究内容如下：

(1) 元动作单元质量特性的同代匹配特性研究：研究 FMA 分解树中同层次元动作单元质量特性之间的关联和匹配关系，构建匹配关系模型，计算同代匹配度。

(2) 元动作单元质量特性的异代匹配特性研究：研究 FMA 分解树中不同层次元动作单元质量特性之间的关联和匹配关系，构建匹配关系模型，计算异代匹配度。

(3) 整机质量特性的预测模型与预防控制技术研究：构建基于元动作单元的整机质量特性预测模型，给出预测模型算法与实施流程，研究整机质量特性的预测控制技术。

【点评】研究内容的写法遵循了一般的写作套路，主要特点如下：①作为面上项目，本项目设置了 5 项研究内容，从数量上看尚可接受；②不管是大的研究内容还是小的研究内容，都给出一个小标题，看上去结构非常清晰；③每个大的研究内容都给出 150 字以内的简要说明，每个小的研究内容也给出 60 字以内的说明；④每个研究内容的写法比较类似，结构化特征明显，看上去比较顺畅；⑤在排版方面，各个小标题都用粗体字标出，看上去非常醒目；⑥各项研究内容之间的逻辑关系非常清晰，首先建立元动作单元的建模并研究质量特性的形成机理，在此基础上研究元动作单元质量特性的综合试验模型，接着研究元动作单元的质量特性融合控制机制和元动作单元的质量特性评估模型，最后研究基于元动作单元的整机质量特性预测控制方法。

2.3 拟解决的关键科学问题

科学问题一：元动作单元的关键质量特性耦合机制

现代机电产品都是由机、电、液、控等多物理过程、多学科技术集成于机械载体而形成的具有整体功能的复杂大系统，即使最基本的元动作结构单元，也是由很多的零件组成的，这些零件都在不同程度上影响单元的输出精度、精度寿命、性能稳定性和可靠性，零件和零件之间的关系对四大质量特性的影响具有耦合作用，单元输出的四大质量特性之间也有耦合作用，要通过对耦合机制的分析，找出关键影响因素，通过对关键影响因素的控制，才能实现对单元质量的系统性控制。对其进行质量控制首先需要对其最小组成成分——元动作单元的关键质量特性进行分析与控制，在对机电产品元动作单元进行建模和分析的基础上，对元动作单元的关键质量特性形成机理、综合试验技术、融合控制机制、评估模型和评估方法等进行研究，为进行整机关键质量特性预测控制奠定基础。

科学问题二：元动作单元的全方位建模技术

在元动作单元层面，研究的粒度已经足够小，结构已经非常简单，为建立精细化的分析和控制模型创造了良好的条件。但为了保障运动单元的质量，还需要建立全方位的分析模型，包括设计模型、试验模型、装配模型、运行模型等，由于结构和质量特性之间的耦合作用，需要研究各个模型的边界条件，需要研究这些模型之间的耦合关系，以及这些模型的融合技术。

科学问题三：基于元动作单元的整机关键质量特性预测控制技术机制

根据大系统控制理论中的“分解—集结”分析方法，在对元动作单元关键质量特性进行分析与控制的基础上，将各元动作单元质量分析所得的局部解集结起来，对机电产品整机关键质量特性进行预测控制，这一过程涉及 FMA 分解树中元动作单元质量特性同代和异代关联匹配关系，需要对匹配强度和匹配模型进行深入研究。

【点评】在第 4 章中已经指出，拟解决的关键科学问题是基金项目的灵魂，是达到本项目研究目的而必须解决的问题。本范本共提炼出三个拟解决的关键科学问题，从数量上看与面上项目比较匹配。另外，这三个拟解决的关键科学问题与研究内容是紧密相关的，研究内容中都涉及这三个科学问题，通过完成研究内容，就可以解决这三个关键科学问题。当然，范本关于拟解决的关键科学问题的撰写也存在一些小问题：如第二和第三个关键科学问题的论述篇幅过少，讲得不够透彻；科学问题二论述结束后缺少了句号；科学问题三应该是控制机制，但误写成控制技术机制。尽管这都是些小问题，瑕不掩瑜，对本申请书的质量影响不大，但从精益求精的角度看，这些问题是不应该发生的。

3. 拟采取的研究方案及可行性分析（包括有关方法、技术路线、实验手段、关键技术等说明）

3.1　课题的研究方法和技术路线

本项目以机电产品关键质量特性的预测控制为主要研究内容，采用“分解—分析—综合”的复杂大系统研究方法，基本研究方法为：典型机电产品调研→分析提炼共性特征→元动作单元定义及表征→元动作单元关键质量特性的形成机理→元动作单元的全方位建模→单元质量特性的评估模型和评估方法→基于元动作单元的整机质量预测控制→典型企业和典型产品应用→理论的修正及完善→形成一套系统化的预测控制理论。具体技术路线如图 1 所示。

【点评】一般情况下，研究方法和技术路线可以放在一个小节中论述，除非研究方法非常特殊，需要专门作为一个小节。坦率地讲，本范本的研究方法和技术路线写得比较一般，没有什么特色，但采用图的方式来描述技术路线却很好，从该图可以一目了然地看出本项目是如何开展研究的。不足之处是，技术路线图中缺少拟解决的关键科学问题的相关内容，这个问题有点严重，因为项目是因为拟解决的关键科学问题而存在的，在图上应该表达清楚与研究内容之间的关系。另外一个问题是排版问题，在图中应该突出所设置的五个研究内容，因为研究内容是开展研究工作的主线。

3.2　研究方案

结合本项目的研究目标，结合研究内容，提出如下研究方案：

（1）元动作单元建模及质量特性形成机理研究

通过对机床、汽车、发动机等典型制造企业进行充分的调研和数据收集，通过数据分析和挖掘提炼出典型产品具有共性和基础性的特征，从设计和装配的角度系统全面地对机电产品元动作单元进行定义和分类表征，选择典型产品对其进行 FMA 分解，得到 FMA 树和具体元动作单元；运用数据挖掘技术、模糊层次分析法、神经网络技术（ANNs）等方法识别

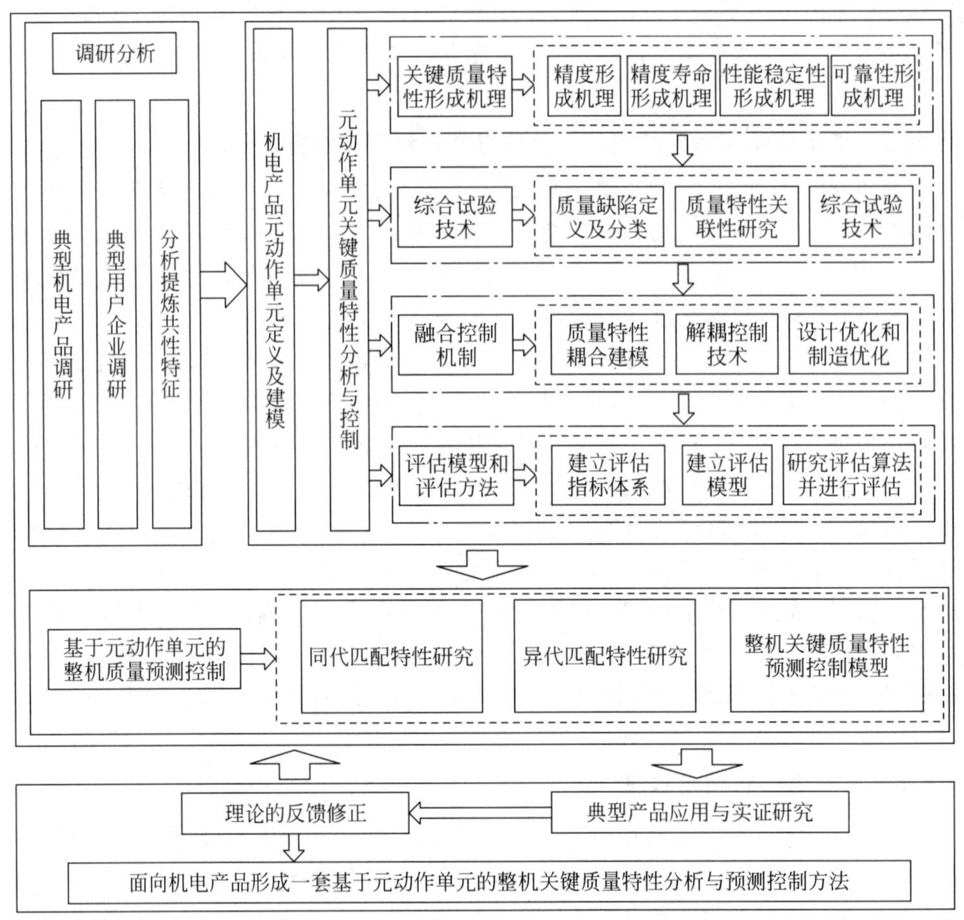

图 1　项目的技术路线图

典型产品元动作结构单元寿命周期质量特性重要度，提取出关键质量特性；深入研究精度、精度寿命、性能稳定性和可靠性四个关键质量特性的形成机理，从结构设计、装配工艺和运行方面入手，找出引起关键质量特性波动的主要影响因素，分别进行基于机器人关节末端位姿(denavit-hartenberg, D-H)矩阵法的元动作单元装配精度预测建模、基于 AMSAA 幂律模型的非齐次泊松过程的伺服进给系统定位精度寿命预测建模、基于过程控制的元动作单元性能稳定性建模和基于模块化故障树的元动作单元可靠性建模分析；在考虑元动作单元质量不确定的情况下，分别运用经济学中的“地铁不确定性”和“椰子不确定性”理论对其进行建模研究。

(2) 元动作单元的质量特性综合试验技术研究

在产品质量缺陷定义及分类的基础上对各类元动作单元的质量缺陷进行系统性研究，确定元动作单元质量缺陷及其严重度等级，分析质量缺陷与精度、精度寿命、性能稳定性和可靠性之间的关系；研究质量特性影响因素之间的相互作用，引入质量波动率的概念，通过质量功能配置(QFD)模型，运用矩阵运算建立元动作单元关键质量特性和影响因素之间的函数关系；在考虑质量特性关联关系的基础上，结合质量缺陷的发展变化规律建立试验标准、试验方法，对元动作单元进行综合试验技术研究，验证元动作单元关键质量特性关联关系模型，找出元动作单元的质量缺陷，分析质量缺陷源并追溯到设计过程和制造过程。

（3）元动作单元的质量特性融合控制机制研究

研究元动作单元关键质量特性的传递机理和映射关系，建立元动作单元质量特性的耦合模型；运用模糊网络分析法（FANP）对元动作单元精度、精度寿命、性能稳定性和可靠性四个关键质量特性的耦合强度进行分析，建立耦合强度评估模型，进行近似解耦以及基于TRIZ和USIT的物理解耦；带残余耦合的设计中存在耦合，使得多个质量特性难以同时达到最优，考虑多个变量对质量特性的影响，将带耦合质量特性的不确定性设计问题转化为多质量特性的不确定性优化问题，建立数学模型；制造过程中存在着一定程度的隐耦合现象，很难发现和控制，分析元动作单元制造过程中的隐耦合，利用广义信息熵模型评估制造过程的复杂性，构建基于复杂度的元动作单元制造过程隐耦合评价模型，提出元动作单元制造过程隐耦合控制措施。

（4）元动作单元的质量特性评估模型研究

以精度、精度寿命、性能稳定性和可靠性四个关键质量特性为基础，详细分析各元动作单元关键质量特性及其属性特征，针对各元动作单元分别建立科学合理的评估指标体系；采用田口玄一质量损失思想，运用质量损失函数，将质量波动与经济损失联系起来，以各项指标的理想值为标准建立元动作单元关键质量特性综合评估模型；分别计算不同元动作单元不同质量缺陷的质量损失，并对比分析不同元动作单元对指标敏感性的差异，得出具有针对性的评估结果，指导设计和制造的改进工作，也可以为整机质量评估提供基础数据。

（5）基于元动作单元的整机质量特性预测控制

根据大系统控制理论“分解—集结”分析法中的“合零为整”，将各元动作单元关键质量特性分析所得的局部解集结起来，考虑相互关联，求取整机的全局解：采用设计结构矩阵（DSM）对FMA分解树中同代元动作单元质量特性之间的关联和匹配关系进行分析，构建匹配关系模型，运用排序、聚类法进行计算；采用设计结构矩阵族（DSMF）PFMA分解树中异代元动作单元质量特性之间的关联和匹配关系进行分析，构建匹配关系模型，运用聚类法进行计算；在考虑元动作单元质量特性之间的匹配关系对整机质量的影响下，运用多层状态空间法构建多粒度整机质量特性的预测模型，给出预测模型算法与实施流程，分析预测精度；研究整机质量特性的控制机理，建立整机质量预测控制模型，提出质量控制的具体措施并反馈到设计和制造过程中。

【点评】研究方案在申请书中所占篇幅最多，因为要针对每项研究内容都给出相应的研究方案。本范本的研究内容共有五项，因此，具有五个相应的研究方案。对研究方案的基本要求是能够详细地描述研究内容，使得大同行研究人员都能够按照研究方案开展研究并得到预期的成果。本范本的研究方案中规中矩，如果一定要进行改进，可以针对每个子研究方案画个技术路线图。

3.3 可行性分析

3.3.1 基础理论方面

本项目中的核心概念——机电产品元动作单元是在前一个国家自然科学基金项目“面向多质量特性一体化控制的数控机床装配过程建模理论研究”中提出来的，已经取得一些初步成果，发表多篇论文，并在部分制造企业得到应用验证；而在机电产品质量特性耦合解耦和预测控制技术方面本实验室都有较多的研究成果作支撑，理论上是可行的。

3.3.2 研究方案方面

本项目所确定的研究方案是项目组长期在企业从事质量、可靠性、精度保持性等研究的基础上制定的，该研究方案的主要内容已经在企业经过大量的考验，证明具有很强的可操作性，在理论上和实践上都是完全可行的。结合本项目的具体研究内容，项目组也与相关企业的人员进行过对接，研究方案采用大量调研、实际测试、工程分析、理论研究、算法实现与应用验证相结合的研究方法，坚持理论研究的新颖性和应用研究的实用性并重的原则，在研究技术和方法方面是切实可行的。

3.3.3 研究基础方面

本项目组主要研究成员长期与国内 20 多家机电产品制造企业合作，并建立了良好的合作关系，项目组成员长期从事质量与可靠性、机床设计与制造等方面的研究，在质量管理和可靠性方面承担了大量的国防科工委项目、国家自然科学基金、国家科技重大专项等研究课题，具有丰富的实践经验和项目管理经验，积累了大量的研究成果，因此，本项目的研究基础是非常扎实的。

【点评】范本从三个方面论述了项目的可行性，基本符合实战部分的写法要求，但可以从以下两点进行改进：①三个方面的描述尽管面面俱到，但稍显粗糙，还可以更详细些；②与第 4 章实战中给出的可行性分析模板相比，范本缺少了研究条件方面的可行性分析，这对于初次申请基金项目的青年学者可能是致命的，特别是对于依托单位总体科研实力较弱的申请者，更应该增加研究条件方面的可行性分析。

4. 本项目的特色与创新之处

（1）在元动作单元层面系统研究其质量特性的形成机理

机电产品元动作单元的概念是课题申请人在前一个国家自然科学基金项目中提出的，并基于元动作单元研究了装配过程质量控制，取得较好的效果。受研究内容和时间的限制，没有对元动作单元关键质量特性的形成机理进行深入研究。本项目将对元动作单元及其关键质量特性的形成机理进行深入系统的研究，从机理上搞清精度、精度寿命、性能稳定性和可靠性在单元的设计和制造过程中是如何形成和传递的，可以为元动作单元的全方位建模、分析和控制打下坚实的基础。

（2）在元动作单元层面系统研究关键质量特性的耦合和解耦控制机制

以理论和试验相结合的方式，对元动作单元的精度、精度寿命、性能稳定性和可靠性四个关键质量特性及其影响因素进行系统研究，研究单元结构、质量特性和影响因素间的相互作用及其耦合关系，针对各类耦合关系计算耦合强度，分类进行解耦控制，为整机质量的预测控制打下坚实的基础。

（3）基于元动作单元的机电产品整机质量特性的预测控制

针对机电产品质量预测控制中存在的问题，在对机电产品元动作单元关键质量特性进行分析控制的基础上，研究整机中元动作单元质量特性同代和异代关联匹配关系，采用大系统控制理论中“分解—集结”的思想，对机电产品整机关键质量特性进行预测控制。

【点评】根据第 4 章关于特色与创新的撰写套路，特色与创新可以分开写，也可以合在一起写，本范本采用了合在一起的写法，没有严格区分特色和创新。可以看出，范本的三个创新点都是围绕元动作展开的，这是因为元动作是由申请人率先提出的新概念，这个概念具有绝对的创新性。

5. 年度研究计划及预期研究结果（包括拟组织的重要学术交流活动、国际合作与交流计划等）

5.1　年度研究计划

时间阶段	研究内容
2016-01—2016-12	● 制造企业、用户调研，获取各种数据，调研数据的分析和处理； ● 元动作单元及其质量特性表征技术研究； ● 元动作单元的质量特性形成机理研究； ● 元动作单元质量不确定建模技术研究
2017-01—2017-12	● 元动作单元质量缺陷定义及分类研究； ● 元动作单元关键质量特性关联性研究； ● 基于质量关联性的综合试验模型研究
2018-01—2018-12	● 元动作单元质量特性的耦合机理研究； ● 元动作单元质量特性的解耦机制研究； ● 元动作单元质量特性的优化控制技术研究； ● 元动作单元的质量特性指标体系研究； ● 元动作单元的质量特性评估模型研究； ● 元动作单元的质量特性评估算法研究
2019-01—2019-12	● 元动作单元质量特性的同代匹配特性研究； ● 元动作单元质量特性的异代匹配特性研究； ● 整机质量特性的预测模型与控制技术研究； ● 企业的应用研究和验证，修正模型和方法； ● 整理研究报告，结题

【点评】参照第 4 章关于年度研究计划的写法，范本的写法基本与要求相吻合，主要特点是把年度研究计划细化到研究内容的第二级。但缺少“拟组织的重要学术交流活动、国际合作与交流计划”等方面的内容。

5.2　预期研究成果

（1）面向机电产品提出一套基于元动作单元的整机关键质量特性分析与预测控制方法，为从本质上保障机电产品整机质量提供理论和技术支撑。

（2）在国内外重要学术期刊上发表一批有影响力的论文，包括在国内外重要期刊上录用、发表学术论文 20 篇左右，被 SCI/EI 收录 8 篇左右。

（3）取得具有自主知识产权的成果 2 项，包括申请国家专利等。

（4）培养博士研究生 2 名，硕士研究生 10 名左右。

（5）为相关企业培养一批高级应用人才。

【点评】第 4 章实战部分建议预期的研究成果按照四个方面来描述：理论成果、应用成果、技术成果、人才成果，其中理论成果主要描述解决的关键科学问题以及形成的理论和方法体系（与研究目的相匹配），应用成果主要描述企业的实际应用案例，技术成果主要描述发表的论文、授权的专利、形成的自主知识产权软件等，人才成果主要描述本项目拟培养的各类人才。本范本没有按照这四个方面描述预期的研究成果，而是平铺直叙地给出五个方面的成果。但可以很直观地看出，第一项成果属于理论成果，第二项和第三项成果属于技术成果，第四项和第五项成果属于人才成果。本范本存在的主要问题是没有描述研究成果在企业的应用，这不能不说是个缺憾，因为在技术路线中曾经明确指出研究成果要在企业进行应用验证。

（二）研究基础与工作条件

1. 工作基础（与本项目相关的研究工作积累和已取得的研究工作成绩）

本项目课题组依托××大学××××国家重点实验室，课题申请人和课题组成员长期与机电产品制造企业密切合作，从事机电产品设计和质量控制领域的科学研究工作，在制造装备可靠性、精度寿命、可靠性试验等各方面进行了大量的研究，先后承担完成国家级、省部级和企业级相关科研项目共计60余项，在相关领域曾获省部级科技进步奖2项。近五年来，在《Chinese Journal of Mechanical Engineering》《机械工程学报》《计算机集成制造系统》《Computers & Industrial Engineering》《Periodical of Applied Mechanics and Materials》等国内外学术期刊和重要国际学术会议上发表质量管理和可靠性方面的学术论文100余篇。编写质量工程领域教材及著作10余部，参与多项相关国家标准的制定。主要相关工作有：

2007年5月，由本项目负责人×××教授发起，由国家自然科学基金委机械学科支持，在××大学召开了国内第一届制造系统质量管理与控制专家研讨会，2010年10月在××市又召开了第二届专家研讨会。

从2009年起，项目组成员承担和参与了《高档数控机床及基础制造装备》科技重大专项中的可靠性和精度保持性项目，共计12项。

通过实施重大专项，提出《可靠性驱动的装配工艺设计》《可靠性管理体系》《故障率浴盆曲线的定量化研究》《数控机床可靠性方法论：8341工程》等创新性的概念和理论。

从2009年至今，项目申请人×××教授受邀在各种全国性质量管理和可靠性会议上就质量管理和可靠性发表十多次主题演讲，在20余家机械制造企业举办质量管理和可靠性方面的讲座10余次。

从2012年起，项目申请人×××教授承担了"国家自然科学基金"项目《面向多质量特性一体化控制的数控机床装配过程建模理论研究》的研究工作，首次提出了数控机床"谱系"、基于"PFMA树"的结构化分解、"元动作"装配单元等创新性的概念。

于2013年和2014年，项目申请人×××教授分别在××市和浙江温州市组织召开了"数控机床可靠性技术研讨会"和"机床可靠性专家研讨会"，并取得了很好的效果。

从2014年起，××大学牵头获批"重庆自主品牌汽车协同创新中心"，有长安汽车、青山变速器等多家企业参加，本项目申请人是"汽车安全性和可靠性"方向的首席科学家，加强了与汽车制造企业的联系，也便于把本课题的研究成果应用到汽车制造企业。

本项目的申请人学风严谨，思路开阔，工作努力，科研经验丰富，具备领导一个团队进行创新性研究的能力，且课题组成员专业分布和年龄结构合理，素质良好，具备多学科综合交叉优势，是一支结构合理、能力很强的科研队伍。

由此可见，项目组对本项目有关的研究已有相当的积累，已取得较显著工作成绩，并已为国内外学术界承认，本项目的有关准备工作是充分的，基础是扎实的。

2. 工作条件（包括已具备的实验条件、尚缺少的实验条件和拟解决的途径，包括利用国家实验室、国家重点实验室和部门重点实验室等研究基地的计划与落实情况）

项目组所在的《××××国家重点实验室》具有100余台高性能的计算机及各种应用软

件，包括可靠性分析软件。

在硬件方面，本项目组隶属的××大学××××国家重点实验室可提供如下配套和支撑条件：MV-5A 型加工中心、ARSE-Ⅱ三坐标测量机、热像敏分析仪、噪声测试设备、振动检测仪、形状测量仪、CNC 数控车床等仪器设备。

项目申请人×××教授作为“××××国家重点实验室”研究员和“××市制造系统工程重点实验室”学术委员会副主任，可以充分利用这两个实验室的设备开展有关研究和实验。

通过国家科技重大专项的实施，本项目组与国内 10 余家大型骨干机床制造企业一起建立了 20 余台数控机床功能部件和整机可靠性实验台，这些试验台可以提供给本项目应用。

本项目组长期与国内多家机床和汽车、发动机制造企业合作，可以充分利用这些企业的资源对本项目组所申请的内容进行研究与应用。

可以说，本课题所需的各种工作条件已基本具备。

3. 承担科研项目情况（申请人和项目组主要参与者正在承担的科研项目情况，包括国家自然科学基金的项目，要注明项目的名称和编号、经费来源、起止年月、与本项目的关系及负责的内容等）

国家“863”计划资助项目：“供应链协同质量管理与预防控制关键技术及应用研究”（2009AA04Z119）；经费来源：国家高技术研究发展计划专项办；起止年月：2009-04—2011-04；申请人为项目负责人；项目已完成，等待验收。与本项目关系：为本项目质量预测控制技术的研究奠定了理论基础。

国家自然科学基金重点项目：“复杂机电产品关键质量特性耦合理论及预防控制技术研究”（编号：50835008）；经费来源：国家自然科学基金委；起止年月：2009-01—2012-12；申请人为项目第二负责人。与本项目关系：该项目的研究成果可作为本项目的基础，主要面向关键质量特性分析与控制的研究。

国家“高档数控机床与基础制造装备”科技重大专项：“精密数控机床精度保持性”（2010ZX04014-015）；经费来源：“高档数控机床与基础制造装备”科技重大专项办；起止年月：2010-03—2012-12；申请人为第二联合单位负责人。与本项目关系：该项目相关研究成果能为本项目装配精度的研究提供技术支撑。

国家“高档数控机床与基础制造装备”科技重大专项：“中型发动机缸体缸盖加工全自动柔性生产线国产化应用示范工程”（2013ZX04012-061）；经费来源：“高档数控机床与基础制造装备”科技重大专项办；起止年月：2013-01—2015-12；申请人为联合单位负责人。与本项目关系：该项目相关研究成果能为本项目提供数控机床功能部件和数控系统精度、稳定性保持和可靠性评估的技术支撑。

国家自然科学基金：“面向多质量特性一体化控制的数控机床装配过程建模理论研究”（51175527）；经费来源：国家自然科学基金；起止年月：2012-01—2015-12；申请人为项目负责人。与本项目关系：该项目相关研究成果能为本项目提供数控机床及复杂机电产品的综合装配质量的理论和使能技术支撑。

4. 完成国家自然科学基金项目情况（对申请人负责的前一个已结题科学基金项目（项目名称及批准号）完成情况、后续研究进展及与本申请项目的关系加以详细说明。另附该已结题项目研究工作总结摘要（限 500 字）和相关成果的详细目录）

项目名称：面向多质量特性一体化控制的数控机床装配过程建模理论研究（编号：

51175527)；起止年月：2012-01—2015-12。

项目完成情况：本项目主要完成了以下6个方面的研究工作。

(1) 数控机床的“谱系”研究。研究了“谱系”的概念，结合××××机床有限公司的调研结果，分别建立了加工中心的零件谱、工况谱、载荷谱、功能谱和故障谱；利用模糊网络分析法(FANP)建立了各“分谱”之间耦合关系的分析模型。

(2) 数控机床的结构化分解技术研究。以××××机床厂精密卧式加工中心为例进行了结构化分解；遵循“谱系(pedigree)—功能(function)—运动(movement)—动作(action)”的基本顺序分解原则，将整机到零部件之间划分为不同的级别，建立了机床的“PFMA”树图模型。

(3) 基于PFMA结构化分解的质量特性迭代映射研究。分析了“PFMA树”的所有节点，得到了由各节点基本属性元素组成的伴随矩阵；根据PFMA功能分解将顶层的可靠性、精度、精度保持性等质量特性依次分解，耦合在不同层次间传递，父层质量特性耦合将导致本层质量特性的耦合，同样，子层质量特性耦合也将导致父层质量特性的耦合，建立了精度、精度保持性、可靠性等多层次质量特性指标体系。

(4) 元动作装配单元质量控制研究。定义了实现机床运动的最小动作单元为元动作，实现元动作的核心零件间构成的最小装配单元为元动作装配单元；建立了元动作装配单元可靠性模型；构建了元动作装配链接矩阵。

(5) 元动作装配单元装配过程PAR质量控制研究。在对影响元动作装配单元装配精度的误差源和误差传递规律进行分析的基础上，把影响元动作装配单元装配精度的误差源分为零件位置误差、零件形状误差、装配位置误差等五类，构建了三类常见误差的数学模型；建立了元动作装配单元精度保持模型，为精度寿命的预测提供了量化模型；在对元动作进行故障树分析与定量化计算的基础上，根据可靠性概念需求，利用“功能—运动—动作”的功能分解原则对元动作单元装配进行结构化分析，建立了元动作装配单元可靠性模型。

(6) 元动作装配单元质量诊断与评估研究。利用模糊关系方程表示装配质量异常与异常原因之间的关系，建立模糊关系方程装配质量异常诊断模型，实现对数控机床装配质量异常诱发异因的详细诊断；在装配质量异常诊断的基础上，对装配好的数控机床的装配质量进行评估，利用对数线性比例强度模型(LPIM)对机床可靠性进行评估，给出了模型参数和可靠性指标的点估计与区间估计。

与本项目关系：研究内容上是紧密相连的，本项目是在其成果的基础上进行的进一步研究，有了之前的研究经验和研究成果，可以为本项目实施方案的合理规划以及运行过程的科学管理提供宝贵的经验。

工作总结摘要：以机电产品中较为复杂的数控机床为对象，以多质量特性为核心，通过对数控机床的“谱系”、结构化分解以及“元动作”装配质量特性控制模型的研究，建立起一套“元动作”装配过程中质量特性的控制方法。将研究成果应用到××××机床有限公司生产的THC6380精密卧式加工中心、××××机械发展有限公司生产的YK7232蜗杆砂轮磨齿机、××铸造锻压机械研究所有限公司生产的高速精密转塔冲床中。在应用中对理论进行验证，根据应用结果对理论进行修正，形成一套成体系、具有很高可操作性的理论和使能技术，为提高我国机床的设计/制造水平打下坚实的基础。

成果目录(略)

5. 申请人简介(包括申请人和项目组主要参与者的学历和研究工作简历,近期已发表与本项目有关的主要论著目录和获得学术奖励情况及在本项目中承担的任务。论著目录要求详细列出所有作者、论著题目、期刊名或出版社名、年、卷(期)、起止页码等;奖励情况也须详细列出全部受奖人员、奖励名称等级、授奖年等)

略

6. 承担科研项目情况(申请人和项目组主要参与者正在承担的科研项目情况,包括自然科学基金的项目,要注明项目的名称和编号、经费来源、起止年月、与本项目的关系及负责的内容等)

略

7. 完成自然科学基金项目情况(对申请人负责的前一个已结题科学基金项目(项目名称及批准号)完成情况、后续研究进展及与本申请项目的关系加以详细说明。另附该已结题项目研究工作总结摘要(限500字)和相关成果的详细目录)

略

重点项目申请书范本点评

8.1 重点项目概述

重点项目支持从事基础研究的科学技术人员针对已有较好基础的研究方向或学科生长点开展深入、系统的创新性研究，促进学科发展，推动若干重要领域或科学前沿取得突破。

重点项目是介于面上项目和重大项目之间的一类项目，也是国家自然科学基金委重点支持的资助类别，以 2020 年为例，基金委所有学部共资助重点项目 737 项，总资助直接经费金额为 216527 万元，资助强度为 293.80 万元/项（基本上与杰出青年科学基金项目相当），平均资助率 18.95%。与面上项目相比，重点项目资助的项目数大幅减少，重点项目的申请人一般在本领域研究多年，具有比较突出的研究成果，研究团队稳定，研究基础雄厚，研究条件优越，申请人的整体学术水平都比较高。因此，要在重点项目的申请中脱颖而出，其难度比面上项目又要高得多。

8.2 范本背景

本项目的申请人长期从事质量管理和可靠性工程领域的研究与推广工作，作为项目负责人先后承担与质量管理和可靠性相关的研究和开发项目 30 余项（包括两项“863”课题）。其中以项目申请人身份获国家自然科学基金面上项目 3 项，以项目组成员身份获青年科学基金项目 1 项。具体包括，面上项目“面向制造企业的 e-质量管理体系理论及关键技术研究”，执行期间是 2004-01—2006-12；面上项目“面向多质量特性一体化控制的数控机床装配过程建模理论研究”（本项目作为第 4 章实战的案例），执行期间是 2012-01—2015-12；面上项目“基于元动作单元建模的机电产品质量预测控制技术研究”，执行期间是 2016-01—2019-12；青年科学基金项目“基于可用性建模的数控机床主动维修决策方法研究”，执行期间是 2018-01—2020-12。通过这些项目的研究和成果应用，逐步形成“元动作理论”和“多元质量特性一体化控制”的理论和方法。

根据国家自然科学基金委项目资助管理办法，重点项目主要支持已有较好基础（要有面上项目的支撑）的研究方向或学科生长点，通过持续、深入、系统的创新研究，促进学科发展，推动若干重要领域或科学前沿取得突破。项目申请人经过分析认为，课题组成员在质量和可靠性领域已承担过多个基金面上项目，已取得较好的应用成果，符合“已有较好基础”的条件。通过本项目对“元动作理论”和“多质量特性一体化控制技术”的研究，可以将以前获得的研究成果有效地集成起来，形成一套比较系统的理论和方法，有力地促进国产机电装备质量和可靠性水平的提高。

为此，课题组提出“复杂机电产品以元动作可靠性为中心的多元质量特性协同设计技术研究”的课题，于 2018 年完成并提交重点项目申请书，后经过评审获得重点项目立项。项目的学科分类为：工程与材料科学部(E)—机械设计与制造(E05)—制造系统与智能化(E0510)；执行时间为：2019-01—2023-12。

8.3　范本点评

项目负责人长期从事质量和可靠性研究，已经承担过 30 余项国家级和企业委托项目，研究成果丰富，企业口碑较好。本重点项目以多个面上项目和青年科学基金项目为支撑，前期研究基础扎实，项目的重点是继续深化部分理论和方法，并将前期研究成果集成起来，最终形成一套操作性强、系统性强的理论和方法体系，立项思路非常清晰，前期研究基础较好，符合基金重点项目的资助条件。

【案例】

一、题目

复杂机电产品以元动作可靠性为中心的多元质量特性协同设计技术研究

【点评】无论从哪个角度看，这个题目都可以归于“好题目”的范畴。从题目可以看出：项目的研究对象是复杂机电产品，创新性是“以元动作可靠性为中心”，研究内容和特色是“多元质量特性协同设计技术”。为什么要以元动作可靠性为中心？这是因为机电产品的质量特性有几十个，它们的重要性是不同的，经过项目组的调查发现，最重要的质量特性是可靠性。因此，在进行质量设计和分析时，必须首先保障可靠性这个要求，其他质量特性可以作为约束。另外，前人在研究质量特性时，大多数都是围绕一个质量特性展开的，由于质量特性之间存在复杂的耦合关系，一个质量特性得到满足并不能保障所有其他质量特性都得到满足，因此只研究一个质量特性得到的成果在实践中基本没有实用意义。为此，必须开展多质量特性协同设计，才能够使得到的结果更具有实用价值。

二、摘要

针对我国机电产品长期存在的可靠性差、精度低、精度寿命短、性能稳定性差和可用性差等影响产品竞争力的关键问题，以及五大质量特性一体化协同设计理论和方法缺乏的难题，本项目在前期持续研究和企业应用成果的基础上，以提高元动作可靠性为出发点，对机电产品整机多元质量特性协同设计理论与方法进行深入系统的研究，在机电产品整机多元质量特性耦合机理与解耦机制的研究、整机多元质量特性向元动作映射机制与模型的建立、元动作间质量特性同代耦合模型和异代传递机理、以可靠性为中心的多元质量特性一体化协同控制机制等关键科学问题上实现系统性突破，基于元动作单元形成一整套系统的、适合国情的、以可靠性为中心的多元质量特性协同设计理论与方法，并使研究成果在高档数控机床、核反应堆机械设备等典型企业的典型产品中得到实际应用，以期全面提高我国机电产品的可靠性和整体质量水平。

【点评】本摘要开门见山地提出项目针对的是机电产品五大质量特性差造成产品竞争力低（与国外产品的差距大）以及一体化协同设计理论和方法缺乏的难题，强调在前期持续研究和企业应用成果的基础上，以提高元动作可靠性为出发点，对机电产品整机多元质量特性协同设计理论与方法进行深入系统的研究。接着提出通过实现四个关键科学问题的系统性突破，得到"基于元动作单元形成一整套系统的、适合国情的、以可靠性为中心的多元质量特性协同设计理论与方法"的研究成果，并通过其在不同类型的产品中的实际应用，全面提高我国机电产品的可靠性和整体质量水平。这个摘要的体系结构合理，撰写方式一气呵成，确实囊括了正文的所有主要内容（是正文的浓缩版），并很好地区分了研究成果和研究目的，这种撰写方式值得读者借鉴。

三、报告正文

（一）立项依据与研究内容（5000～10000 字）：

1. 项目的立项依据（研究意义、国内外研究现状及发展动态分析，需结合科学研究发展趋势来论述科学意义；或结合国民经济和社会发展中迫切需要解决的关键科技问题来论述其应用前景。附主要参考文献目录）

1.1 项目的研究意义

机电产品是应用最广泛且关系到国计民生的重要商品，在国民经济和国防领域中都占有极其重要的地位。经过三十多年的发展，我国机电产品的设计制造水平得到快速提升，很多产品的产量已是世界第一。但应该清醒地看到，尽管我国机电产品的生产规模很大，但大多数产品的档次还比较低，以可靠性为主要特性的产品质量还很差，在市场上主要靠所谓的性价比来低价竞争，产品的利润很低，企业处境艰难，还无法与国际高档次产品进行竞争。

机电产品的质量首先是被设计出来的，由于质量设计技术的落后，造成我国机电产品的质量与国外同类产品有很大的差距，主要表现在 5 大质量特性上。以数控机床为例，在可靠性方面，国外机床的 MTBF 平均水平在 3000h 以上，但国产数控机床的平均水平只有 500h 左右，最高的才 1200h 左右；在稳定性方面，国产机床好时能够加工出 6 级精度的零件，差时只能加工出 8 级精度的零件，而国外机床的工作精度变异却很小；在加工精度方面，国产数控机床的加工精度往往比国外产品差一个数量级以上；在精度寿命方面，国外数控机床的工作精度可以长期稳定在 10 年以上，但国产机床好时可以保持在 3 年左右，一般在一年时间，差时只有 3 个月时间；国产机电产品的可用性与国外产品的差距更是高达 10 倍以上。

为了实现从"中国制造"到"中国质造"的转型，亟需实现产品质量设计技术的创新，尽快提高机电产品的质量和可靠性。为此，国家对产品质量和可靠性给予高度重视，国务院于 2015 年 5 月 8 日发布了《中国制造 2025》规划纲要，把机电产品的质量和可靠性提到前所未有的高度，提出使重点实物产品的性能稳定性、质量可靠性、环境适应性、使用寿命等指标达到国际同类产品先进水平，充分体现了国家对高端机电产品质量及其可靠性的高度重视。

在这种逼人的大形势下，企业界需要应用创新的质量设计技术来提高产品质量，特别是提高产品可靠性水平。学术界也要面对国家的重大战略需求，开展以可靠性为中心的质量设计技术的研究与开发，为企业界提供效率高、效果好的创新质量设计方法，共同努力，尽快提高我国机电产品的质量和可靠性。

【点评】研究意义对论述研究工作的必要性和重要性是非常重要的，本申请书的研究意义大约用了一页半的篇幅，可以说，这个研究意义写得简明扼要，始终围绕主题，充分表达了项目研究工作的必要性。第一段主要阐述机电产品的重要性，因为机电产品是本项目研究内容的载体。接着提出我国的机电产品与国外先进水平还有较大的差距，因为项目的主要创新点之一是"以可靠性为中心"，因此，在这一段特别提到"以可靠性为主要特性的产品质量还很差"。第二段主要通过数据比较论述了机电产品质量的国内外差距，需要注意的是，以数据说话是论述差距的绝佳方式。第三段主要说明国家非常重视产品的质量和可靠性，进而说明质量特性的重要性。最后一段可以用一句话来概括：必须深入系统地开展对质量特性的研究，才能最终提高国产机电产品的质量水平。

1.2 国内外研究现状分析

1）机电产品分解方法和分解模型研究

对于结构和功能都比较复杂的产品，直接从整机出发对质量特性进行研究非常困难，通常需要化繁为简、化整为零[1]。目前，最常用的分解方法是基于产品结构的分解法，采用"整机—部件—组件—零件"的分解体系和模型。EPPINGER 等[2]利用产品各零部件之间的物理关系进行模块划分；GU 和 SOSALE[3]提出了一种基于寿命周期的集成模块化设计方法；王波[4]等以结构化分解后的零部件为对象提出了机械产品的"装配树"建模法。另外，还有基于产品功能的分解法和基于装配工艺的分解法等，分别按照产品功能和装配工艺进行分解。Umeda 等[5]提出了一种基于概念设计的"function-behavior-state，FBS"分解模型；王玉新等[6]提出了一种创新增强型的"功能—行为—结构"分解模型；HCDI[7]等把装配容差关联的零件划分在同一个装配规划结构内对产品进行分解。

2）机电产品质量特性分析及其映射机制研究

产品质量特性由产品的规格、性能和结构所决定，并影响产品的适用性，是设计阶段传递给工艺、制造和检验等阶段的技术要求和信息[8]。近年来，国内外学者对机电产品质量特性映射机制的研究主要集中在设计过程中用户需求与质量特性间的映射关系，以及产品质量与过程质量的映射模型上。Temponi[9]等较早提出了利用质量屋来分析用户需求的映射关系；王美清等[10]提出了由用户需求筛选与精化、产品质量特征获取与转换和产品质量特征优化与决策三个过程构成的映射方法；杨明顺等[11]建立了质量屋中顾客需求域到技术特征域的映射及映射求解的整数规划模型；邓军等[12]提出了产品质量与过程质量的映射模型及定量度量理论方法；Fan[13]建立了支持关键件在供应链转移、保证产品质量的数学模型；庞继红等[14]提出基于粗糙集和质量功能配置中质量屋的反向映射模型。

3）机电产品关键质量特性分析与预测控制方法研究

机电产品的质量特性有很多，但其关键特性主要包括精度、精度寿命、性能稳定性、可靠性和可用性等。目前，国内外学者对精度分析与预测的研究比较多，贯穿了机电产品设计、制造和运行各阶段。SATA 等[15]较早地提出了一种通过计算机控制补偿来提高加工中心加工精度的方法；Yong-Sub Y 等[16]通过建立直线导轨动态特性预测模型对其定位精度进行分析；仇健[17]采用试验的方法研究了影响国产机床与进口机床定位精度的主要因素；史晓佳等[18]构建了工业机器人误差测量与在线补偿闭环控制系统。对于精度寿命的分析主要集中在机电产品伺服进给系统上，Kim 和 Chung[19]通过建立非线性摩擦模型对进给系统的精度寿命进行分析。对性能稳定性的研究主要集中在性能指标和参数设计上，汪博等[20]从稳定性评价准则及系统频响函数的不同求解方法入手，分析了影响切削稳定性的重要因素。对可靠性的研究则主要集中在可靠性设计、装配可靠性控制以及故障诊断技术上，Suzuki 等[21]通过设计因素和车间因素对装配故障率进行了定量研究；本课题申请人[22]提出了可靠性驱动的装配工艺与技术，采用动态贝叶斯网络对装配过程进行建模和控制。对于可用性的研究主要集中在评估方法上，Rudi 等[23]通过对产品的任务进行分析来计算产品的可用性水平；李永锋等[24]将用户的主观感受作为可用性的重要评价指标，对产品进行评价。

4）机电产品质量特性的传递机理和耦合模型研究

现代机电产品的形成过程是一个多工序的复杂制造过程，在该过程中，各子过程影响因素与质量特性之间、各质量特性之间必然存在着相互影响关系。因此，国内外学者以工序为载体对机电产品质量特性的传递机理和耦合关系进行了大量研究。Richard 等[25]通过建立模糊推理系统来确定用户需求和质量特性的关系；张公绪等[26]研究了质量特性在上下工序之间的传递和影响关系；Lin 等[27]采用基于灰色关联分析的方法解决了质量特性波动过程间的复杂关系；Djurdjanovic 和 Ni[28]应用误差流理论对工序间的尺寸偏差传递进行了研究；刘道玉等[29]构建了由零件加工特征、加工要素节点组成工序流误差传递三维网络模型；课题申请人 Zhang 和 Ran 等[30]提出了一种基于误差传递机制对多工序加工过程综合误差进行预测的方法。耦合分析方面，Guo 等[31]研究了产品多质量特性的解耦技术和健壮设计优化；曾海峰等[32]对复杂机电产品质量特性耦合映射关系和解耦模型进行了研究；Wei 等[33]分析了数控车床可用性的耦合因素，建立了可用性耦合模型；孙振涛[34]对质量特性在各个域和层次间的传递及其耦合性进行了分析；课题组成员 Ran[35]基于元动作装配单元对数控机床装配过程中影响因素与质量特性之间、各质量特性之间的关联关系进行了分析。

【点评】在第 4 章中我们指出，研究现状最好分成几个小节来论述，每个小节都要给出一个小标题，分段的依据主要是研究内容和拟解决的关键科学问题，这个重点项目范本很好地贯彻了这些原则。四个小节的小标题分别是：机电产品分解方法和分解模型研究、机电产品质量特性分析及其映射机制研究、机电产品关键质量特性分析与预测控制方法研究、机电产品质量特性的传递机理和耦合模型研究。对比一下研究内容和拟解决的关键科学问题就可以看出，这四个小标题都紧扣着研究内容和关键科学问题。

1.3 现有研究工作存在的问题

从上面的研究现状综述中可以看出，国内外尽管在机电产品质量设计方面已经取得较多的成果，但还缺乏对以下关键科学问题进行深入系统的研究。

1）缺乏对机电产品“运动”和“动作”特性的建模方法研究

现有的产品整机分解方法主要是按照“整机—部件—零件”的方法展开的，无法反映零件之间的相对运动、传动精度和作用力的传递关系，比较适合于电子产品的可靠性建模。机电产品主要通过零部件之间的相互作用，按照“动作—运动—功能”的方式来实现整机的功能和性能，因此，在建模中必须充分体现“动作”和“运动”这两个核心概念。

2）缺乏面向元动作的多元质量特性映射机制的研究

质量特性的分析与控制必须满足产品功能和性能的要求，复杂机电产品整机质量特性是靠元动作单元的质量特性来保障的。因此，整机质量特性分析的出发点应该是元动作单元的质量特性，这就需要研究质量特性之间的耦合和解耦关系，建立一套从整机到元动作单元的多元质量特性映射机制和映射模型。在现有的研究中，基本上没有这方面的研究成果。

3）缺乏以可靠性为中心的多元质量特性协同控制技术研究

复杂机电产品的质量特性呈现多元化，传统的研究方法一般只针对某一个具体质量特性展开控制，而忽略其他质量特性。但机电产品各质量特性对产品竞争力的影响是不同的，例如，可靠性被认为对产品竞争力的影响最大，但如果只研究可靠性显然是不行的，需要研究以可靠性为中心的多元质量特性协同设计与控制技术。

4）缺乏成熟的整机质量特性综合分析技术

通过对元动作的多元质量特性进行协同设计分析，基本可以保障元动作单元的质量特性满足设计要求。但整机功能和性能是通过众多链形结构的元动作单元共同实现和保障的，因此，还需要研究从元动作单元质量特性向整机质量特性的逆向综合技术，但目前还没有开展同层元动作单元之间的耦合机理与异层元动作单元之间的传递机制的研究。

【点评】在存在的问题分析中，申请人以“必须研究的关键科学问题”的方式演化出本项目的四大关键科学问题，这种表述方式非常巧妙。

1.4 提出本项目的理论依据

长期以来，我国机电产品的可靠性研究主要沿用国外于20世纪40年代提出的面向电子产品的工作方法。但电子产品与机械产品从功能到原理结构，再到故障模式等方面都有本质性的区别。例如，电子产品是在一块电路板上焊接各种电子元件，元件之间靠电路连接，元件间没有相对运动、传动和力的作用。而机械产品(例如数控机床)的主要特点是靠部件之间的相对运动来实现产品的功能，部件的运动是靠其内部众多的运动单元在力或力矩的传递作用下完成的。要保障产品整体功能正确实现，就要首先保障各个运动单元不出故障。因此，与电子产品不同，机械产品设计质量控制的出发点应该是运动单元而不是孤立的单个元器件，建模过程要充分体现运动单元中各个零部件间的相互作用(力、力矩、摩擦、磨损、振动、运动精度等)。如果机械产品继续照搬电子产品的可靠性工作方法，必然会带来各种各样的问题。

为了解决这一问题，本项目申请人面向机电产品质量控制在国内外首次提出“元动作”的概念，并针对元动作质量和可靠性先后主持两项国家自然科学基金面上项目的研究(项目编号：51175527和51575070)。通过这两个项目，已经建立起比较完整的元动作质量和可靠性理论和方法体系，并在多家企业得到成功应用，取得比较明显的效果，围绕元动作发表50余篇学术论文，2016年获中国机械工业科学技术成果一等奖，并推荐申报国家奖。

尽管在元动作质量和可靠性方面已经取得一些研究和应用成果，但应该看到，真正使该理论应用到实践中并发挥巨大作用，还有许多工作需要做，例如：

(1) 需要提炼各种机电产品的共性特点，并建立具有通用性的元动作分解模型和元动作单元符号化概念模型，才能使所开发的方法适用于各类机电产品。

(2) 需要建立各类机电产品整机多元质量特性向元动作单元的映射模型和方法。

(3) 元动作是各类机电产品结构的基本单元,尽管机电产品的功能和结构差异很大,但其元动作的结构变化并不大,可以在建立标准化结构模型的基础上,实现标准化的分析和实验,便于设计分析方法和实验装置的重复使用。

(4) 鉴于可靠性的重要性,需要以可靠性为中心开展多元质量特性协同控制技术的研究。

本项目将在前期研究工作的基础上,对现有相关研究成果进行提炼、归纳、总结、系统化、精细化和实用化,形成一套系统的、适合国情的、以元动作可靠性为中心的整机多元质量特性设计分析理论与方法,并使研究成果在典型企业的典型产品中得到实际应用,提高我国机电产品的可靠性及质量的整体水平。

元动作理论前期得到两项国家自然科学基金项目的资助,具有非常好的研究基础,属于连续资助项目,非常符合基金委对重点项目连续资助的原则。

【点评】与一般申请书的写法不同,这份申请书增加了一个小节,论述"提出本项目的理论依据",这种写法比较新颖,因为在研究现状分析和存在的问题分析后增加这项内容,对引导专家思路的连续性非常有好处。另外,对小节中各段内容之间的逻辑关系处理得也很好:首先指出传统机械可靠性理论存在的问题,进而给出引入"元动作"理论的依据和必要性,接着指出元动作理论已经在实际中得到应用,然后指出关于元动作理论尚需进一步研究的内容,最后两段向专家表明,本项目的研究基础扎实,符合重点项目资助的原则。由于围绕元动作已经承担过四个项目,专家会产生疑问:还有必要继续研究元动作理论吗?为了消除专家的疑虑,在倒数第二段特别说明:本项目将在前期研究工作的基础上,对现有相关研究成果进行提炼、归纳、总结,使之系统化、精细化和实用化,形成一套系统的、适合国情的、以元动作可靠性为中心的整机多元质量特性设计分析理论与方法。这种表达方式非常巧妙,完美地消除了专家的疑虑。

参考文献

[1] 姜帆,杨振宇,何佳兵. 自动化装配设备的总体设计[J]. 机电工程技术,2011,40(7):131-133.

[2] EPPINGER S,WHITNEY D,SMITH D,et al. Organizing the task in design projects [C]//Proceedings of ASME second International Conference on Design Theory and Methodology,1990,27:39-46.

[3] 王波,唐晓青,耿如军. 机械产品装配关系建模[J]. 北京航空航天大学学报,2010,36(1):71-86.

[4] GU P,SOSALE S. Product modularization for life cycle engineering [J]. Robotics and Computer Integrated Manufacturing,1999,15(5):387-401.

[5] Y Umeda,T Tomiyama. Supporting conceptual design based on the function-behavior-state modeler [J]. Artificial Intelligence for Engineering Design、Analysis and Manufacturing,1996,10(4),275-288.

[6] 王玉新,毛晓辉. 功能-结构双向创新商空间模型关键技术研究[J]. 浙江大学学报(工学版),2010,44(9):1643-1652.

[7] HCDI M,BEMARD A,BEMARDIN M. A recursive tolerancing method with subassembly generation [C]//Proceedings of the 5th IEEE International Symposium on Assembly and Task Planning,2003:235-240.

[8] P Lung-Kwang,W Che-Chung,S L Wei,et al. Optimizing multiple quality characteristics via Taguchi method-based Grey analysis [J]. Journal of Materials Processing Technology, 2007, 182 (1-3):107-116.

[9] TEMPONI C,YEN J,TIAO W A. House of quality: A fuzzy logic-based requirements analysis [J].

European Journal of Operational Research,1999,117 (2): 340-354.

[10] 王美清,唐晓青.产品设计中的用户需求与产品质量特征映射方法研究[J].机械工程学报,2004.5: 136-140.

[11] 杨明顺,李言,林志航.顾客需求向技术特征映射的产品设计规划求解[J].计算机集成制造系统,2006.6: 853-856.

[12] 邓军,余忠华,吴昭同.产品质量与过程质量的映射研究[J].中国机械工程,2010.9: 2070-2073.

[13] YANG F. A key characteristics-based model for quality assurance in supply chain [J]. IEEE International Conference on Industrial Engineering,2011: 1428-1432.

[14] 庞继红,张根保,周宏明,等.基于粗糙集的数控机床精度设计质量特性反向映射研究[J].机械工程学报,2012,3: 101-107.

[15] SATA T,TAKEUCHI Y,OKUBO N. Improvement of working accuracy of a machining center by computer control compensation[C]//Proceedings of the 17th International Machine Tool Design and Research Conference,London,UK: Macmillan,1976: 93-99.

[16] YONG-SUB Y,KIM Y Y,Choi J S,et al. Dynamic analysis of a linear motion guide having rolling elements for precision positioning devices[J]. Journal of Mechanical Science and Technology,2008, 22(1): 50-60.

[17] 仇健,张凯,李鑫,等.国内外数控机床定位精度对比分析研究[J].组合机床与自动化加工技术,2013,8: 1-3.

[18] 史晓佳,张福民,曲兴华,等.KUKA 工业机器人位姿测量与在线误差补偿[J].机械工程学报,2017,53(8): 1-7.

[19] KIM M S,CHUNG S C. Friction identification of ball-screw driven servomechanisms through the limit cycle analysis [J]. Mechatronics,2006,16(2): 131-140.

[20] 汪博,孙伟,闻邦椿.高速主轴系统切削稳定性预测及影响因素分析[J].机械工程学报,2013,49(21): 18-24.

[21] SUZUKI T,OHASHI T,ASANO M,et al. AREM Shop Evaluation Method[J]. CIRP Annals-Manufacturing Technology,2004,53(1): 43-46.

[22] 张根保,刘佳,葛红玉.装配可靠性的动态贝叶斯网络建模分析[J].中国机械工程,2012,23(2): 211-215.

[23] RUDI H P M. Arts,Anuj Saxena,Gerald M. Knapp. Estimation of distribution parameters of mixed failure mode data[J]. Journal of quality in maintenance engineering,1997,3(2).

[24] 李永锋,朱丽萍.基于模糊层次分析法的产品可用性评价方法[J].机械工程学报,2012,48(14): 183-191.

[25] RICHARD Y,FUNG K. DAVE S T,et al. Design targets determination for inter-dependent product attributes in QFD using fuzzy inference [J]. Integrated Manufacturing Systems, 1999, 10 (6): 376-383.

[26] 张公绪.两种质量诊断理论及其拓展[J].中国质量,2001(12): 24-32.

[27] LIN C L,LIN J L,KO T C. Optimization of the edm process based on the orthogonal array with fuzzy logic and grey relational analysis method [J]. The International Journal of Advanced Manufacturing Technology,2002,19(4): 271-277.

[28] DJURDJANOVIC D, NI J. Stream-of-variation (SoV)-based measurement scheme analysis in multistation machining systems [J]. IEEE Transactions on Automation Science and Engineering, 2006,3(4): 407-422.

[29] 刘道玉,江平宇.基于误差传递网络的工序流波动分析[J].机械工程学报,2010,46(2): 14-21.

[30] ZHANG G B,RAN Y,WANG Y,et al. Composite error prediction of multistage machining processes based on error transfer mechanism [J]. Int J AdvManuf Technol,2015,76: 271-280.

[31] GUO H, REN P, ZHANG G. Decoupling of multi-quality characteristics and robust design optimization[J]. Chinese Soc Agr Machinery, 2009, 40: 203-205.

[32] 张根保,曾海峰,王国强,等. 复杂机电产品质量特性解耦模型[J]. 重庆大学学报(自然科学版), 2010, 33(5): 7-15.

[33] WEI L, SHEN G, ZHANG Y, et al. Research on the availability model of NC machine tool[C]//2010 International Conference on Computer, Mechatronics, Control and Electronic Engineering. IEEE Computer Society, 2010, 2: 526-529.

[34] 孙振涛. 制造过程多质量特性耦合与预测控制技术研究[D]. 成都: 电子科技大学, 2016.

[35] RAN Y, ZHANG G B, ZHANG L. Quality characteristic association analysis of computer numerical control machine tool based on meta-action assembly unit [J]. Advances in Mechanical Engineering, 2016, 8(1): 1-10.

【点评】关于参考文献,读者可以发现,申请书的参考文献列表中没有出现教材和陈旧的文献。从参考文献的数量看,尽管申请人手中掌握的类似文献有几百篇,但只引用了 35 篇。另外,申请人所在的课题组已有上百篇关于元动作的学术论文,但却很少引用自己的文献,选择自己的文献时也以高水平文献及最新文献为主。

2. 项目的研究内容、研究目标,以及拟解决的关键科学问题(此部分为重点阐述内容)

2.1 研究内容

为了实现"形成一套系统的、适合国情的、以元动作可靠性为中心的整机多元质量特性设计分析理论与方法"的既定研究目标,本项目拟围绕以下 5 大内容展开深入系统的研究。

研究内容一:复杂机电产品元动作结构化分解通用模型的建立

元动作的多元质量特性协同控制需要建立适用于各类机电产品的具有通用性的分解模型,利用该模型将复杂机电产品的各种功能分解为元动作。

(1) 机电产品应用功能和运动结构的分类研究。通过对各种机电产品的功能和运动结构的分类研究,建立功能分类表和结构分类表,提炼具有共性的典型结构和典型元动作单元。

(2) 元动作结构化分解通用模型研究。结合功能分类表和结构分类表,研究从功能到元动作的通用分解方法和模型,得到具有通用性的元动作结构化分解树。

(3) 元动作单元建模技术研究。建立典型元动作单元的符号化概念模型和标准化结构模型,为元动作单元的设计和分析打下坚实的基础。

研究内容二:整机多元质量特性向元动作单元映射模型的建立

沿元动作分解树将整机的多元质量特性向元动作单元进行映射,得到元动作单元的设计分析输入。

(1) 整机多元质量特性的耦合机理与解耦机制研究。研究整机多元质量特性之间的耦合机理和解耦机制,按照独立性设计公理实现映射参数之间的解耦,为建立映射模型打下基础。

(2) 整机多元质量特性向元动作单元的映射机制和模型研究。结合元动作分解树,研究整机多元质量特性向各个元动作单元的逐层映射机制和映射模型,得到元动作单元设计分析的输入参数。

(3) 整机关键质量特性向元动作单元映射结果的验证技术研究。对映射的结果进行验证,得到元动作单元的正确设计输入参数。

研究内容三：元动作单元质量特性标准化分析模型与方法研究

在研究典型元动作单元质量特性形成机理的基础上，研究其多元质量特性的标准化分析模型和方法，以及标准化的实验方法。

(1) 元动作单元多元质量特性的形成机理研究。在元动作单元层面深入系统的研究可靠性及其他四大质量特性的形成机理。

(2) 标准化元动作单元多质量特性分析模型和方法研究。面向标准化的元动作结构单元，研究五大质量特性的标准化分析模型和分析方法。

(3) 面向元动作单元的实验方法研究。研究元动作单元五大质量特性的标准化实验方法。

研究内容四：以元动作可靠性为中心的多元质量特性一体化协同控制机制研究

研究元动作单元多元质量特性的权重排序和灵敏度分析方法，以及以元动作可靠性为中心的多元质量特性一体化协同控制机制。

(1) 元动作单元多质量特性的权重排序方法研究。研究各个质量特性对整机性能的影响权重，得到各个质量特性的重要性排序。

(2) 元动作单元多质量特性的灵敏度分析。针对标准化元动作结构单元，研究其结构组成对多元质量特性的灵敏度。

(3) 以元动作可靠性为中心的质量特性一体化协同控制机制研究。以元动作可靠性为中心，在权重排序和灵敏度分析的基础上研究元动作单元多质量特性的一体化协同控制机制。

研究内容五：元动作单元间质量特性的耦合传递机理和整机综合评估方法研究

结合元动作分解树，在研究同层(兄弟层)元动作单元间质量特性耦合机理和异层(父子层)元动作单元间质量特性传递机理的基础上，研究机电产品整机质量特性的逆向综合和评估方法。

(1) 同层元动作单元间质量特性的耦合机理研究。元动作分解树同层单元之间的质量特性存在相互影响关系，需要研究它们之间的耦合机理和解耦方法。

(2) 异层元动作单元间质量特性的传递机理研究。元动作分解树异层单元之间的质量特性存在着传递关系，需要研究它们之间的传递机理。

(3) 机电产品整机质量特性逆向综合和评估方法研究。在元动作单元自身质量特性分析、同层单元间耦合机理和异层单元间传递机理研究的基础上，研究整机质量特性沿分解树的逆向综合方法和整机质量特性的评估方法。

【点评】研究内容是基金申请书的重要内容，其表达方式对提高申请书的质量至关重要。申请人采用了 5×3 的结构，即共设置了五项研究内容，每项研究内容下还设立了三项小的内容，不管是大的研究内容，还是小的研究内容，都给出了简明扼要的解释，这种表达方式值得读者借鉴。另外，在本申请书中，申请人将研究内容(2.1)放在研究目标(2.2)的前面，但研究目标和研究内容究竟哪个在前，哪个在后，理论上没有什么区别。

2.2　研究目标

针对我国机电产品精度、精度寿命、可靠性、稳定性和可用性五大关键质量特性水平差及其一体化协同设计控制理论和方法缺乏的难题，本项目在前期研究和应用成果的基础上，以元动作单元可靠性为出发点，对机电产品的多元质量特性协同设计控制理论与方法进行深入系统的研究，在元动作结构化分解通用性建模、整机多元质量特性映射建模、元动作单元标准化分析模型、以可靠性为中心的关键质量特性一体化协同控制机制、元动作单元同层间耦合特性分析、异层间质量特性传递模型等关键科学问题方面实现突破，基于元动作单元形成一整套系统的以可靠性为中心的多元质量特性设计理论与方法，并使研究成果在企业得到实际应用，以期全面提高我国机电产品的可靠性和质量整体水平。

【点评】从字数上看，研究目标写得还可以，只用了半页纸，表达得简明扼要。但如果认真读一下具体内容，并与摘要对比一下，就会发现，这两者内容的相似性比较高，说明这份申请书的研究目标写得并不好。摘要是正文的浓缩版，它包括的内容要丰富得多，而研究目标只应该起项目成果的作用。因此，建议读者认真分析，本研究目标撰写的问题究竟表现在哪些方面？应该如何进行改进？理想的研究目标模板应该是什么？

2.3 拟解决的关键科学问题

通过本项目的研究，拟解决以下四大关键科学问题：

(1) 整机多元质量特性耦合机理与解耦机制研究

整机多元质量特性间可能存在各种耦合关系，根据公理性设计原理，各质量特性之间需要保持独立性。因此，首先要解决整机多元质量特性之间的耦合与解耦问题，按照无耦合、弱耦合、强耦合几种耦合方式解耦，使得各质量特性之间呈现独立性。

(2) 整机多元质量特性映射机制与模型建立

整机质量特性的耦合与解耦分析，满足了设计独立性原则。然后为了得到元动作单元的设计输入，需要按照结构化分解树将整机质量特性逐层映射到各个最基本的动作单元，才能进行元动作单元质量特性的设计、分析与控制。

(3) 元动作单元以可靠性为中心的多元质量特性协同控制机制的建立

为了实现以可靠性为中心的协同控制，首先需要分析单元各个质量特性的影响权重，然后按照权重对单元质量特性的重要性进行排序，再利用灵敏分析方法确定单元结构对各个质量特性的灵敏度，最后在考虑权重和灵敏度的基础上实现以可靠性为中心的协同控制。

(4) 元动作间质量特性同代耦合模型与异代传递机理

在沿结构化分解树对整机多元质量特性进行逆向综合时，不仅需要研究同代元动作单元之间质量特性的耦合机理，还要研究异代元动作单元之间质量特性的传递机理，才能够得到逆向综合模型，也才能对整机质量特性进行预测和评估。

【点评】作为重点项目，拟解决的关键科学问题不得少于两个，但也不要超过五个。本申请书共凝练出四个关键科学问题。可以看出，所凝练的关键科学问题都与项目的研究内容密切相关，这是很明显的，因为研究内容就是为了解决关键科学问题而设立的。此外，细心的读者还可以发现，所凝练的关键科学问题与项目的创新点也是相对应的。另外，关键科学问题凝练得比较好，小标题既比较精炼，又充分体现出关键科学问题的特色。

3. 拟采取的研究方案及可行性分析（包括研究方法、技术路线、实验手段、关键技术等说明）

3.1 研究方法和技术路线

本项目拟采取的研究方法和技术路线如图 1 所示。首先明确研究思路，再系统地整理前期研究成果，总结提炼本项目拟解决的四大关键科学问题；结合关键科学问题，在总体思路的指导下确定课题的五项主要研究内容；这五项研究内容的成果将形成一整套系统的、以元动作可靠性为中心的多元质量特性一体化协同设计的理论和方法体系；然后陆续将所形成的理论和方法应用到企业的实践中进行检验，发现问题后再返回去对理论和方法进行完善。根据前期应用情况和企业的迫切需求，成果将在以下产品中得到应用验证：对可靠性要求最高的核电设备，对稳定性要求最高的战略武器零件高精度加工机床，量大面广、对五性要求均很高的加工中心和数控车床。

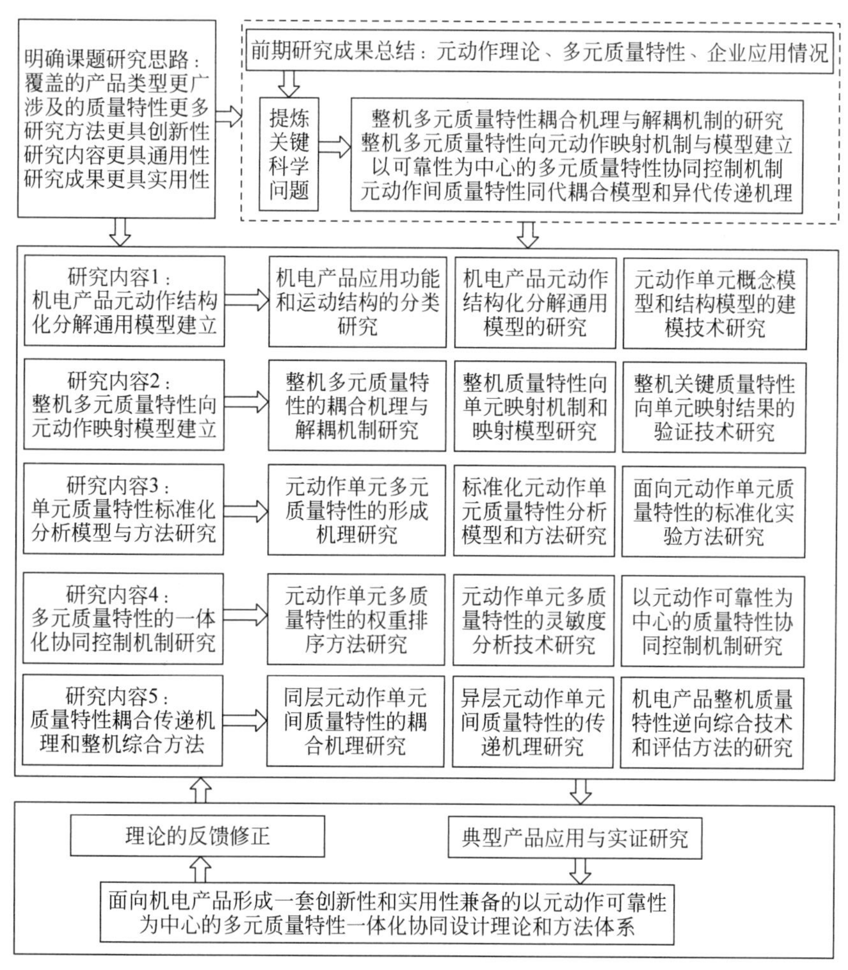

图1 本项目研究的技术路线

【点评】申请书采用了将研究方法和技术路线合起来写的方式，这种表达方式也是可以的。申请书给出一个比较详尽的技术路线图，表达出本项目的五大研究内容及其更具体的研究内容，也给出凝练出的四个关键科学问题，建立了体现重点项目特点的研究思路和总体流程(重点项目主要是对前期成果的集成和应用)。亮点是，首先明确了研究思路，然后对前期研究成果进行总结，凝练出项目的四大关键科学问题，针对关键科学问题设立的研究内容，最后给出企业的应用验证方法和最终形成的成果。很多读者在写技术路线时仅仅简单地照猫画虎，画出一个技术路线图，但并没有对这个图进行更进一步的解释，更没有在正文中引用。这种处理方式是非常不可取的，因为图形不可能画得太复杂，不可能表达出所有的内容，有些要点必须依靠文字说明来予以补充。

3.2 研究方案及关键技术

1）复杂机电产品元动作结构化分解通用模型建立

一般机电产品都可以按照“应用功能—部件运动—基本动作”的关系，用一个树形结构来表示，我们称之为结构化分解树FMA。前期的研究已经得到数控机床的分解方法和结构化分解树，得到的主要元动作有“移动”元动作和“转动”元动作两大类。为了得到适用于一般机电产品的分解方法，本项目首先分别采用形态学矩阵描述“应用功能—部件运动”关系和“部件运动—元动作”关系，然后采用模糊聚类法研究部件运动和元动作，对部件运动和元动作进行分类，提炼出具有共性的典型运动结构和典型元动作单元。然后按照“应用功能—部件运动—基本动作”的关系建立起分解模型，得到适用于各类机电产品的通用结构化分解树。再针对所提炼的典型元动作，建立起典型元动作单元的符号化概念模型。再将概念模型用不同的典型机械结构进行标准化，从而得到标准化的元动作单元结构模型。再结合单元的装配过程，建立元动作装配单元模型。在这个过程中，需要解决的关键技术是元动作单元符号化概念模型的建立。

2）整机多元质量特性向元动作映射模型建立

元动作单元的设计分析输入参数是从整机质量特性映射得到的。一般情况下，整机多元质量特性之间存在着复杂的耦合关系，为了实现正确的映射并满足独立性设计公理的要求，首先需要研究整机质量特性之间的耦合特性。本项目首先准确定义质量特性的概念和影响因素，例如，由于紧固件松动造成预紧力失效，最终造成精度不能满足要求，究竟是精度问题？还是可靠性问题？抑或是精度寿命问题？在定义清楚质量特性的基础上建立各质量特性之间的定量关系，用曲线图、耦合方程或相对增益矩阵等来表述。在此基础上建立质量特性的耦合矩阵表，表中用负相关、不相关、弱相关和强相关等来标记耦合程度。在此基础上，采用基于TRIZ的分析方法对设计参数和设计结构进行优化并实现解耦。然后按照元动作分解树，借用QFD瀑布模型研究整机多元质量特性向元动作单元的逐层映射机制，并采用变换矩阵建立映射模型。一般情况下，整机的质量特性要受到所有元动作的影响，映射并不是一对一的简单分解关系(一般情况下，各个元动作的质量特性值都要小于整机质量特性值)，需要结合元动作分解树建立瀑布模型映射链和映射链方程，要确定映射链上各个节点的权重，再利用映射链方程进行质量特性的映射，得到元动作单元分析的输入参数。最后，还需要对映射的结果采用反变换矩阵的方式进行验证。由于元动作分解链的形状与可靠性分析中的故障树类似，所以可以采用故障树的定量分析法，利用数理统计技术确定整机质量特性映射的置信度。在这个过程中，映射链和映射链方程的建立是关键。

3）元动作单元质量特性标准化分析模型与方法研究

在研究内容1中得到元动作单元的标准化结构模型，在研究内容2中得到元动作单元的设计输入，在此基础上可以对标准化结构模型开展元动作单元的标准化设计与分析方法研究。首先需要研究元动作单元各质量特性的形成机理。与整机质量特性的形成机理不同，元动作单元的零件数量非常少，且结构已经标准化，可以精确建立质量特性与元动作单元中各个零件之间以及装配过程的关系模型。对于精度特性，主要研究零部件加工的一致性、装配过程、振动等对精度的影响关系，建立起单元精度的数学模型。对于可靠性特性，采用力学和材料学原理再辅以必要的实验过程，研究零件断裂、结合面磨损、紧固件松动、漏油等故障的形成过程，建立基于威布尔分布的故障模型。对于精度寿命特性，研究残余应力、摩擦磨损、零部件老化、装配过程不规范等现象对精度寿命的影响，建立起精度寿命衰退规律模型。对于稳定性特性，提出装配稳定性工艺指数的概念，主要利用装配工艺能力指数研究元动作输出件运动（移动或转动）的运行参数稳定性及其散差。在此基础上，结合标准化元动作装配模型，研究元动作装配控制方法、故障分析方法、精度分析方法、稳定性分析方法、精度寿命分析方法、可用性分析方法等，并建立具有高度标准化的分析流程和分析模型。最后，针对典型元动作单元，搭建通用化实验平台，通过实验为质量特性分析提供数据。在这一过程中，质量特性的形成机理研究是关键技术。

4）以元动作可靠性为中心的多元质量特性一体化协同控制机制研究

可靠性是用户最关心的质量特性，也是我国机电产品最大的短板，因此需要开展以可靠性为中心的机电产品多元质量特性一体化协同设计理论与方法的研究。首先采用模糊层次分析法研究各单元多元质量特性的权重与排序，得到各个质量特性的重要性。然后，对解耦后的质量特性进行灵敏度分析和模糊层次分析，确定各个单元结构对质量特性的影响度，为有重点地开展质量特性控制打下基础。上述研究工作完成后，就可以针对标准化的元动作结构单元开展以元动作可靠性为中心的质量特性一体化协同控制机制的研究。即，首先保障可靠性特性得到优化和提升，把其他质量特性作为约束。为此，需要建立以可靠性为中心的多元质量特性协同优化模型，并开发一体化协同控制算法。在这一过程中，需要解决的关键技术是灵敏度分析技术和协同优化模型的建立。

5）元动作单元间质量特性的传递机理和整机综合评估方法研究

在元动作单元分析完成后，各个单元的质量特性就得到保障，但仅在单元层面质量特性的保障并不能完全保障整机的质量特性，因为还存在着单元和单元之间的相互影响。单元之间的相互影响可分为两个层次：分解树中同层单元之间的耦合机理和异层单元之间的传递机制。同层元动作单元之间质量特性的相互影响经常发生在两个元动作单元共用一个安装支撑件的情况下，这时就需要进行它们之间的耦合机理分析和解耦设计，使相互影响降到最小。另外，在进行整机质量特性综合时，还存在不同层单元之间质量特性的传递问题。因此，还需要进行分解树不同层之间质量特性的传递机理的研究。本项目首先沿分解树建立从元动作到整机功能的质量特性传递链，确定传递链中各节点的权重，建立质量特性的传递方程，利用质量特性传递方程建立质量特性的传递规律。最后，在元动作单元质量特性分析、同层单元间耦合机理和异层单元间传递机理研究的基础上，研究整机质量特性沿分解树的逆向综合方法和整机质量特性的评估方法。综合方法可以借用故障树定量分析的方法，建立质量特性综合方程，逐级进行质量特性的综合和分析。最后还需要对综合的结果进行验证和评估，拟利用数理统计技术确定整机质量特性评估结果的置信度。在这一过程中，拟解决的关键技术是异层元动作之间质量特性的传递机理研究。

【点评】范本采取将研究方案与关键技术合二为一的写法，首先写研究方案，在每个研究方案的结尾处给出本研究方案的关键技术。存在的问题是，对关键技术的描述太过简单，没有说明为什么是关键技术，也没有给出解决关键技术的具体方案。范本还有一个突出的特点，就是研究方案的架构与研究内容的架构完全吻合，甚至各个小标题也是完全相同的，这便于评审专家进行对照，明了每项研究内容是如何进行研究的。

3.3 可行性分析

1）基础理论的可行性

本项目涉及的关键技术有：元动作单元符号化概念模型、多元质量特性耦合解耦和映射模型、元动作单元多元质量特性的形成机理、质量特性灵敏度分析技术和协同优化模型、异层元动作间质量特性传递机理等，这几项技术在前期的研究中都有涉及并在企业中得到应用验证，基本上都是比较成熟的方法，或者已经有前期的研究成果，项目在基础理论方面是完全可行的。

2）技术路线和研究方案的可行性

本项目采用的技术路线是项目组长期在企业从事质量、可靠性、精度保持性等研究的基础上制定的，该技术路线已经在实践中经过大量的考验，证明其具有很强的可操作性。在研究方案方面，各个研究内容的研究方案大部分在前期的研究工作中已经得到实践检验，仅仅是研究对象的系统性扩展和研究内容的深化，因此，项目的技术路线和研究方案在理论上和实践上都是完全可行的。

3）研究基础的可行性

本项目组主要研究成员长期与国内20多家机电产品制造企业合作，并建立了良好的合作关系，项目组成员长期从事机电产品质量与可靠性、机床设计与制造等方面的研究，在质量管理和可靠性方面承担了大量的国防科工委项目、国家自然科学基金、国家科技重大专项等研究课题，具有丰富的实践经验和项目管理经验，积累了大量的研究成果，因此，本项目的研究基础是非常扎实的。

【点评】范本的可行性分析完全与第4章的撰写原则相吻合，从整体架构上看没有任何问题。

4. 本项目的特色与创新之处

1）元动作通用化分解模型和多质量特性映射模型

本项目首次提出面向复杂机电产品通用化分解模型的概念，便于各种机电产品采用同样的分解方法进行分解，避免每种产品建立一套分解方法的问题。在质量特性映射方面，根据独立性设计公理，对质量特性进行耦合和解耦分析。在此基础上，再按照分解树对质量特性进行逐层映射，得到元动作单元的设计输入，这一工作从内容到方法上都具有创新性。

2）元动作单元质量特性的标准化分析模型和方法

元动作单元是各类机电产品的基本结构单元，单元结构非常简单，涉及的零件数很少，便于建立标准化的结构模型，然后针对标准化的结构模型进行标准分析方法的研究，得到的分析方法适用于各类机电产品，较好地解决了必须对每类产品建立各自分析方法的难题，实现了分析方法的重用，这一思路具有创新性。

3）以元动作可靠性为中心的质量特性一体化协同控制机制

以元动作可靠性为中心开展多元质量特性的一体化协同分析与控制是本项目提出的新思路，基本思想是首先保障可靠性，然后根据灵敏度分析确定其他质量特性的重要性，针对重要度确定质量特性的权重，在此基础上建立以可靠性为目标，以其他质量特性为约束的优化模型，实现一体化协同控制。这一研究思路从根本上有别于“只控制单一质量特性”的研究思路，因此具有明显的特色与创新性。

4）元动作单元同代耦合模型与异代传递机理

结构化分解树同代单元之间具有复杂的耦合现象（如振动、热传递等），异代单元之间存在传递特性（如力、力矩、运动精度等）。同代耦合模型和异代传递机理的研究方法概念清晰，方法独特，具有创新性。

【点评】本书第4章指出，特色和创新之处可以采用两种写法：将特色和创新之处分开描述，也可以将特色和创新之处合二为一。范本采取了将两者合二为一的写法，这是因为特色和创新之处往往是很难区分的。范本提炼出本项目的四个创新点，这四个创新点基本上与拟解决的关键科学问题相对应，简单地指出为什么是特色，为什么是创新。

5. 年度研究计划及预期研究结果（包括拟组织的重要学术交流活动、国际合作与交流计划等）

5.1 年度研究计划

本项目预期研究周期为5年，各年度的研究工作计划如下表所示。

时间阶段	研究内容
2019-01—2019-12	● 前期研究成果总结 ● 机电产品应用功能和运动结构的分类研究 ● 机电产品元动作结构化分解通用模型的研究 ● 元动作单元概念模型和结构模型的建模技术研究 ● 整机多元质量特性的耦合机理与解耦机制研究
2020-01—2020-12	● 整机多元质量特性向元动作单元的映射机制和模型研究 ● 整机关键质量特性向元动作单元映射结果的验证技术研究 ● 元动作单元多元质量特性的形成机理研究 ● 标准化元动作单元多质量特性标准化分析模型和方法研究
2021-01—2021-12	● 面向典型元动作单元的标准化实验方法研究 ● 元动作单元多质量特性的权重排序方法研究 ● 元动作单元多质量特性的灵敏度分析 ● 以元动作可靠性为中心的质量特性一体化协同控制机制研究
2022-01—2022-12	● 同层元动作单元间质量特性的耦合机理研究 ● 异层元动作单元间质量特性的传递机理研究 ● 机电产品整机质量特性逆向综合技术和评估方法研究
2023-01—2023-12	● 典型机电产品的应用研究与验证，修正模型和方法 ● 整理研究报告，结题

【点评】由于是重点项目，研究周期为5年，为简化起见，项目的年度研究计划是以“年”为单位，结合小的研究内容而制定的。该年度研究计划的最大缺陷是：没有给出国内外合作和交流的内容，应用验证部分也不够细致。

5.2 预期研究成果

（1）面向机电产品，形成一套基于元动作以可靠性为中心的多元质量特性控制理论与方法体系，并使研究成果在典型机电产品中得到实际应用。

（2）在国内外重要学术期刊上发表学术论文50篇左右，被SCI/EI收录30篇左右。

（3）申请或获得包括国家发明专利和自主知识产权软件在内的自主知识产权的成果等8项。

(4) 培养博士研究生 6 名,硕士研究生 20 名左右。

(5) 为相关企业培养一批可靠性设计和制造方面的高级应用人才。

【点评】该预期研究成果基本上按照第 4 章的原则来撰写,主要缺陷是对应用成果没有进行描述,对于重点项目而言,这不能不说有点遗憾。

(二) 研究基础与工作条件

1. 研究基础(与本项目相关的研究工作积累和已取得的研究工作成绩)

项目课题组依托×××大学"×××国家重点实验室",课题申请人和课题组成员长期与机电产品制造企业密切合作,从事机电产品设计制造和质量控制领域的科学研究工作,在机电产品质量特性预测与控制、数控机床和核电设备可靠性设计、可靠性分析与建模、可靠性试验、维修性等各方面进行了大量的研究,先后主持和参加了国家科技重大专项、国家高科技计划项目、国家自然科学基金重点项目、面上项目、博士点基金项目、×××市科技攻关项目、企业委托开发等项目 80 余项,在相关领域先后获省部级科技成果一等奖两项、二等奖两项,研究成果"高档数控机床可靠性工程关键技术及应用"获得 2016 年度中国机械工业科学技术一等奖,证书编号: D1601030-01。

团队成员先后主编出版了《质量管理与可靠性》《现代质量工程》《Advanced Tolerancing Techniques》《制造企业服务质量工程》《自动化制造系统》等与质量和可靠性有关的著作和全国统编教材 11 本,参与多项相关标准和规范的制定。在国内外发表高水平论文 400 余篇,培养博士和硕士研究生 100 余名。具有影响的工作有:

2007 年 5 月,由本项目负责人×××教授发起,由国家自然科学基金委机械学科支持,在×××大学召开了国内第一届制造系统质量管理与控制专家研讨会,2010 年 10 月在×××市又召开了第二届专家研讨会。在质量管理领域,提出数字化质量管理系统的概念,包括质量体系的电子化管理、质量信息的数字化管理、质量控制的流程化管理和质量决策的智能化管理等,进行了较为深入的研究。

2009 年至今,项目组成员承担和参与了《高档数控机床及基础制造装备》科技重大专项中的可靠性和精度保持性项目 15 项。通过实施重大专项,提出《数控机床可靠性方法论:8341 工程》《可靠性驱动的装配工艺设计》《可靠性管理体系》《早期故障主动消除技术》《基于元动作单元建模的可靠性分析技术》等创新性的概念、理论和方法。

2009 年至今,项目申请人×××教授受邀在各种全国性质量管理和可靠性会议上就质量管理和可靠性发表十多次主题演讲,在 20 余家机床制造企业举办质量管理和可靠性方面的讲座 60 余场,培训人员达上万人次。

2012 年,项目申请人×××教授承担了国家自然科学基金项目《面向多质量特性一体化控制的数控机床装配过程建模理论研究》的研究工作,首次提出了数控机床"谱系"、基于"PFMA 树"的结构化分解、"元动作"装配单元等创新性的概念。

2013 年和 2014 年,项目申请人×××教授分别在×××和浙江×××组织召开了"数控机床可靠性技术研讨会"和"机床可靠性专家研讨会",并取得了很好的效果。

2014 年,×××大学牵头获批"×××自主品牌汽车协同创新中心",有长安汽车、青山变速器等多家企业参加,本项目申请人是"汽车安全性和可靠性"方向的首席科学家,加强了与汽车制造企业的联系,也便于把本课题的研究成果应用到汽车制造企业。

2014 年至今,在《制造技术与机床》杂志开辟可靠性专栏,连续发表了 28 篇系列文章,受众超10万人次，杂志社给予了高度评价，认为对推动机床行业可靠性技术提升具有非常巨大的作用。出版可靠性专著1部：《数控机床可靠性工程及应用》。

2015年，项目申请人×××教授承担了国家自然科学基金项目《基于元动作单元建模的机电产品质量预测控制技术研究》的研究工作，首次提出了元动作单元的质量特性形成机理、质量特性综合实验模型、质量特性融合控制机制、质量特性评估模型等创新性概念。

2017年，课题组的冉琰博士申请的2018年国家自然科学基金青年科学基金项目《基于可用性建模的数控机床主动维修决策方法研究》获批，准备将元动作可靠性理论拓展到产品可用性，并通过可用性建模实现数控机床运行过程的主动维修决策；项目申请人的博士生邵阳学院教师李冬英编写了《基于元动作单元的数控机床装配质量建模研究》专著，本专著以数控机床的元动作装配单元为研究对象，通过"PFMA"的结构化分解为手段，构建装配过程中精度、精度寿命和可靠性的分析模型。本项目的申请者学风严谨，思路开阔，工作努力，科研经验丰富，具备领导一个团队进行创新性研究的能力，且课题组成员专业分布和年龄结构合理，素质良好，具备多学科综合交叉优势，是一支结构合理、能力很强的科研队伍。项目组对本项目有关的研究已有相当的积累，已取得较显著工作成绩，并已为国内外学术界承认，本项目的有关准备工作是充分的，基础是扎实的。

【点评】写研究基础的目的是向专家展现"我有能力完成本项目"，主要包括两个方面的内容：前期完成的与本项目有关的研究工作和成果、针对本项目开展的"预研"。由于申请人长期从事质量和可靠性理论的研究，积累的成果相当丰富，前期研究工作和成果部分写得非常到位，但针对本项目的"预研"部分却写得相对简单。

2. 工作条件（包括已具备的实验条件，尚缺少的实验条件和拟解决的途径，包括利用国家实验室、国家重点实验室和部门重点实验室等研究基地的计划与落实情况）

本项目组隶属的×××大学"×××国家重点实验室"可提供如下配套和支撑条件：MV-5A型加工中心、ARSE-Ⅱ三坐标测量机、热像敏分析仪、噪声测试设备、振动检测仪、齿轮强度和寿命实验机、形状测量仪、CNC数控车床等仪器设备以及100余台高性能计算机和各种应用软件，包括各种可靠性分析软件。

项目申请人×××教授作为"机械传动国家重点实验室"固定研究人员和"×××市制造系统工程重点实验室"学术委员会副主任，可以充分利用这两个实验室的设备开展有关研究和实验。

通过国家科技重大专项的实施，本项目组与国内20余家大型骨干机床制造企业一起建立了20余台数控机床功能部件和整机可靠性实验台，这些试验台可以提供给本项目应用。

本项目组长期与国内多家机床制造企业、机床用户企业（汽车、发动机制造企业）和国家机床行业专业研究所合作，可以充分利用这些企业的资源对本项目组所申请的内容进行研究与应用。

可以说，本课题所需的各种工作条件已全部具备。

【点评】工作条件指的是，为保障所申请的项目顺利完成，项目组和依托单位所具备的与本项目有关的软硬件资源，包括与外单位的协作资源。申请书这部分的内容写得比较好，值得表扬。

3. 正在承担的与本项目相关的科研项目情况（申请人和项目组主要参与者正在承担的与本项目相关的科研项目情况，包括国家自然科学基金的项目和国家其他科技计划项目，要注明

项目的名称和编号、经费来源、起止年月、与本项目的关系及负责的内容等）

（1）国家自然科学基金面上项目："基于元动作单元建模的机电产品质量预测控制技术研究"(51575070)；经费来源：国家自然科学基金委；起止年月：2016-01—2019-12；申请人为项目负责人，负责项目整体技术路线与进度安排。与本项目关系：该项目主要是基于元动作单元质量特性及其耦合关系的分析对整机质量特性进行预测控制，相关研究成果可作为本项目中元动作耦合研究的基础。

（2）国家"高档数控机床与基础制造装备"科技重大专项："机床制造过程可靠性保障技术研究与应用"(2016ZX04004-005)；经费来源："高档数控机床与基础制造装备"科技重大专项办；起止年月：2016-01—2018-12；申请人为联合单位负责人。与本项目关系：该项目相关研究成果能为本项目提供数控机床元动作建模和可靠性技术支撑。

【点评】写这部分的目的是让专家了解申请人正从事的研究项目与申请项目的关联性，进而判断申请人是否有足够的精力同时完成几个相互关联性不大的项目。这部分内容的写法不算很难，只要按照模板的提示描述即可。

4. 完成国家自然科学基金项目情况（对申请人负责的前一个已结题科学基金项目（项目名称及批准号）完成情况、后续研究进展及与本申请项目的关系加以详细说明。另附该已结题项目研究工作总结摘要(限 500 字)和相关成果的详细目录）

项目名称：面向多质量特性一体化控制的数控机床装配过程建模理论研究（编号：51175527)；起止年月：2012-01—2015-12。

项目完成情况：本项目主要完成了以下 6 个方面的研究工作。

（1）数控机床的"谱系"研究。研究了"谱系"的概念，结合四川普什宁江机床有限公司的调研结果，分别建立了加工中心的零件谱、工况谱、载荷谱、功能谱和故障谱，利用模糊网络分析法(FANP)建立了各"分谱"之间耦合关系的分析模型。

（2）数控机床的结构化分解技术研究。以普什宁江机床厂精密卧式加工中心为例进行了结构化分解；遵循"谱系（Pedigree)—功能（Function)—运动（Movement)—动作(Action)"的基本顺序分解原则，将整机到零部件之间划分为不同的级别，建立了机床的"PFMA"树图模型。

（3）基于 PFMA 结构化分解的质量特性迭代映射研究。分析了"PFMA 树"的所有节点，得到了由各节点基本属性元素组成的伴随矩阵；根据 PFMA 功能分解将顶层的可靠性、精度、精度保持性等质量特性依次分解，耦合在不同层次间传递，父层质量特性耦合将导致本层质量特性的耦合，同样，子层质量特性耦合也将导致父层质量特性的耦合，建立了精度、精度保持性、可靠性等多层次质量特性指标体系。

（4）元动作装配单元质量控制研究。定义了实现机床运动的最小动作单元为元动作，实现元动作的核心零件间构成的最小装配单元为元动作装配单元；建立了元动作装配单元可靠性模型；构建了元动作装配链接矩阵。

（5）元动作装配单元装配过程 PAR 质量控制研究。在对影响元动作装配单元装配精度的误差源和误差传递规律进行分析的基础上，把影响元动作装配单元装配精度的误差源分为零件位置误差、零件形状误差、装配位置误差等五类，构建了三类常见误差的数学模型；建立了元动作装配单元精度保持模型，为精度寿命的预测提供了量化模型；在对元动作进行故障树分析与定量化计算的基础上，根据可靠性概念需求，利用"功能—运动—动作"的功能分解原则对元动作单元装配进行结构化分析，建立了元动作装配单元可靠性模型。

(6) 元动作装配单元质量诊断与评估研究。利用模糊关系方程表示装配质量异常与异常原因之间的关系，建立模糊关系方程装配质量异常诊断模型，实现对数控机床装配质量异常诱发异常原因的详细诊断；在装配质量异常诊断的基础上，对装配好的数控机床的装配质量进行评估，利用对数线性比例强度模型(LPIM)对机床可靠性进行评估，给出了模型参数和可靠性指标的点估计与区间估计。

与本项目关系：研究内容上是紧密相连的，本项目是在其成果的基础上进行的进一步研究，之前的研究经验和研究成果，可以为本项目实施方案的合理规划以及运行过程的科学管理提供宝贵的经验。

工作总结摘要：以机电产品中较为复杂的数控机床为对象，以多质量特性为核心，通过对数控机床的"谱系"、结构化分解以及"元动作"装配质量特性控制模型的研究，建立起一套"元动作"装配过程中质量特性的控制方法。将研究成果应用到四川普什宁江机床有限公司生产的 THC6380 精密卧式加工中心、陕西秦川机械发展有限公司生产的 YK7232 蜗杆砂轮磨齿机、济南铸造锻压机械研究所有限公司生产的高速精密转塔冲床中。在应用中对理论进行验证，根据应用结果对理论进行修正，面向数控机床形成一套成体系、具有很高可操作性的理论和系列使能技术，为提高我国机床的设计/制造水平打下了坚实的基础。

成果目录：

序号	成果类型	成果或论文名称	主要完成者	成果说明
1	期刊论文	The diagnosis of abnormal assembly quality based on fuzzy relation equations	×××等	Near Surface Geophysics，2013，65(5)：82-89
2	期刊论文	Assembly planning method based on design structure matrix	×××等	Near Surface Geophysics，2012，215(216)：82-88
3	期刊论文	可靠性驱动的装配工艺方案研究	×××等	机械设计与制造，2012，29(4)：80-84
4	期刊论文	基于广义随机 Petri 网的装配可靠性建模	×××等	Near Surface Geophysics，2012，3(18)：507-512
5	期刊论文	可靠性驱动的装配过程建模及预测方法	×××等	Near Surface Geophysics，2012，2(18)：349-355
6	期刊论文	面向不完全维修的数控机床可靠性评估	×××等	机械工程学报，2013，49(23)：136-141
7	期刊论文	装配可靠性的模块化故障树建模与多维映射	×××等	计算机集成制造系统，2013，19(3)：516-522
8	会议论文	Reliability and failure analysis of CNC machine based on element action	×××等	International Symposium on Vehicle，Mechanical，and Electrical Engineering，Chung Hua Univ，Taiwan，PEOPLES R CHINA，DEC，2013：354-357
9	期刊论文	基于灰色广义随机 Petri 网的产品装配过程可靠性建模与分析	×××等	中国机械工程，2014，25(11)：1460-1465
10	期刊论文	基于脆性理论的多状态制造系统可靠性分析	×××等	计算机集成制造系统，2014，20(1)：155-164

续表

序号	成果类型	成果或论文名称	主要完成者	成果说明
11	期刊论文	因素驱动的制造系统动态预测维修策略	×××等	计算机集成制造系统，2013，19(12)：2982-2992
12	会议论文	An integrated model of eliminating early failures for flexible manufacturing system	×××等	Proceedings of the 4th International Conference on Digital Manufacturing & Automation (ICDMA2013), Qingdao, China, June, 2013: 165-170
13	会议论文	Reliability prediction of machining center using grey system theory and GO methodology	×××等	Proceedings of the 4th International Conference on Digital Manufacturing & Automation (ICDMA2013), Qingdao, China, June, 2013: 991-996
14	期刊论文	基于马尔可夫链的折弯机活塞密封圈可靠性研究	×××等	锻压技术，2013，38(5)：99-103
15	期刊论文	某高速冲床离合制动器维修决策模型的研究	×××等	锻压技术，2013，38(4)：68-72
16	期刊论文	某高速冲床润滑系统环境适应性研究	×××等	锻压技术，2013，38(3)：85-88
17	会议论文	The diagnosis of abnormal assembly quality based on fuzzy relation equations	×××等	Advances in Mechanical Engineering, Beijing, China, September, 2014: 446-447
18	期刊论文	元动作装配单元误差源及误差传递模型研究	×××等	机械工程学报，2015，51(17)：146-155
19	期刊论文	数控机床可靠性方法论：8341 工程	×××等	制造技术与机床，2014，(4)：54-59
20	期刊论文	assembly reliability modeling technology based on eta-action	×××等	CIRP，2014，5
21	期刊论文	基于脆性理论的多状态制造系统可靠性分析	×××等	计算机集成制造系统，2014，20(1)：155-164
22	期刊论文	基于可靠运行区间重叠度的设备维修决策模型	×××等	计算机集成制造系统，20(1)：155-164
23	期刊论文	Functional decomposition and reliability modeling technology study of CNC machine	×××等	IIE Annual Conference and Expo (2014)：2191-2199
24	期刊论文	Fault diagnosis study of complex mechanism based on FMA function decomposition model	×××等	CIRP，2014，5
25	期刊论文	基于清洁度熵的液压系统故障源排序方法	×××等	中国机械工程，2014，25(10)：1362-1368
26	期刊论文	基于灰色广义随机 Petri 网的产品装配过程可靠性建模与分析	×××等	中国机械工程，2014，25(11)：1460-1465
27	期刊论文	液压缸漏油可靠性强化试验加速应力分析	×××等	机械科学与技术(已录用)

续表

序号	成果类型	成果或论文名称	主要完成者	成果说明
28	期刊论文	元动作装配单元的故障维修决策	×××等	机械科学与技术(已录用)
29	期刊论文	数控磨床几何误差辨识方法的研究与应用	×××等	机械科学与技术(已录用)

【点评】已完成的国家自然科学基金项目情况是基金委和专家判定项目申请人研究能力的依据之一。这里列出的项目是范本的项目。从这节的内容可以看出,申请人上个项目的完成情况属于正常,从指标上看已经大大超过预期的成果,但成果的水平不算突出,因为申请人把主要精力放在企业应用上。另外,申请人依托该项目的研究成果获得中国机械工业科学技术成果一等奖和出版的专著也没有被列进成果清单。

×××(申请人) 简历

×××大学,机械学院,教授

教育经历(从大学本科开始,按时间倒序排序;请列出攻读研究生学位阶段导师姓名):

(1) 1989-08—1994-11,×××联邦×××高等工业大学,机械制造,博士,导师:Michel Porchet

(2) 1982-09—1984-04,×××大学,机械制造,硕士,导师:×××

(3) 1974-09—1977-07,×××省×××工学院,机械制造,其他,导师:×××

(4) 1960-09—1969-07,×××省×××县×××学校,普通中小学,其他,导师:×××

科研与学术工作经历(按时间倒序排序;如为在站博士后研究人员或曾进入博士后流动站(或工作站)从事研究,请列出合作导师姓名):

(1) 1994-04 至今,×××大学,机械学院,讲师、副教授、教授

(2) 1988-07—1994-11,×××联邦×××高等工业大学,机械系,助理研究员

(3) 1977-08—1980-08,×××省×××工学院,机械系,助教

(4) 1995-05—1997-06,×××大学,博士后,合作导师:×××

曾使用其他证件信息(申请人应使用唯一身份证件申请项目,曾经使用其他身份证件作为申请人或主要参与者获得过项目资助的,应当在此列明):

(1) 护照,××××××

主持或参加科研项目(课题)及人才计划项目情况:

(1) 国家科技重大专项项目,×××,机床制造过程可靠性保障技术研究与应用,2016-01—2018-12,2339.64 万元,在研,参与

(2) 国家科技重大专项项目,×××,綦江中重型车用变速器壳件柔性加工生产线示范应用,2015-01—2017-12,48.47 万元,在研,参与

(3) 国家自然科学基金面上项目,×××,基于元动作单元建模的机电产品质量预测控制技术研究,2016-01—2019-12,75.84 万元,在研,主持

(4) 国家科技重大专项项目,×××,航空发动机精锻叶片自适应砂带磨削中心研制及应用,2014-01—2016-12,148.47 万元,在研,参与

(5) 国家科技重大专项项目，×××，精密机床主轴高效、柔性加工生产线，2013-01—2015-12，154.9万元，在研，参与

(6) 国家科技重大专项项目，×××，高精度数控齿轮加工机床箱体类零件柔性制造系统核心技术研究及应用示范工程，2013-01—2015-12，70万元，在研，参与

(7) 国家科技重大专项项目，×××，800 mm 精密卧式加工中研发与国产功能部件配套应用，2013-01—2015-12，49.77万元，在研，参与

(8) 国家科技重大专项项目，×××，中高档国产数控磨床可靠性规模化提升工程，2013-01—2016-12，101.1万元，在研，参与

(9) 国家科技重大专项项目，×××，万台数控机床配套国产数控系统应用工程，2013-01—2015-12，123.3万元，在研，参与

(10) 国家科技重大专项项目，×××，国产中高档数控转塔刀架系列产品开发及批量应用示范，2013-09—2015-12，92.7万元，在研，参与

(11) 国家科技重大专项，×××，高效、精密齿轮齿圈磨齿机，2012-02—2013-12，61.6万元，已结题，参加

(12) 国家自然科学基金面上项目，×××，面向多质量特性一体化控制的数控机床装配过程建模理论研究，2012-01—2015-12，65万元，已结题，主持

(13) "863"项目，×××，供应链协同质量管理与预防控制关键技术及应用研究，2009-04—2015-12，67万元，已结题，主持

(14) 国家科技重大专项，×××，高性能加工中心可靠性倍增技术研究，2009/03—2010/12，819万元，已结题，主持

(15) 国家自然科学基金重点项目，×××，复杂机电产品关键质量特性耦合理论及预防控制技术研究，2009-01—2012-12，105万元，已结题，主持

代表性研究成果和学术奖励情况（每项均按时间倒序排序）

（请注意：①投稿阶段的论文不要列出；②对期刊论文，应按照论文发表时作者顺序列出全部作者姓名、论文题目、期刊名称、发表年代、卷（期）及起止页码（摘要论文请加以说明）；③对会议论文，应按照论文发表时作者顺序列出全部作者姓名、论文题目、会议名称（或会议论文集名称及起止页码）、会议地址、会议时间；④应在论文作者姓名后注明第一/通信作者情况，所有共同第一作者均加注上标"#"字样，通信作者及共同通信作者均加注上标"*"字样，唯一第一作者且非通信作者无需加注；⑤所有代表性研究成果和学术奖励中本人姓名加粗显示。按照以下顺序列出：ⓐ10篇以内代表性论著；ⓑ论著之外的代表性研究成果和学术奖励。）

一、10篇以内代表性论著

(1) ×××(*)，数控机床可靠性工程及应用，企业管理出版社，2017-04-01（学术专著）

(2) ×××等，装配可靠性的模块化故障树建模与多维映射，计算机集成制造系统，2013-03，19(3)：516-522（期刊论文）

(3) ×××等，因素驱动的制造系统动态预测维修策略，计算机集成制造系统，2013-12，19(12)：2982-2992（期刊论文）

(4) ×××等，面向不完全维修的数控机床可靠性评估，机械工程学报，2013-12，49(23)：136-141（期刊论文）

(5) ×××等，基于可靠运行区间重叠度的设备维修决策模型，计算机集成制造系统，2014-03，1(20)：155-164(期刊论文)

(6) ×××等，Composite error prediction of multistage machining processes based on error transfer mechanism，International Journal of Advanced Manufacturing Technology，2014，76(1-4)：271-280(期刊论文)

(7) ×××等(＊)(＃)，Study on quality prediction technology of manufacturing supply chain，International Journal of Information Systems and Supply Chain Management，2015.冬季，8(4)：44-62(期刊论文)

(8) ×××等，数控机床可靠性试验中关键功能部件的提取研究，中国机械工程，2016-09-09，(17)：2372-2378(期刊论文)

(9) ×××等，基于相对熵排序的装配序列质量模糊评价方法，中国机械工程，2016-04-29，(8)：1089-1095(期刊论文)

(10) ×××等，复杂机电产品基于元动作分解的可靠性建模及故障诊断，重庆大学学报，2017-08-15，(8)：9-18(期刊论文)

二、论著之外的代表性研究成果和学术奖励

(1) ×××(1/1)，中国机械工业科学技术奖，中国机械工业联合会，中国机械工业学会，自然科学，省部一等奖，2016-10-23 (×××)(科研奖励)

(2) ×××，一种柔性制造系统清洗机早期故障检测方法，2014-12-23，中国，201410807562.7(专利)

(3) ×××，柔性制造系统物流小车早期故障检测方法，2014-12-23，中国，201410807363.6(专利)

(4) ×××，一种卧式加工中心端齿盘B轴转台的装配方法，2016-02-04，中国，ZL201610078815.0(专利)

(5) ×××等，远程分析诊断系统软件[简称：诊断软件] V1.0，2015SR055385，原始取得，全部权利，2015-01-03(软件著作权)

除非特殊说明，请勿删除或改动简历模板中蓝色字体的标题及相应说明文字。

参与者　简历

×××，×××大学，机械工程学院，讲师

教育经历(从大学本科开始，按时间倒序排序；请列出攻读研究生学位阶段导师姓名)：

2013-09—2016-12，×××大学，机械工程，博士，导师：×××

2009-09—2012-06，×××大学，机械工程(工业工程)，硕士，导师：×××

2005-09—2009-06，中国×××大学，产品质量工程，本科，班主任：×××

科研与学术工作经历(按时间倒序排序；如为在站博士后研究人员或曾进入博士后流动站(或工作站)从事研究，请列出合作导师姓名)：

(1) 2016-12 至今，×××大学，机械工程学院，讲师

(2) 2012-07—2013-01，×××市农业科学院，农业机械研究所，专业技术人员

曾使用其他证件信息(申请人应使用唯一身份证件申请项目，曾经使用其他身份证件作为申请人或主要参与者获得过项目资助的，应当在此列明)：

无

主持或参加科研项目(课题)及人才计划项目情况(按时间倒序排序):

(1) 国家自然科学基金青年科学基金项目,×××××,基于可用性建模的数控机床主动维修决策方法研究,2018-01—2020-12,22 万元,在研,主持

(2) 中央高校基本科研业务费专项项目,106112017CDJXY110×××,基于元动作单元的数控机床可用性建模方法,2017-01—2018-12,10 万元,在研,主持

(3) 国家自然科学基金面上项目,×××,基于元动作单元建模的机电产品质量预测控制技术研究,2016-01—2019-12,75.84 万元,在研,参加

(4) 国家科技重大专项项目,×××,机床制造过程可靠性保障技术研究与应用,2016-01—2018-12,2339.64 万元,在研,参加

代表性研究成果和学术奖励情况(每项均按时间倒序排序)

(请注意:①投稿阶段的论文不要列出;②对期刊论文:应按照论文发表时作者顺序列出全部作者姓名、论文题目、期刊名称、发表年代、卷(期)及起止页码(摘要论文请加以说明);③对会议论文:应按照论文发表时作者顺序列出全部作者姓名、论文题目、会议名称(或会议论文集名称及起止页码)、会议地址、会议时间;④应在论文作者姓名后注明第一/通信作者情况:所有共同第一作者均加注上标"#"字样,通信作者及共同通信作者均加注上标"*"字样,唯一第一作者且非通信作者无需加注;⑤所有代表性研究成果和学术奖励中本人姓名加粗显示。)

按照以下顺序列出:①10 篇以内代表性论著;②论著之外的代表性研究成果和学术奖励。

一、期刊论文

(1) ×××(#)(*)等,Research on assembly reliability control technology for computer numerical control machine tools,Advances in Mechanical Engineering,2017-01-01,9(1):1-12

(2) ×××(#),等(*),Quality characteristic association analysis of computer numerical control machine tool based on meta-action assembly unit,Advances in Mechanical Engineering,2016-01-04,8(1):1-10

(3) ×××(#)(*),基于模糊物元的小批量生产典型工序能力分析,机械工程学报,2015-12-15,51(23):116-122

(4) ×××(#),×××(*),Dongmei Luo,Study on quality prediction technology of manufacturing supply chain,International Journal of Information Systems and Supply Chain Management,2015-10-01,8(4):44-62

(5) ×××(#)(*)等,Composite error prediction of multistage machining processes based on error transfer mechanism,Int J Adv Manuf Technol,2015-01-13,76(1):271-280

(6) ×××(#)等,Study on product quality tracing technology in supply chain,Computers & Industrial Engineering,2011-02-26,60(4):863-871

(7) ×××(#)等,数控机床可靠性试验中关键功能部件的提取研究,中国机械工程,2016-09-28,27(17):2372-2378

二、会议论文

(1) ×××(#)(*)等,Research on fuzzy reliability prediction method of CNC

machine tools, The 2015 International Conference on Power Electronics and Energy Engineering (PEEE), Hong Kong, PEOPLES R CHINA, 2015-04-19—2015-04-20

(2) ×××(#)(*), Functional decomposition and reliability modeling technology study of CNC machine, 2014 IIE Annual Conference, Montreal, Canada, 2014-05-31—2014-06-03

(3) ×××(#)(*)等, Product quality tracing technology based on batch in SCM, 2011 International Conference on Engineering and Information Management, Chengdu, China, 2011-04-15—2011-04-17

三、授权发明专利

(1) ×××等,一种卧式加工中心端齿盘B轴转台的装配方法,2017-07-25,中国,ZL201610078815.0

(2) ×××等,一种柔性制造系统物流小车早期故障检测方法,2017-04-26,中国,ZL201410807363.6

(3) ×××等,一种柔性制造系统清洗机早期故障检测方法,2017-01-04,中国,ZL201410807562.7

四、会议报告

(1) ×××, Research on reliability modeling technology for FMS based on task, The 6th International Conference on Computational Methods (ICCM2015), Auckland, New Zealand, 2015-07-14—2015-07-17

(2) ×××, Functional decomposition and reliability modeling technology study of CNC machine, 2014 IIE Annual Conference, Montreal, Canada, 2014-05-31—2014-06-03

五、其他成果(请按发表或发布时的格式列出)

(1) ×××等,远程分析诊断系统软件[简称:诊断软件] V1.0,2015SR055385,原始取得,全部权利,2015-01-03

(2) ×××等,供应链质量管理系统[简称:SCQMS] V1.0,2011SR015252,原始取得,全部权利,2010-12-25

六、获得学术奖励

×××(5/15),高档数控机床可靠性工程关键技术及应用,中国机械工业联合会,科学技术进步奖,省部一等奖,2016(×××等)

参 考 文 献

［1］ 王来贵，朱旺喜.国家自然科学基金项目申请之路［M］.北京：科学出版社，2019.

［2］ 吴智慧.科学研究方法［M］.北京：中国林业出版社，2012.

［3］ 李梦楼.科学研究方法［M］.北京：中国农业出版社，2009.

［4］ 王秀梅，杜昶.温故而知新：科技创新经验谈［M］.北京：高等教育出版社，2016.

［5］ 周新年.科学研究方法与科技论文写作［M］.北京：科学出版社，2018.

［6］ 闻邦椿，闻国椿.科学研究方法学——怎样做好科学研究工作［M］.北京：科学出版社，2016.

［7］ 徐长庆.国家自然科学基金申请指导与技巧［M］.北京：清华大学出版社，2018.

［8］ 赖一楠，李宏伟，叶鑫，等.2019年度机械设计与制造学科国家自然科学基金管理工作综述［J］.中国机械工程，2020，31(8)：883-889.

［9］ 国家自然科学基金委员会.2020年度国家自然科学基金项目指南［M］.北京：科学出版社，2020.

［10］ 王惠连，赵欣华，尹嫱.创新思维方法［M］.北京：高等教育出版社，2004.

［11］ 张中月.科学研究中的创新方法［M］.北京：科学出版社，2018.

［12］ 姜清奎，王贯中.科研选题的原则与方法［J］.云南科技管理，2007，020(003)：43-44.

［13］ 吕群燕.科技基金申请项目的选题Ⅰ：研究方向的选择［J］.科技导报，2009，27(15)：126.

［14］ 陈越，温明章，杜生明.谈国家自然科学基金面上项目申请的选题［J］.中国基础科学，2005，(1)：46-51.

国家自然科学基金项目申请书管理类自查表

仅供参考，请申请人逐项自查，在自查相关记录栏打√。

序号	自查及复审内容	本人核实
1	**申请人在撰写申请书之前，认真阅读当年申请通告及《项目指南》中的申请须知、科研诚信须知、预算编报须知、限项申请规定和相关学部的具体要求，阅读相关的项目管理办法**	□
2	已做申请人资格审查： 申请人：1. 为学校在职教师，2. 与人事处正式签订了聘用合同的人员，3. 与学校签订了书面合同的无工作单位或者所在单位不是依托单位的科学技术人员，对于所在单位不是依托单位的人员，还应当附上其所在单位书面同意函(非受聘于依托单位的境外人员，不能作为无依托单位的申请人申请各类项目)，4. 博士后(需签订承诺函)；**脱产在读硕、博研究生不能申请；在职研究生应在其工作单位申请，其工作单位不是基金项目依托单位的人员不能申请**	□
3	年龄限制： 青年科学基金项目——男(当年－35)年1月1日、女(当年－40)年1月1日以后出生，并且未曾获得过青年科学基金项目或同类项目资助 优秀青年科学基金项目——男(当年－38)年1月1日、女(当年－40)年1月1日以后出生，具有高级职称或博士学位，在依托单位投入研究工作时间每年在9个月以上 杰出青年科学基金项目——(当年－45)年1月1日以后出生，在依托单位投入研究工作时间每年在9个月以上 创新研究群体——(当年－55)年1月1日以后出生，在依托单位投入研究工作时间每年在6个月以上	□
4	申请书为当年正式版，纸质文件与在线上传的电子文件版本号一致，申请书纸质文件一式一份(全部双面打印)，签字盖章为原件	□
5	申请书提交后，系统自动生成PDF格式，并生成唯一的序列号(每次修改提交之后都会生成新的版本号)。提交的申请书必须是正式版，水印为“NSFC 20××”。水印为“草稿”的申请书不是正式版，纸质文件与电子文件版本号一致	□
6	特殊说明： (1) 处于评审阶段(自然科学基金委做出资助与否决定之前)的申请，计入限项申请规定范围之内。 (2) 申请人即使受聘于多个依托单位，通过不同依托单位申请和承担项目，其申请和承担项目数量仍然适用于限项申请规定。(按照身份证号码查重)	□

续表

序号	自查及复审内容	本人核实
7	各类型项目限项规定： (1) 申请人同年只能申请 1 项同类型项目(重大研究计划项目中的集成项目和战略研究项目、国际(地区)合作交流项目除外；不同名称的联合基金不算同类型项目)。 (2) 上一年度获得面上项目(包括一年期)、重点项目、重大项目、重大研究计划项目(不包括集成项目和战略研究项目)、联合基金项目(指同一名称联合基金)、地区科学基金项目(包括一年期项目)、国际(地区)合作研究项目(特殊说明的除外)、国家重大科研仪器研制项目资助的项目负责人,本年度不得作为申请人申请同类型项目。 (3) 申请人同年申请国家重大科研仪器研制项目(部门推荐)和基础科学中心项目,合计为 1 项。 (4) 前年度和上一年度连续两年申请面上项目未获资助的项目(包括初审不予受理的项目)申请人,今年度不得作为申请人申请面上项目	□
8	高级专业技术职务(职称)人员申请和承担项目总数的限制规定： (1) 申请和承担项目总数限为 2 项的规定。具有高级专业技术职务(职称)的人员,申请(包括申请人和主要参与者)和正在承担(包括负责人和主要参与者)以下类型项目总数合计限为 2 项：面上项目、重点项目、重大项目、重大研究计划项目(不包括集成项目和战略研究项目)、联合基金项目、青年科学基金项目、地区科学基金项目、优秀青年科学基金项目、国家杰出青年科学基金项目、重点国际(地区)合作研究项目、直接费用大于 200 万元/项的组织间国际(地区)合作研究项目(仅限作为申请人申请和作为负责人承担,作为参与者不限)、国家重大科研仪器研制项目(含承担科学仪器基础研究专款项目和国家重大科研仪器设备研制专项项目)、优秀国家重点实验室研究项目,以及资助期限超过 1 年的应急管理项目(特殊说明的除外；局(室)委托任务及软课题研究项目除外)。 具有高级专业技术职务(职称)的人员作为主要参与者正在承担的上一年(含)以前批准资助的项目不计入申请和承担总数范围,今年(含)以后申请(包括申请人和主要参与者)和批准(包括负责人和主要参与者)项目计入申请和承担总数范围。 (2) 优秀青年科学基金项目和国家杰出青年科学基金项目申请时不限项；正式接收申请到自然科学基金委做出资助与否决定之前,以及获得资助后,计入限项。 (3) 仪器类项目总数限 1 项：申请(包括申请人和主要参与者)和正在承担(包括负责人和主要参与者)国家重大科研仪器研制项目(含承担科学仪器基础研究专款项目和国家重大科研仪器设备研制专项项目),以及科研处主管的国家重大科学仪器设备开发专项项目总数限 1 项；国家重大科研仪器研制项目(部门推荐)获得资助后,项目负责人在结题前不得申请除国家杰出青年科学基金项目以外的其他类型项目。 (4) 基础科学中心项目申请时不限项,获得资助后项目负责人及主要参与者在结题前不得申请除国家杰出青年科学基金项目以外的其他类型项目,不得以获得资助的基础科学中心项目的研究内容再申请其他科技计划项目	□
9	不具有高级专业技术职务(职称)人员的限项申请规定： (1) 作为申请人申请和作为负责人正在承担的项目数合计限为 1 项；申请优秀青年科学基金项目或者国家杰出青年科学基金项目的,申请时不限项；作为青年科学基金项目负责人,在结题当年可以申请面上项目。 (2) 在保证有足够的时间和精力参与项目研究工作的前提下,作为主要参与者申请或者承担各类型项目数量不限	□

续表

序号	自查及复审内容	本人核实
10	(1) 青年科学基金项目、面上项目、重点项目、地区科学基金项目及优秀青年科学基金项目开展无纸化试点，申请时无需报送纸质申请书，只需学校在线确认电子申请书及附件材料，项目获批准后，将申请书的纸质签字盖章页（A4 纸）装订在《资助项目计划书》后面，一并提交，签字盖章信息应与电子申请书保持一致。 (2) 其他未开展无纸化试点申请项目，申请书纸质文件一式 2 份（1 份报送基金委，1 份由科研处存档）；注意字体、字号、全角、行间距、段间距的一致性。纸质文件使用 A4 纸双面打印，封面和签字盖章页单独打印，且签字盖章页是封底一页（无论是否有附件）；提交申请书的签字页必须为签字原件，不能为复印件。左侧装订（不能用夹子，不要用塑料皮）	□
11	申请人在填写重点项目或全部面上项目申请书时，应当根据要解决的关键科学问题和研究内容，选择科学问题属性，并在申请书中阐明该科学问题属性的理由，如申请书具有多重科学问题属性，应选择最相符、最能概括申请项目特点的一类科学问题属性	□
	基本信息部分（简表）	
12	关于研究期限： (1) 面上项目研究期限为第一年 1 月 1 日—第四年 12 月 31 日，期限 4 年，直接经费请参照相关科学部的资助强度。 (2) 重点项目研究期限为第一年 1 月 1 日—第五年 12 月 31 日，期限 5 年。 (3) 青年科学基金项目研究期限为第一年 1 月 1 日—第三年 12 月 31 日，期限 3 年，仅在站博士后研究人员可以根据在站时间灵活选择资助期限，不超过 3 年。项目实行经费包干制，资助经费不再区分直接费用和间接费用，每项资助经费为 30 万元（资助期限为 1 年的，资助经费为 10 万元；资助期限为 2 年的，资助经费为 20 万元）。 (4) 在站博士后人员作为申请人申请面上项目、青年科学基金项目和地区科学基金项目时，不再需要提供单位承诺函。可按照实际情况填写相应的资助期限。 (5) 重点检查“报告正文”中的“年度研究计划及预期研究结果”，务必与“项目基本信息”中的研究期限保持一致	□
13	申请人、项目组成员的工作单位、身份证号码、职称、年龄、学位（以取得学位证书）等信息真实无误。封面的申请时间正确	□
14	资助类别、亚类说明、附注说明、申请代码、研究期限和关键词的填写按相关学部的项目类别要求填写（阅读指南）；有合作单位的还必须填报合作单位信息	□
15	关于申请代码：2020 年起对于国家自然科学基金申请代码部分科学部有调整，工程与材料科学部、信息科学部不再设置三级申请代码。请务必仔细研读指南，为研究内容选择最合适的申请代码。“申请代码 1”尽量选择到最后一级；“资助类别”“亚类说明”准确无误，“附注说明”按《指南》要求填写。联合基金、专项基金代码是否正确	□
16	项目批准资助后，申请书“基本信息”及其他部分内容将在基金委网站或以其他适当形式向社会公开，凡涉及国家科学技术保密范围和知识产权问题的内容不得写入申请书。注意在申请书中不得出现任何违反法律及涉密的内容	□
17	单位信息：项目依托单位名称统一填写×××大学；“所在院系所”必须选择（不要填写）申请者所在学院或者研究所（二级法人单位），不要填写为科研处或研究室课题组等其他内设机构，以便二级法人单位管理	□

续表

序号	自查及复审内容	本人核实
18	关于合作单位： (1) 项目成员有除依托单位外其他单位人员(不包括境外人员)，均视为有合作单位，在“合作研究单位信息”中需填写合作单位完整名称，合作单位名称与公章必须一致。 (2) 申请项目的合作单位不超过 2 个；境外人员被视为以个人身份参与项目申请。 (3) 必须在预算说明书中明确说明是否给合作单位外拨资金，以及外拨资金金额	□
19	人员信息：申请人、项目组成员身份证号码、职称、学位等信息准确无误(与人事档案一致)；申请者手机号必须准确	□
20	关于每年工作时间：申请人/参与人的所有申请和在研(包括主持和参加)国家自然科学基金项目累计的每年工作时间(月)不应超过 12 个月。正在办理结题的基金项目每年工作时间不计入累计时间。优青、杰青申请者保证每年工作时间 9 个月以上；创新群体申请者保证每年工作时间 6 个月以上	□
21	关于申请人和参与人简历： (1) 青年科学基金项目中不再列出参与者，其他项目中，除在读研究生之外的所有参与者都需上传简历，申请人简介(在线填写)已经详细提供了个人的教育经历和工作经历(写到年和月，注意时间衔接，按时间倒序排列，硕士及以上教育经历填写“导师姓名”)，主持或参加科研项目及人才计划项目(按时间倒序排列)信息完整。 (2) 禁止删除或改动简历模板中蓝色字体的标题及相应说明文字。 (3) 申请人/参与人简历中申请人学位及职称信息与人员信息表中内容应一致，包括博士后在站/出站信息。具有高级专业技术职务(职称)的申请人或者主要参与者的单位有下列情况之一的，应当在申请书的个人简历部分注明：同年申请或者参与申请各类科学基金项目的单位不一致的；与正在承担的各类科学基金项目的单位不一致的。 (4) 落实代表作评价制度：申请人与参与者简历中所列代表性论著数目上限由 10 篇减少为 5 篇，论著之外的代表性研究成果和学术奖励数目由原来不设上限改为设置上限为 10 项	□
	基金项目申请经费	
22	根据各学部项目的平均资助强度确定申请经费，认真阅读项目指南中的预算编报须知，根据须知要求编报经费预算	□
23	申请经费是根据项目实施需求进行预算；会议费标准依据×××大学会议费管理办法、差旅费标准依据×××大学差旅费管理办法、因公临时出国费依据、外宾接待费依据、专家咨询费依据进行预算	□
24	按要求填写“预算说明书”(对预算的每个项目开支进行详细说明，尤其对外拨款情况加以说明)	□
25	申请人应当根据《国家自然科学基金资助项目资金管理办法》(财教[2015]15 号)、《关于国家自然科学基金资助项目资金管理有关问题的补充通知》(财科教[2016]19 号)和《国家自然科学基金项目资金预算表编制说明》进行编制，根据目标相关性、政策相符性和经济合理性原则编制。 预算说明书是课题经费预算的一部分，必须按照规定内容详细编写。预算说明书包括对各项支出的主要用途和测算理由及合作研究外拨资金、单价≥10 万元的设备费等内容进行详细说明(需写明设备的型号、产地、报价、销售单位等。对其他科目中单笔总额 10 万元(含)逐项说明与项目研究的相关性及必要性)，可根据需要另加附页。 (1) 项目资金支出预算不得编报不可预见费，也不得列入项目实施前发生的各项经费支出，有支出费用的类目均需写出详细的测算依据。	□

续表

序号	自查及复审内容	本人核实
25	(2) 通用设备不应在设备费支出，如电脑、打印机、投影仪，而应从间接经费中支出。用于科研计算的工作站电脑可以购买，但需要写明用途和必要性，还需写明设备名称、型号、规格、参数、配置、单价等有效信息，建议比例 0～20%。立项之后设备费不予调增，可以调减。 (3) 如果实验室没有水、电、气、燃料消耗费用可以单独计量的相关大型或专用实验仪器设备，则燃料动力费用为零，实验室日常水电气暖开销由间接经费支出。 (4) 差旅/会议/国际合作与交流费：参加国内会议产生的交通费、住宿费、注册费应归为差旅费，邀请国内专家来校交流产生的交通费、住宿费也由差旅费支出，其开支标准应当按照国家有关规定执行，会议费仅用于支出组织举办学术会议产生的费用。此项预算不超过直接经费的 10%，可不做预算说明，但评审专家有可能不了解最新的政策，会误认为申请人不认真填写，故不论该项比例多少，都建议编制预算说明，立项之后此项预算不予调增，可以调减。 (5) 出版/文献/信息传播/知识产权事务费：不能列支通用性操作系统办公软件、日常手机和办公固定电话通信费、日常办公网络费和移动上网费以及专利维护费用。 (6) 专家劳务费只能从专家咨询费中支出，且不能超标。根据 2017 年 9 月 4 日财政部颁布的《中央财政科研项目专家咨询费管理办法》"高级专业技术职称人员的专家咨询费标准为 1500～2400 元/(人·天)(税后)；其他专业人员的专家咨询费标准为 900～1500 元/(人·天)(税后)"；立项之后专家咨询费不予调增，可以调减。 (7) 虽然基金委不设硬性比例限制，但没有特殊情况，劳务费不建议超过总经费的 30%。按照年度工作时间，硕士每月 500～1500 元，博士每月 1000～3000 元较为合理，立项之后劳务费不予调增，可以调减。 (8) 如果有合作单位参与研究且需外拨经费的，须在申请书中明确合作单位承担的具体任务，并在预算说明书中明确金额或比例，提交 1 份与合作单位的合作协议原件至科研处备案。 (9) 预算各项支出费用以"万元"为单位，精确至小数点后两位；各类标准或单价以"元"为单位，精确到个位。 (10) 间接费用无需填写，项目立项后自动批复。申请人只编报直接费用预算，间接费用按依托单位单独核定	□
	报告正文部分	□
26	认真阅读《申请书》"报告正文撰写提纲"，申请书按所报项目类别的正文撰写提纲填写，无遗漏，内容规范真实。**按要求提交文章及代表作附件**	□
27	年度研究计划时间与基本信息表研究期限一致	□
28	除研究生外，项目组成员的简介无遗漏，项目组成员介绍材料等准确无误，个人简历的填写要根据各学部要求填写；所列文献书写规范，列出所有作者、论著题目、期刊名或出版社名、年、卷(期)、起止页码等	□
29	申请书不出现任何涉密内容，特别在论述个人承担或参与项目时注意不要把保密项目具体信息列入其中；涉密项目需进行脱密处理，不要出现项目编号、项目名称等具体信息，用 * 号代替；不能删除正文撰写提纲(蓝色字体)的任何内容	□
30	申请书按所报项目类别正文撰写提纲填写，无遗漏，内容规范、真实；不得删减各项标题，如无内容，填写"无"；立项依据参考文献书写规范，列出所有作者、论著题目、期刊名或出版社名、年、卷(期)、起止页码	□
31	年度研究计划及预期研究结果：年度研究计划时间与基本信息表研究期限一致，进度按整一年计算；年度计划内容的考核具备可操作性	□

续表

序号	自查及复审内容	本人核实
32	正文撰写标题级别分明，在正文撰写提纲各级标题进一步分解为三级(或更多级别)提纲。例1：(一)立项依据与研究内容；2. 项目的研究内容、研究目标，以及拟解决的关键科学问题；(1)研究内容，(2)研究目标，(3)拟解决的关键科学问题。例2：(一)立项依据与研究内容；3. 拟采取的研究方案及可行性分析；(1)研究方案，a. 研究方法，b. 技术路线，c. 实验手段，d. 关键技术，(2)可行性分析	□
33	承担科研项目情况：正在承担的各类科研项目情况都已按要求注明项目的名称和编号、经费来源、起止年月、与本项目的关系及负责的内容等。已明确说明与本次申请项目的联系和区别。 申请人申请科学基金项目的相关研究内容已获得其他渠道或项目资助的，请务必在申请书中说明受资助情况以及与申请项目的区别和联系，注意避免同一研究内容在不同资助机构申请的情况，否则按不端行为处理	□
34	完成国家自然科学基金项目情况：对申请人负责的前一个已结题国家基金项目(项目名称及批准号)完成情况、后续研究进展及与本申请项目的关系加以详细说明。另附该已结题项目研究工作总结摘要(限500字)和相关成果的详细目录。(非常重要，要求如实填写)如有帮助，也可以列入申请人参与的已结题国家基金项目	□
35	其他需要说明的问题：如果有，就据实介绍，如果没有，就写“无”	□
36	注意事项：对投稿阶段的期刊论文、会议论文不要列出，对未正式出版的专著不用列出，对未公布的奖励不要列出，对未授权的专利不用列出。上述内容如有必要，可以在报告正文(二)研究基础与工作条件1. 研究基础部分对其加以说明	□
	签字和盖章页	
37	(1) 签字盖章页没有版本号，建议对签字盖章页单独打印，便于修改申请书(版本号变化)之后仍能重复利用签字盖章页，省去再次签名盖章的麻烦，签字盖章页必须是原件，不得提交彩色复印件(对于无纸化试点项目暂时忽略)。 (2) 项目负责人及项目组成员亲笔(或委托专人)签名，并与印刷体姓名及其证件信息一致，注意简体字和繁体字区别(对于无纸化试点项目暂时忽略)。 (3) 科研诚信承诺书需列入申请书，申请者与主要参与者、依托单位与合作研究单位需签署承诺后方可提交申请书，对于无纸化申请项目，申请人需在线签署承诺后提交至依托单位，依托单位需在线签署承诺后确认提交至自然科学基金委。 ※重要提示：若因修改签字页前面的内容(比如项目名称、人员信息、工作年月等)，导致签字页内容修改的，一定要换签字页，不能因为签字页没有版本号而不更换	□
38	关于境外参与人员： (1) 境外人员以个人名义参与项目研究，境外人员签名必须与项目组成员表中姓名一致：如果姓名为中文，签名应是中文；如果姓名为英文，签名也应为英文，英文名字如用缩写，签名也应为英文缩写。 (2) 境外人员如未能在纸质申请书上签字，则应通过信件、传真等方式发送本人签字的纸质文件，说明本人同意参与该项目申请且履行相关职责，将纸质文件作为附件随纸质申请书一并报送，同时把扫描电子版上传	□

续表

序号	自查及复审内容	本人核实
39	关于合作单位： (1) 申请书中的项目组成员中如有依托单位以外的人员(包括研究生)参加，即视为有合作单位，需在单位信息表中填写合作单位全称(不能简写)，并在签字盖章页上加盖合作单位公章(对于已经在国家自然科学基金委注册的合作单位，须加盖单位注册公章；对于没有在国家自然科学基金委注册的合作单位，须加盖该法人单位公章)。 (2) 申请书所填写合作单位名称必须与合作单位公章名称一致，盖二级单位，科研管理部门公章无效。 (3) 确定项目参与人员后第一时间将签字盖章页发给合作单位，先行办理签字盖章手续，依托单位的盖章手续最后由科研处统一办理。(青年科学基金项目、面上项目、重点项目、地区科学基金项目和优秀青年科学基金项目采用无纸化申请，可暂时忽略此项)	□
	附件(将所有附件装订在申请书后面)	
40	仔细阅读项目指南，按照各学部的相关项目申请要求，提交申请人本人发表的与本次申请内容相关的代表性论文 PDF 文件。同时注意按正文撰写提纲要求提交附件。(如果专著篇幅过大，可以只提供著作封面、摘要、目录、版权页等)	□
41	中级职称及以下且无博士学位的申请人：须附 2 位高级专业技术职务同行专家推荐信(简要说明专家身份)，推荐者亲笔签字	□
42	在职研究生申请项目时需导师同意申报函，在导师的同意申报函中，需要说明：申请课题与学位论文的关系，承担课题后的工作时间和条件保证等。副高及副高以上职称在职研究生申报项目仍须导师推荐	□
43	在站博士后(包括全职、在职)申请项目时，学院需出具承诺函(请在人事处博士后工作办公室获取)	□
44	对于有境外人员参加的项目，如果本人不能在申请书上签字，则应通过信件、传真等方式发送本人签字的文件，说明本人同意参与该项目申请且履行相关职责，将文件打印后作为附件装订在申请书签名页后，其签名栏空白即可	□
45	对于涉及伦理学的研究项目，要求申请人在申请书中提供所在单位或上级主管单位伦理委员会的证明。如利用基因工程生物等开展的研究工作，要求写明其来源，如需要由其他实验室赠予，需提供对方同意赠予的证明	□
46	仔细阅读项目指南，按照各学部的相关项目申请要求，提交申请人本人近 5 年发表的与本次申请内容相关的代表性论文 PDF 文件。同时注意按正文撰写提纲要求提交附件	□
47	学校聘用的兼职研究人员作为申请人时，提供学校的聘任书复印件及聘任合同原件(依托单位人事部门盖章)；对于无工作单位或者所在单位不是依托单位的科学技术人员，提供与学校签订的书面合同原件，对于所在单位不是依托单位的人员，还应同时提供所在单位书面同意函原件。将这些文件作为附件随申请书一并报送	□
48	管理科学部：同年申请了国家社科基金项目的负责人以及在研社科基金项目未取得“结题证书”的项目负责人不能申请。社科基金已结题的请在申请书后附上“结题证书”复印件并加盖学校公章	□
49	申请杰青和创新群体项目时，不再需要学术委员会提供推荐意见	
50	对于涉及科研伦理和科技安全的项目申请，申请人应当按照相关科学部的要求提供相应附件材料(电子版申请书应附扫描件)	□
	其他注意事项	
51	在申请基金项目前完整阅读所在学部的面上项目申请要求说明(面上项目说明也包含其他类别项目的说明)	□

续表

序号	自查及复审内容	本人核实
52	申请人及主要参与者均应当使用唯一身份证件申请项目，曾经使用其他身份证件作为申请人或主要参与者获得过项目资助的，应当在申请书中说明，否则按不端行为处理。 相似度审查特殊说明： 为防范学术不端行为，避免重复资助，特别提醒申请人注意：(1)不得将内容相同或相近的项目，以不同类型项目向同一科学部或不同科学部申请；(2)受聘于一个以上依托单位的申请人，不得将内容相同或相近的项目，通过不同依托单位提出申请；(3)不得将内容相同或相近的项目，以不同申请人的名义提出申请；(4)不得将已获资助项目，向同一科学部或不同科学部提出重复申请。自然科学基金委将通过计算机软件对申请书内容进行比对，以上情形如有查实，将视情节轻重给予处理，对确有学术不端行为者将提交国家自然科学基金委员会监督委员会处理	□
53	重点项目： (1) 继续无纸化申请试点，申请时只需在线提交申请书及附件材料，无需报送纸质申请书。项目立项后，在提交《资助项目计划书》时再补交申请书的纸质盖章页，签字盖章信息应与电子申请书保持一致。重点项目一般由 1 个单位承担，确有必要时可添加不超过 2 个合作研究单位。 (2) 对于重点项目试点分类申请与评审，请按照分类申请的要求填报	□
54	优秀青年科学基金项目：继续无纸化申请试点，申请时只需在线提交申请书及附件材料，无需报送纸质申请书。项目立项后，在提交《资助项目计划书》时再补交申请书的纸质盖章页，签字盖章信息应与电子申请书保持一致。男性申请人(20××-38)年 1 月 1 日及以后出生，女性申请人(20××-40)年 1 月 1 日及以后出生；具有高级专业技术职务(职称)或者博士学位；具有承担基础研究课题或者其他从事基础研究的经历；与境外单位没有正式聘用关系；保证资助期内每年在依托单位从事研究工作的时间在 9 个月以上	□
55	数学天元基金项目： 资助类型包括 5 个类别：天元数学中心项目；天元数学交流项目；天元数学访问学者项目；天元数学专题讲习班项目/天元数学高级研讨班项目；数学文化与传播项目。对于具体申报要求务必研读指南	□
56	1. 在申请书中的填写的职称与填报系统注册的账号的个人资料中职称一致，而且还要与×××大学人事处的职称信息一致。 2. 青年科学基金项目无合作单位，但预算书中出现了合作单位外拨资金。 3. 依托单位和个人通信地址是否恰当。 4. 个人简历中，对于代表性论著和代表性论著之外的成果奖励建议严格按照顺序且分开写，个别老师申请书出现“一、论著之外的代表性成果”，还有些二者不分，写在一起。 5. 研究基础与个人简历中大部分内容重复，不恰当。 6. 个人简历中时间应该倒序排序。 7. 附件材料不齐全，或者附件材料顺序类别混乱，把无关的材料作为附件，把重要的材料漏掉。 8. 研究期限不规范，与年度研究计划的时间期限不一致，年度研究计划建议具体些。 9. 对于资金预算表需要进行比较详细的说明，有些只有简单几句话。 10. 正文排版序号出现重复或混乱，字体大小不规范。 11. 申报日期格式建议××年××月××日，如 2020 年 04 月 05 日。 12. 主要研究领域如果明确，建议填写。 13. 摘要不完整。 14. 申请代码不具体。 15. 参考文献没有序号；参考文献作者姓名不规范。 16. 不属于本学科资助范畴	□

国家自然科学基金项目申请书技术类自查表

仅供参考,请申请人逐项自查,在自查相关记录栏打√。

序号	自查及复审内容	本人核实
检 1. 基本信息表(6 项)		
1	数据是否准确无误	□
2	数据是否前后矛盾	□
3	合作单位是否超过两家	□
4	基地类别是否填写	□
5	项目时间是否符合规范	□
6	研究属性是否准确	□
检 2. 项目名称(15 项)		
1	项目名称是否合理	□
2	项目名称是否与别人雷同	□
3	项目名称是否覆盖主要研究内容	□
4	项目名称是否简洁	□
5	项目名称是否有新意?是否反映创新性	□
6	项目名称是否表达了主要创新点	□
7	项目名称是否修改过 20 遍以上	□
8	项目名称是否反映研究对象	□
9	项目名称是否概括项目的主要内容	□
10	项目名称覆盖的范围是否适中	□
11	项目名称长度是否适中	□
12	项目名称是否读起来朗朗上口	□
13	项目名称是否使用了不定性的词	□
14	项目名称是否出现容易混淆的词	□
15	项目名称是否出现可能误解的修饰关系	□
检 3. 学科代码(9 项)		
1	代码是否与研究内容相符	□
2	所选择的代码领域是否有熟人	□
3	所选代码上年是否申请太多	□

续表

序号	自查及复审内容	本人核实
4	是否研究了申请指南	□
5	是否研究了项目指南	□
6	申请人的学科是否归属所选学部	□
7	项目的类型是否符合所选学科	□
8	研究方向和研究内容是否符合所选代码	□
9	研究内容是否符合科学问题属性	□
检 4. 摘要(12 项)		
1	摘要的字数是否超出规定	□
2	摘要的字数是否太少	□
3	摘要的内容是否包括了研究意义、研究目标、研究方法、主要创新	□
4	摘要中是否有废话	□
5	摘要中是否有一般常识性的描述	□
6	摘要是否参照了模板	□
7	摘要是否满足八项要求	□
8	摘要是否指出当前该领域存在的主要问题	□
9	摘要是否给出拟解决的关键科学问题	□
10	摘要是否给出主要研究内容	□
11	摘要是否说明主要研究思路	□
12	摘要是否体现内容的整体性、层次性和逻辑性	□
检 5. 项目主要参与者(11 项)		
1	各栏内容是否填完	□
2	数据是否准确	□
3	研究队伍组成结构(年龄、学历、职称、学缘、学科)是否合理	□
4	研究队伍的人数是否合理	□
5	研究队伍中是否有非合作单位人员	□
6	总人数统计是否正确	□
7	团队成员的科研经历是否与所申请的项目相匹配	□
8	成员工作时间是否合理	□
9	团队成员分工是否明确	□
10	团队成员是否超限项	□
11	联合申报是否分工明确	□
检 6. 经费申请表(14 项)		
1	数据的小数点位数是否正确	□
2	数据的单位是否正确	□
3	各项开支是否在规定的范围内	□
4	经费合计是否与分项平衡	□
5	经费预算是否与研究工作相匹配	□
6	是否实事求是地按需进行预算	□
7	是否与上年本学科批准项目预算的平均值相差过大	□
8	是否符合报销标准	□
9	合作研究预算是否合理	□

续表

序号	自查及复审内容	本人核实
10	是否含有重复预算	□
11	是否含有办公条件购置	□
12	设备费、材料费是否合理	□
13	编制预算说明是否详细	□
14	是否请获批过基金项目的专家审查	□
检 7. 立项依据(20 项)		
1	研究意义是否按领域、方向、对象写	□
2	研究意义是否写得很重要？是否通俗易懂	□
3	研究工作是否非进行不可	□
4	重要性是否有数据支持	□
5	是否有众所周知的概念	□
6	应用前景是否很明确	□
7	研究现状是否按照研究内容来描述	□
8	是否对发展趋势进行了论述	□
9	是否简单介绍了项目概况	□
10	研究现状是否引用了主要大专家的文章？是否忽略国内科研人员的成果	□
11	研究现状是否给了别人较负面的评价	□
12	研究现状是否引出尚未解决的科学问题	□
13	研究现状是否指出存在的问题	□
14	研究现状是否不少于 4 页	□
15	参考文献是否太多或太少	□
16	参考文献是否引用了教材	□
17	参考文献是否最新	□
18	参考文献的格式是否正确	□
19	立项依据是否层次清晰	□
20	是否对创新性进行了评估	□
检 8. 研究目标(8 项)		
1	研究目标是否太大	□
2	研究目标是否覆盖了研究内容	□
3	研究目标是否明确具体	□
4	研究目标是否反映了创新性	□
5	研究目标是否包含成果的内容	□
6	研究目标的论述与立项依据是否一致	□
7	是否含有自我评价	□
8	篇幅是否适中	□
检 9. 研究内容(11 项)		
1	研究内容是否能够支持研究目标	□
2	研究内容是否包括非科学问题内容	□
3	创新点在研究内容中是否有所反映	□
4	研究内容是否太多	□
5	研究内容描述是否简洁	□

续表

序号	自查及复审内容	本人核实
6	研究内容的先后逻辑关系是否正确	☐
7	研究内容的层次是否合理	☐
8	研究内容是否有研究方案的内容	☐
9	研究内容是否与别人有重复	☐
10	研究内容是否具体	☐
11	篇幅是否适中	☐
检 10．拟解决的关键科学问题(9 项)		
1	关键科学问题是否提炼到科学的高度	☐
2	别人是否已经解决	☐
3	科学问题是否太多	☐
4	科学问题是否描述了为什么是关键	☐
5	科学问题是否描述了解决方案	☐
6	科学问题的描述方法是否正确	☐
7	科学问题是否简单来自研究内容	☐
8	科学问题的解决方案是否在研究内容和研究方案中有所体现	☐
9	科学问题是否与技术问题混淆	☐
检 11．研究方案(21 项)		
1	研究方案是否与研究内容一一对应	☐
2	是否描述清楚具体的研究步骤	☐
3	是否给出研究工作的技术路线	☐
4	实验方法是否描述清楚	☐
5	研究方案中有什么创新	☐
6	研究方案是否太简单	☐
7	研究方案是否与研究内容严格对应	☐
8	研究方案是否与研究内容的小标题保持一致	☐
9	研究方案是否与研究方法相冲突	☐
10	研究方案是否足够详细	☐
11	研究方案是否与研究结果混淆	☐
12	是否正确处理实验方案	☐
13	是否有技术路线流程图	☐
14	研究方案篇幅要足够，是否不少于 6 页	☐
15	技术路线是否与研究方法保持一致	☐
16	技术路线是否覆盖全部研究内容	☐
17	技术路线是否反映研究内容之间的先后逻辑关系	☐
18	技术路线是否反映拟解决的关键科学问题	☐
19	技术路线是否进一步反映研究方法	☐
20	技术路线是否反映最终研究结果	☐
21	在技术路线中是否安排验证环节	☐
检 12．可行性分析(5 项)		
1	是否从基础理论方面进行了分析	☐
2	是否从研究的技术路线方面进行了分析	☐

续表

序号	自查及复审内容	本人核实
3	是否从研究方案方面进行了分析	□
4	是否从基础条件方面进行了分析	□
5	是否很自信地说项目可行	□
检 13. 特色与创新之处(10 项)		
1	创新点数量是否合理	□
2	论述的重点是否放在创新性方面	□
3	特色和创新之处是否分段描述并提炼小标题	□
4	创新点是否描述了为什么是创新	□
5	是否结合科学问题提炼创新点	□
6	是否围绕特色提炼出创新点	□
7	是否与别人的研究工作明确区别	□
8	特色表现在哪里	□
9	特色和创新是否有区分	□
10	是否使用了“独创”“填补空白”等自吹自擂的词	□
检 14. 预期成果(4 项)		
1	对成果描述是否合理	□
2	对成果是否从理论创新、专利、论文、人才等方面进行了论述	□
3	是否与研究内容相结合	□
4	计划安排是否合理	□
检 15. 研究基础与工作条件(5 项)		
1	研究基础是否完全	□
2	研究基础是否与研究工作匹配	□
3	成果清单是否正确列出	□
4	工作条件是否满足研究要求	□
5	对申请人简介和参与人员简介是否按照规定填写	□
检 16. 其他(5 项)		
1	是否盖章	□
2	是否签字	□
3	是否提供了附件清单	□
4	申请书是否请其他专家多次审查	□
5	是否反复读、发声读、停歇读、自查读	□

TRIZ理论40个发明创新原理及其实例

1. 分割原理

1）将物体分割成独立部分。

发明实例：将电脑分割为 CPU、显卡、声卡等，可分别独立制作，插接组合成电脑使用。

2）使物体成为可组合的（易于拆卸和组装）。

发明实例：美观的组合式家具。

3）增加物体被分割的程度。

发明实例：用软的百叶窗代替整幅大窗帘。

2. 抽取/分离原理

1）将物体中“负面”的部分或特性抽取/分离出来。

发明实例：多级火箭，冲出大气层后将燃烧完的部分解体、分离、丢弃。

2）从物体中抽取必要的部分或仅有用的特性。

发明实例：用狗叫声作报警器的报警声，而不用养一条真正的狗。

3. 局部质量原理

1）将物体或外部环境的同类结构转换成异类结构（均匀结构变成不均匀）。

发明实例：采用温度、密度或压力的梯度，而不用恒定的温度、密度或压力。

2）使物体的不同部分实现不同的功能。

发明实例：带橡皮擦的铅笔，带起钉器的榔头。

3）使物体的每一部分处于最有利于其运行的条件下。

发明实例：快餐饭盒中设置不同的间隔区来分别存放热、冷食物和汤。

4. 非对称原理

1）用非对称形式代替对称形式。

发明实例：采用非对称容器或者对称容器中的非对称搅拌叶片可以提高混合的效果（如水泥搅拌车等）。

2）如果对象已经是非对称，增加其非对称的程度。

发明实例：将圆形的垫片改成椭圆形甚至特别的形状来提高密封程度。

5. 合并原理

1）合并空间上的同类或相邻的物体或操作。

发明实例：合并 2 部电梯来提升一个宽大的物体(拆掉连接处的隔板)。

2）合并时间上的同类或相邻的物体或操作。

发明实例：同时分析多项血液指标的医疗诊断仪器。

6. 普遍性原理

使物体或物体的一部分实现多种功能，以代替其他部分的功能。

发明实例：内部装有牙膏的牙刷柄；将汽车上的小孩安全座位转变成小孩推车。

7. 嵌套原理

1）将第 1 个物体嵌入第 2 个物体，然后将这 2 个物体一起嵌入第 3 个物体……

发明实例：俄罗斯玩偶娃娃(俄罗斯套娃)。

2）让物体穿过另一物体的空腔。

发明实例：伸展天线、伸缩变焦镜头。

8. 配重原理

1）将一个物体与另一能产生提升力的物体组合，来补偿其重量。

发明实例：在一捆原木中加入泡沫材料，使之更好地漂浮。

2）通过与环境(利用气体、液态的动力或浮力等)的相互作用实现物体重量的补偿。

发明实例：飞机机翼的形状可以减小机翼上面的密度，增加机翼下面空气的密度，从而产生升力。

9. 预先反作用原理

1）预先施加反作用。

发明实例：在溶液中加入缓冲剂来防止高 pH 值带来的危害。

2）如果物体将处于受拉伸工作状态，则预先施加压力。

发明实例：在浇注混凝土之前对钢筋进行预压处理。

10. 预先作用原理

1）事先完成部分或全部的动作或功能。

发明实例：卷状食品保鲜袋，事先在 2 个保鲜袋间切口，但保留部分相连，使用时可以轻易拉断相连部分。

2）在方便的位置预先安置物体，使其在第一时间发挥作用，避免时间的浪费。

发明实例：停车位的咪表。

11. 预先应急原理

针对物体相对较低的可靠性，预先准备好相应的应急措施。

发明实例：俄沙皇害怕敌人投毒害他，就每天服用少量的毒药培养抗毒性。后来他想服毒自杀，居然没有成功。

12. 等势原则原理

在势能场中，避免物体位置的改变。

发明实例：电子线路设计中，避免电势差大的线路相邻；在两个不同高度水域之间的运河上的水闸。

13. 逆向思维原理

1）颠倒过去解决问题的办法。

发明实例：为了松开粘连在一起的部件，不是加热外部件，而是冷却内部件。

2）使物体的活动部分变为固定的，让固定的部分变为活动的。

发明实例：健身跑步机。

3）翻转物体（或过程）。

发明实例：将杯子倒置，以便从下面喷水清洗。

14. 曲面化原理

1）将直线、平面用曲线、曲面代替，立方体结构改成球体结构。

发明实例：在建筑中采用拱形或圆屋顶来增加强度。

2）使用滚筒、球体、螺旋状结等结构。

发明实例：圆珠笔的球状笔尖使书写流利，而且提高了寿命。

3）从直线运动改成旋转运动，利用离心力。

发明实例：用洗衣机甩干衣物，代替原来拧干的方法。

15. 动态化原理

1）使物体或其环境自动调节，以使其在每个动作阶段的性能达到最佳。

发明实例：汽车的可调节式方向盘（或可调节式座位、后视镜等）。

2）把物体分成几个部分，各部分之间可相对改变位置。

发明实例：折叠椅、笔记本电脑等。

3）将不动的物体改变为可动的，或具有自适应性。

发明实例：医疗检查中用到的柔性状结肠镜。

16. 不足或超额行动原理

如果用现有的方法很难完成对象的100％，可用同样的方法完成“稍少”或“稍多”一点，问题可能变得相当容易解决。

发明实例：大型船只在制船厂的制造，往往先不安装船体上部的结构，以避免船只从船厂驶往港口的过程中受制于途中的桥梁高度，待船只到达港口后再安装上部的结构。

17. 一维变多维原理

1）将物体从一维变到二维或三维空间。

发明实例：螺旋梯可以减少所占用的房屋面积。

2）用多层结构代替单层结构。

发明实例：多碟CD机可以增加音乐的时间，丰富选择。

3）使物体倾斜或侧向放置。

发明实例：自动装卸车。

4）使用给定表面的“另一面”。

发明实例：印制电路板经常采用两面都焊接电子元器件的结构，比单面焊接节省面积。

18. 机械振动原理

1）让物体处于振动状态。

发明实例：电动剃须刀。

2）对有振动的物体，则增加振动的频率（甚至到超声波）。

发明实例：振动送料器。

3）使用物体的共振频率。

发明实例：用超声波共振来粉碎胆结石或肾结石。

4）用压电振动器代替机械振动器。

发明实例：石英晶体振荡驱动高精度的钟表。

5）使用超声波和电磁场振荡耦合。

发明实例：在高频炉里混合合金，使混合均匀。

19. 周期性动作原理

1）用周期性动作或脉动代替连续的动作。

发明实例：松开生锈的螺母时，用间歇性猛力比持续拧力有效。

2）如果行动已经是周期性的，则改变其频率。

发明实例：用频率调制来传送信息，而不用 Morse 编码。

3）利用脉动之间的间隙来执行另一动作。

发明实例：在心肺呼吸中，每 5 次胸腔压缩后进行呼吸。

20. 有效作用的连续性原理

1）持续采取行动，使对象的所有部分都一直处于满负荷工作状态。

发明实例：在工厂里，使处于瓶颈地位的工序持续地运行，达到最好的生产步调。

2）消除空闲的、间歇的行动和工作。

发明实例：打印头在回程过程中也进行打印。

21. 紧急行动原理

快速地执行一个危险或有害的作业。

发明实例：牙医使用高速电钻，避免烫伤口腔组织；快速切割塑料，在材料内部的热量传播之前完成，避免变形。

22. 变害为利原理

1）利用有害的因素（特别是对环境的有害影响）来取得积极效果。

发明实例：用废弃的热能来发电。

2）“以毒攻毒”，用另一个有害作用来中和以消除物体所存在的有害作用。

发明实例：在潜水中使用氦氧混合气，消除空气或其他硝基混合物带来的氧中毒。

3）加大有害因素的程度。

发明实例：用逆火烧掉一部分植物，形成隔离带，来防止森林大火的蔓延。

23. 反馈原理

1）通过引入反馈来改善性能。

发明实例：系统过程控制中，用测量值来决定什么时候对系统进行修正。

2）如果已经引入了反馈，则改变其大小和作用。

发明实例：在机场 5mile 范围内，改变自动驾驶仪的灵敏度。

24. 中介物原理

1）用中介体传递或完成所需动作。

发明实例：木匠的冲钉器，用在榔头和钉子之间。

2）把一个物体和另一个物体临时结合在一起（随后能比较容易地分开）。

发明实例：用托盘把热盘子端到餐桌上。

25. 自服务原理

1）使物体具有自补充和自恢复功能以完成自服务。

发明实例：饮水机。

2）利用废弃的资源、能量或物资。

发明实例：将麦秸或玉米秆等直接填埋来做下一季庄稼的肥料。

26. 复制原理

1）使用更简单、更便宜的复制品代替难以获得的、昂贵的、复杂的、易碎的物体。

发明实例：听录音带而不亲自参加研讨会。

2）用光学复制品或图形来代替实物，可以按比例放大或缩小图形。

发明实例：产生生谱图来评估胎儿的健康状况，而不是直接测量。

3）如果可视的光学复制品已经被采用，进一步扩展到红外线或紫外线复制品。

发明实例：用红外图像来检测热源，例如农作物疾病，或者安保系统中的入侵者。

27. 一次性用品原理

用廉价的物品代替昂贵的物品，在某些质量特性上做出妥协(例如使用寿命)。

发明实例：使用一次性的纸用品，避免由于清洁和储存耐用品带来的费用，例如酒店里的塑料杯、一次性尿布、多种一次性的医疗用品。

28. 机械系统的替代原理

1）用感官刺激的方法代替机械手段。

发明实例：在天然气中加入气味难闻的混合物，警告用户发生了泄漏，而不采用机械或电器类的传感器。

2）采用与物体相互作用的电、磁或电磁场。

发明实例：为了混合两种粉末，用产生静电的方法使一种粉末产生正电荷，另一种粉末产生负电荷。用电场驱动它们，或者把它们混合起来，然后使它们获得电场，促使粉末颗粒成对地结合起来。

3）场的替代。

发明实例：早期通信采用全方位的发射，现在使用有特定发射方式的天线。

4）将场和铁磁离子组合使用。

发明实例：铁磁催化剂，呈现顺磁状态。

替代：从恒定场到可变场，从固定场到随时间变化的场，从随机场到有组织的场。

29. 气体与液压结构原理

使用气体或液体代替物体的固体零部件，这些零部件可使用气体或水的膨胀，或空气或液体的静压缓冲功能。

发明实例：充满凝胶体的鞋底填充物，使鞋穿起来更舒服；把车辆减速时的能量储存在液压系统中，然后在加速时使用这些能量。

30. 柔性外壳和薄膜原理

1）使用柔性外壳和薄膜代替传统结构。

发明实例：充气儿童城堡。

2）用柔性外壳和薄膜把对象和外部环境隔开。

发明实例：在贮水池上漂浮一层双极材料(一面亲水，一面厌水)来限制水的蒸发作用。

31. 多孔材料原理

1）使物体多孔或添加多孔元素(如插入、涂层等)。

发明实例：机翼用泡沫金属。

2）如果一个物体已经是多孔的，则利用这些孔引入有用的物质或功能。

发明实例：用多孔的金属网吸走接缝处多余的焊料。

32. 改变颜色原理

1）改变物体或周围环境的颜色。

发明实例：在冲洗照片的暗房中使用红色暗灯。

2）改变难以观察的物体或过程的透明度或可视性。

发明实例：感光玻璃。

3）采用有颜色的添加剂，使不易观察的物体或过程容易观察到。

发明实例：研究水流实验中，给水加入颜料。如果已经加入了颜色添加剂，则借助发光迹线追踪物质。

33. 同质性原理

将物体或与其相互作用的其他物体用同一种材料或特性相近的材料制作。

发明实例：使用与容纳物相同的材料来制造容器，以减少发生化学反应的机会；用金刚石制造钻石的切割工具。

34. 抛弃与再生原理

1）抛弃或改变物体中已经完成其功能和无用的部分(通过溶解、蒸发等手段)。

发明实例：在药品中使用消溶性胶囊。

2）在过程中迅速补充物体所消耗和减少的部分。

发明实例：自动铅笔。

35. 物理/化学状态变化原理

改变物体的物理/化学状态、浓度/密度、柔性、温度。

发明实例：在制作甜心糖果的过程中，先将液态的夹心冰冻，然后浸入溶化的巧克力中，这样避免处理杂乱、胶粘的热液体；将氧气、氮气或石油气从气态转换为液态，以减小体积；使橡胶硫化(硬化)来改变其柔韧性和耐久性；温度升高到居里点以上，将铁磁体改变成顺磁体；通过升高温度来加工食物(改变食物的味道、香味、组织、化学性质等)。

36. 相变原理

利用物体相变转换时发生的某种效应或现象(例如热量的吸收或释放引起物体体积变化)。

发明实例：与其他大多数液体不同，水在冰冻后会膨胀，该现象可以用于爆破；热力泵就是利用一个封闭的热力学循环中蒸发和冷凝的热量来做有用功的。

37. 热膨胀原理

1）利用热膨胀或热收缩的材料。

发明实例：过盈配合装配中，冷却内部件使之收缩，加热外部件使之膨胀，装配完成后恢复到常温，内、外件就实现了紧配合装配。

2）组合使用多种具有不同热膨胀系数的材料。

发明实例：双金属片传感器，使用两种不同膨胀系数的金属材料并联结在一起，当温度变化时双金属片会发生弯曲。

38. 加速氧化原理

1）使用富氧空气代替普通空气。

发明实例：水下呼吸器中存储浓缩空气，以保持长久呼吸。

2）使用纯氧代替富氧空气。

发明实例：用高压氧气处理伤口，既杀灭厌氧细胞，又帮助伤口愈合。

3）使用电离射线处理空气或氧气，使用电离子化的氧气。

发明实例：空气过滤器通过电离空气来捕获污染物。

4）用臭氧代替离子化的空气。

发明实例：将臭氧溶于水中来去除船体上的有机污染物。

39. 惰性环境原理

1）用惰性气体环境代替通常环境。

发明实例：用氩气等惰性气体填充灯泡，防止发热的金属灯丝氧化。

2）在真空中完成过程。

发明实例：真空包装。

40. 复合材料原理

由单一材料改成复合材料。

发明实例：复合的环氧树脂/碳素纤维高尔夫球杆更轻，强度更好，而且比金属更具有柔韧性，用做航空材料时也是相同的情况；玻璃纤维制成的冲浪板更轻，更容易控制，而且与木制的相比，更容易做成各种不同的形状。